icrosoft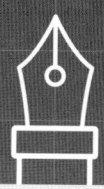

博碩文化

精準駕馭

鄭苑鳳 —— 著

Word!
論文寫作

絕非難事

好評回饋版 　**初心者論文寫作最佳指南**

個心要，貫通論文寫作任督二脈，切中 Word 最高效應用，
你即使是新手撰寫論文，也能駕輕就熟輕鬆應對。

作　　者：鄭苑鳳
編　　輯：林政諺、魏聲圩

董 事 長：曾梓翔
總 編 輯：陳錦輝

出　　版：博碩文化股份有限公司
地　　址：221 新北市汐止區新台五路一段 112 號 10 樓 A 棟
　　　　　電話 (02) 2696-2869　傳真 (02) 2696-2867

發　　行：博碩文化股份有限公司
郵撥帳號：17484299　戶名：博碩文化股份有限公司
博碩網站：http://www.drmaster.com.tw
讀者服務信箱：dr26962869@gmail.com
訂購服務專線：(02) 2696-2869 分機 238、519
（週一至週五 09:30 ～ 12:00；13:30 ～ 17:00）

版　　次：2025 年 8 月三版一刷

博碩書號：MP22544
建議零售價：新台幣 480 元
Ｉ Ｓ Ｂ Ｎ：978-626-414-294-6
律師顧問：鳴權法律事務所 陳曉鳴律師

本書如有破損或裝訂錯誤，請寄回本公司更換

國家圖書館出版品預行編目資料

精準駕馭 Word! 論文寫作絕非難事 / 鄭苑鳳著.
-- 三版 . -- 新北市：博碩文化股份有限公司,
2025.08
　面；　公分

ISBN 978-626-414-294-6(平裝)

1.CST: WORD(電腦程式) 2.CST: 論文寫作法

312.49W53　　　　　　　　　114011399

Printed in Taiwan

商標聲明

本書中所引用之商標、產品名稱分屬各公司所有，本書引用純屬介紹之用，並無任何侵害之意。

有限擔保責任聲明

雖然作者與出版社已全力編輯與製作本書，唯不擔保本書及其所附媒體無任何瑕疵；亦不為使用本書而引起之衍生利益損失或意外損毀之損失擔保責任。即使本公司先前已被告知前述損毀之發生。本公司依本書所負之責任，僅限於台端對本書所付之實際價款。

著作權聲明

本書著作權為作者所有，並受國際著作權法保護，未經授權任意拷貝、引用、翻印，均屬違法。

博碩粉絲團　歡迎團體訂購，另有優惠，請洽服務專線
　　　　　　(02) 2696-2869 分機 238、519

序言 Preface

對於研究生來說，利用 Word 文書處理軟體來撰寫研究報告或論文是基本的技能，大家都說自己會使用 Word 來輸入文字、插入圖片／表格／圖表，也會設定字型或段落格式，只是完成的文件沒有整體感，往往錯誤百出而不符合論文寫作的要求，以致越到口試階段就越慌亂緊張。

本書是專為第一次寫論文的新手所撰寫的書籍，目的在告知新手論文的各項規範，從頁面布局、大綱擬定、多層次清單階層設定、大小標題與內文樣式、引文、註腳、圖表標記、頁碼不同格式、頁首奇偶頁不同、目錄、參考文獻、索引、浮水印、列印、輸出…等各項的規範重點與操作技巧，本書都一一加以說明，讓你有所適從，使論文保持格式的前後一致，層次分明，並正確選用適合的文件引文樣式，避免格式的混淆。有了正確的 Word 使用技巧，才能讓整個論文寫作的過程順利無礙，研究生只需專注在研究主題上，不必為版面、樣式、格式、文件排版而傷透腦筋，大大節省你寶貴的時間。

這裡我們將 Word 提供與論文有關的功能，以打油詩方式來告訴你論文撰寫的心要，把握這 15 個心要，寫作就更能得心應手。

「研究工具」與「搜尋」，論文資料靠它尋
老外文章看不透，「翻譯」工具來幫忙
天地左右四邊界，頁面布局先確定
「大綱」模式建架構，論文整體不變形
大小「標題」與「內文」，「樣式」窗格可設定
「導覽」窗格隨侍側，架構階層在我心
「引文」格式要遵循，先知學術領域有不同

序言

插入「註腳」與「標號」，就靠「參考資料」來搞定
「分節符號」會設定，「奇偶不同」與「頁碼不同」不用愁
配合「大綱」與「樣式」，「目錄」輕鬆建立與更新
「主控文件」若學會，合併論文靠它就行
來源資料有做好，「參考書目」與「索引」速完成
「自動校訂」要開啟，拼字／文法有錯立馬修
論文安全要保護，教你「限制」妙招免被竊
按部就班靠本書，論文撰寫沒煩惱

本書秉持一貫作風，深入淺出，輕鬆活用，將論文撰寫的正確觀念融入到各章節中，依章節順序掌握要訣，論文撰寫會變得輕鬆而有效率。

除此之外，「附錄」的部分將口試簡報製作的要領分享給各位，期望大家的口試簡報既專業又吸睛！

榮欽科技 鄭苑鳳

目錄 Contents

Chapter 0　前言 話說論文

- 0-1　論文的類型 0-3
  - 0-1-1　學位論文 0-3
  - 0-1-2　會議論文 0-3
  - 0-1-3　期刊論文 0-4
- 0-2　開始論文研究 0-4
  - 0-2-1　訂定研究主題 0-5
  - 0-2-2　查找與取得文獻資料 0-7
  - 0-2-3　分析歸納進行研究 0-10
  - 0-2-4　撰寫論文引用文獻 0-10
- 0-3　聰明使用 Word 的「參考資料」功能 0-10
  - 0-3-1　Word 的「研究工具」 0-11
  - 0-3-2　Word 的「搜尋」功能 0-15
  - 0-3-3　善用翻譯工具翻譯文件 0-16
- 0-4　論文引用格式 0-19
- 0-5　論文結構規範 0-20
- 0-6　認識 DOI 碼 0-22
- 0-7　論文撰寫 15 心要 0-23

Chapter 1　開始架構論文

- 1-1　論文頁面布局 1-2
  - 1-1-1　論文版面規範 1-2
  - 1-1-2　論文版面設定 1-3
  - 1-1-3　設定每行字數 / 每頁行數 1-6
- 1-2　以大綱擬定架構 1-6
  - 1-2-1　論文「正文」架構 1-7
  - 1-2-2　以「大綱」模式架構論文 1-8

目錄

- 1-2-3 　大綱階層的升降階 1-9
- 1-2-4 　檢視論文詳目與簡目 1-10
- 1-2-5 　調整架構的先後順序 1-11
- 1-2-6 　關閉大綱模式 1-13
- 1-2-7 　以「導覽」窗格瀏覽文件架構 1-14

Chapter 2　論文格式設定

- 2-1 多層次清單階層 2-2
  - 2-1-1 　論文編次規範 2-4
  - 2-1-2 　設定多層次清單 2-4
  - 2-1-3 　變更階層的數字樣式 2-9
  - 2-1-4 　阿拉伯數字編碼設定 2-11
  - 2-1-5 　中文數字與阿拉伯數字混合使用 ... 2-14
- 2-2 整齊有效率的標題樣式 2-16
  - 2-2-1 　論文標題規範 2-16
  - 2-2-2 　Word 的樣式類型 2-17
  - 2-2-3 　以樣式窗格修改標題樣式 2-19
  - 2-2-4 　輕鬆套用樣式 2-24
- 2-3 內文樣式設定 2-25
  - 2-3-1 　論文內文文字規範 2-25
  - 2-3-2 　修改內文文字樣式 2-25
  - 2-3-3 　樣式窗格只顯現「使用中」樣式 ... 2-28
  - 2-3-4 　標點符號規則 2-30
  - 2-3-5 　快速插入標點符號 2-30
  - 2-3-6 　標點符號避頭 2-32

Chapter 3　輕鬆插入引文 / 註腳 / 章節附註

3-1　引文設定 3-2
3-1-1　論文引用技巧 3-3
3-1-2　引文規則 3-3
3-1-3　建立與套用引文樣式 3-4
3-1-4　插入引文 3-6
3-1-5　編輯引文 3-7
3-1-6　變更引文格式規範 3-9
3-1-7　更新引文與書目 3-10
3-1-8　有效管理引文來源 3-11

3-2　註腳與章節附註 3-14
3-2-1　註腳與章節附註規則 3-14
3-2-2　插入註腳 3-15
3-2-3　插入章節附註 3-16
3-2-4　調整註腳 / 章節附註的位置與編碼格式 3-17
3-2-5　轉換註腳與章節附註 3-18
3-2-6　刪除註腳與章節附註 3-18

Chapter 4　表與圖的應用

4-1　表與圖的標號設定 4-2
4-1-1　標號結構 4-2
4-1-2　論文的圖表規範 4-3
4-1-3　以標號功能為圖片自動編號 4-3
4-1-4　設定含章節的標號 4-5
4-1-5　圖片自動標號 4-6
4-1-6　設定標號樣式 4-8
4-1-7　以標號功能為表格自動編號 4-10
4-1-8　內文參照圖表 4-11

目錄

- 4-2 表格設定技巧 4-13
  - 4-2-1 設定與套用基礎表格樣式 4-13
  - 4-2-2 表格的美化 4-16
  - 4-2-3 表格內容自動編號 4-17
  - 4-2-4 插入的圖片自動調成儲存格大小 4-18
  - 4-2-5 分割表格 4-21
- 4-3 圖片使用技巧 4-24
  - 4-3-1 使用 Word 螢幕擷取畫面 4-25
  - 4-3-2 剪裁與調整圖片 4-27
  - 4-3-3 壓縮圖片 4-29
- 4-4 統計圖表的應用 4-30
  - 4-4-1 插入圖表 4-30
  - 4-4-2 編修圖表資料 4-31
  - 4-4-3 變更版面配置／樣式／色彩 4-32
  - 4-4-4 變更圖表類型 4-34
  - 4-4-5 插入 Excel 工作表 4-34
- 4-5 插入 SmartArt 圖形與圖案 4-37
  - 4-5-1 內容圖形化的使用時機 4-37
  - 4-5-2 插入 SmartArt 圖形 4-38
  - 4-5-3 以文字窗格增 / 刪 SmartArt 結構 4-39
  - 4-5-4 更改 SmartArt 版面配置 4-39
  - 4-5-5 SmartArt 樣式的美化 4-40
  - 4-5-6 繪圖畫布的新增與應用 4-41

Chapter 5　篇前設定

- 5-1 製作論文範本 5-2
  - 5-1-1 範本格式 5-3
  - 5-1-2 儲存文件為範本檔案 5-3
  - 5-1-3 開啟自訂的論文範本 5-4

	5-1-4 預設個人範本存放位置	5-5
5-2	設定封面及標題頁（書名頁）	5-5
	5-2-1 封面規則	5-6
	5-2-2 插入封面	5-7
	5-2-3 插入空白頁或分頁符號	5-9
5-3	設定簽名頁	5-11
	5-3-1 簽名頁規則	5-12
	5-3-2 插入簽名頁	5-12
5-4	設定序言／謝誌	5-14
	5-4-1 序言／謝誌規則	5-14
	5-4-2 插入謝誌	5-15
5-5	設定中／英文摘要	5-16
	5-5-1 摘要規則	5-16
	5-5-2 插入中／英文摘要	5-16
5-6	設定頁碼及頁首資訊	5-19
	5-6-1 頁碼使用規則	5-19
	5-6-2 同份文件的不同頁碼格式	5-19
	5-6-3 設定頁首奇偶頁不同	5-26
5-7	目錄設定	5-31
	5-7-1 目錄／表目錄／圖目錄規則	5-31
	5-7-2 以大綱標題自動建立目錄	5-32
	5-7-3 自訂目錄項目來源	5-36
	5-7-4 更新目錄	5-38
	5-7-5 修改目錄樣式	5-38
	5-7-6 插入表目錄和圖目錄	5-39
	5-7-7 更新圖表目錄	5-42
5-8	主控文件應用 - 論文合併	5-43
	5-8-1 將多份文件合併至主控文件	5-43
	5-8-2 將子文件內容嵌入主控文件	5-47

Chapter 6　篇後設定

- 6-1 參考文獻（參考書目）..6-2
  - 6-1-1 參考文獻規則 6-2
  - 6-1-2 插入參考書目 6-3
  - 6-1-3 調整書目樣式 6-5
  - 6-1-4 插入註腳的參考書目 6-6
  - 6-1-5 參考書目的排序 6-8
- 6-2 索引 6-9
  - 6-2-1 手動標記索引項目 6-10
  - 6-2-2 顯示 / 隱藏編輯標記 6-11
  - 6-2-3 插入索引 6-12
  - 6-2-4 使用自動標記索引檔建立索引 6-13
  - 6-2-5 修改索引樣式 6-17
  - 6-2-6 同步更新索引與文件內容 6-17
  - 6-2-7 建立多階層索引 6-18
- 6-3 設定浮水印 6-19
  - 6-3-1 浮水印規則 6-19
  - 6-3-2 插入浮水印 6-20
  - 6-3-3 去除審核頁的浮水印 6-22
  - 6-3-4 浮水印障礙排除 6-24

Chapter 7　提高效能的好幫手

- 7-1 自動校閱文件 7-2
  - 7-1-1 自動修正拼字與文法問題 7-3
  - 7-1-2 校閱拼字及文法檢查 7-5
- 7-2 尋找與取代文字 7-7
  - 7-2-1 以導覽窗格搜尋文字 7-8
  - 7-2-2 快速修改同一錯誤 7-8

	7-2-3	快速轉換英文字大小寫	7-10
	7-2-4	使用萬用字搜尋和取代	7-11
7-3	指定特殊方式做取代		7-12
	7-3-1	去除文件中所有圖形	7-12
	7-3-2	去除段落之間的空白段落	7-14
7-4	文件的註解		7-15
	7-4-1	自己加入註解	7-15
	7-4-2	他人加入註解	7-17
7-5	文件的追蹤修訂		7-19
	7-5-1	啟動追蹤修訂	7-19
	7-5-2	顯示所有標記	7-20
	7-5-3	接受或拒絕變更	7-21
	7-5-4	關閉追蹤修訂	7-21

Chapter 8　列印輸出與安全保護

8-1	列印技巧		8-2
	8-1-1	論文列印規範	8-2
	8-1-2	雙面列印文件	8-3
	8-1-3	指定多頁面列印	8-5
	8-1-4	單頁紙張列印多頁內容	8-6
8-2	匯出成 PDF 格式		8-7
	8-2-1	教授批閱 PDF 文件	8-8
	8-2-2	PDF 文件命名規則與規範	8-10
	8-2-3	將文件轉為 PDF 文件	8-11
8-3	論文安全保護		8-13
	8-3-1	下載 PDF-XChange Editor 軟體	8-13
	8-3-2	設定保全	8-13

目錄

Appendix A 口試簡報製作要領

要領 1　Word 論文去蕪存菁 A-2
　A-1-1　正文去蕪存菁 A-3
　A-1-2　將傳送功能加入至快速存取工具列 A-4
　A-1-3　將 Word 大綱傳送到 PowerPoint A-5
　A-1-4　大綱工具設定傳送階層 A-6

要領 2　吸睛簡報關鍵技巧 A-7
　A-2-1　跳躍式的簡報架構 A-8
　A-2-2　玩轉版面設計與色彩 A-11
　A-2-3　好用的「設計構想」窗格 A-13
　A-2-4　善用「文字藝術師」於簡報標題 A-14
　A-2-5　大綱模式調整簡報架構 A-15
　A-2-6　選用合適的版面配置 A-17
　A-2-7　圖片與表格的美化 A-17
　A-2-8　條列清單轉換為 SmartArt 圖形 A-19

要領 3　動態亮點輕鬆做 A-20
　A-3-1　以「相簿」功能插入多張相片 A-21
　A-3-2　簡報中插入簡報 A-24
　A-3-3　簡報內插入視訊影片 A-26
　A-3-4　視訊畫面做投影片縮放 A-29

要領 4　簡報準備與列印 A-30
　A-4-1　使用 Microsoft Office Word 建立講義 A-31
　A-4-2　從 PowerPoint 列印投影片／講義／備忘告／大綱ب A-33
　A-4-3　自訂備忘稿列印範圍 A-33

要領 5　簡報放映技巧 A-34
　A-5-1　使用筆跡輔助說明論點 A-34
　A-5-2　放映中放大投影片 A-35
　A-5-3　放映中查看所有投影片 A-37
　A-5-4　顯示簡報者檢視畫面 A-37

CHAPTER

0

前言 話說論文

0-1 論文的類型

0-2 開始論文研究

0-3 聰明使用 Word 的「參考資料」功能

0-4 論文引用格式

0-5 論文結構規範

0-6 認識 DOI 碼

0-7 論文撰寫 15 心要

精準駕馭 Word! 論文寫作絕非難事

論文寫作是研究生在拿到學位之前必經的一個過程，通常碩士班的研究生是在第一學年第一學期結束前必須先繳交論文計畫的大綱，指定論文指導教授，經過至少三位口試委員通過，方可正式進行論文的撰寫。在 2 ～ 4 內年完成碩士生學程並撰寫論文後，再申請研究計畫口試，口試前一個月需提交論文的全稿，碩士論文口試時，指導教授與口試委員會針對論文主題、文字組織、研究方法和步驟、內容觀點、創見及貢獻、面試應對態度…等方面來進行考核。口試後必須依照委員的意見修改論文，目的在培養正確的研究態度，同時確認學位論文規格符合論文規範，最後才是印製論文，再準備上傳畢業論文的電子檔。

對於研究生繳交論文的冊數各校並不相同，有些系所會要求留存 2 ～ 3 本精裝本，另外需典藏於系院的圖書館，有的會送交至國家圖書館。除此之外，研究生還要線上建檔，使論文留存在國家圖書館資料庫線上系統和全國碩博士論文系統上，未查核前就不能辦理離校手續。

學術論文的撰寫除了需要學科的專業知識外，還需要專注地去搜尋相關的文獻資料，從中找到關聯性並加以組織整合，還要兼顧學術研究的格式規範、語法和文件的排版，這對研究新手來說確實是一件大工程。

使用 Word 來撰寫論文，如果你懂得各項與論文寫作相關的編輯技巧，就可以讓你從研究工具的搜尋、文件的設定、架構正文、段落間距、格式設定、分頁、引文、註腳、目錄、圖表標號、索引、封面…等都變得簡單，也能輕鬆確保格式與命名的一致性，使語法合乎學術規範，讓你有更充分時間專注在論文的研究。

0-1 論文的類型

　　論文是科學或社會研究工作者在學術書籍或學術期刊上所刊登的內容，論文除了要對前人的科學研究成果進行回顧及評論外，還要強調自身研究的成果，並提出原創性的結論。所以「論文」是探討問題並進行科學研究的一種手段，也是描述科學研究成果進行學術交流的一種工具。

　　論文如果依照類型來分，可區分為學位論文、會議論文、期刊論文三種，以下簡要說明。

0-1-1 學位論文

　　在學術研究方面，因教育程度的不同，研究生所寫的研究論文可區分為博士論文（Dissertation）與碩士論文（Thesis）兩種，碩士論文通常以「文獻探討」的形式呈現，重點是針對特定研究領域的知識進行撰寫，而博士論文研究的範圍較深入且集中於特定領域，需要將知識、理論或研究方法整合後，提出新的理論或貢獻。

　　碩士論文的特點在證明研究生對研究主題的相關文獻有徹底的知識，且具有綜合判斷的能力，或是能夠進行獨立的研究或實驗；而博士論文除了上述的特點外，還能夠完成原創性的研究或問題的解答。所以一篇碩士論文的標準長度約100頁左右，而博士論文則需要400頁或500頁。學位論文通常是未出版成書，如果作者花費心力加以改寫成書並進行出版，則成為學術專書。

0-1-2 會議論文

　　會議論文是各專門學術學科在學術研討會或會議上所發表的學術論文，這些文章會經由會議承辦單位將其集結出版，與學術期刊一樣都屬於公開發表的學術出版

物。會議論文或研討會的論文集，圖書館通常會當作圖書或是期刊來處理，在查詢時應以會議論文集的名稱或編輯者的姓名進行檢索。

0-1-3 期刊論文

期刊不同於學術專書，它是一種定期且連續性出版的刊物，有一年出版一期的年刊，有的是半年刊、季刊、月刊。每種期刊有其研究的主題和學科範圍，由學者投稿發表其研究成果，編輯會再將投稿內容交付同行學者進行評估審查，然後再給予接受、拒絕或建議。透過期刊的出版，可以在最快的時間內向其他學者展現學術研究的成果。

除了上述的紙本圖書與刊物外，內容以數位化形式呈現的則是電子書（e-Books）和電子期刊（e-Journals），它的好處是讀者不用親臨圖書館，便可以遠端讀取全文，相當方便。

0-2 開始論文研究

對於學術的研究，時程的先後順序大致如下：

訂定研究主題 → 查找與取得文獻 → 分析歸納進行研究 → 撰寫論文引用文獻

0-2-1 訂定研究主題

訂定研究主題是撰寫論文的第一步，也是最艱難的一部分，因為研究者除了要對研究領域有通盤的了解，還要確認研究的主題有其重要性，再配合自己的專長與興趣，才能在未來的寫作過程中安然度過。如果你還未確切找到論文研究的主題，那麼就透過 Google 瀏覽器找尋相關資料吧！

原則上你必須以過去的研究者作為你論點的根基，再從中找到新的研究發現，這樣研究就比較有參考價值。也就是說，從現有的文獻中提出問題點再加以研究，讓其他人也可以從中獲取更深入的知識進展，以此開始思考論文主題會比較容易入手。所以引用他人的研究時，記得要註明出處，引述也是避免抄襲的一種方式。

Google 學術搜尋

Google 學術搜尋是一個可以免費搜尋學術文章的網路搜尋引擎，讓使用者可以檢索特定的學術文獻、或是學術單位的論文、報告、期刊。要想查到可靠的學術訊息及世界各地出版的學術期刊，就可以倚靠 Google 學術搜尋。Google 學術搜尋的網址為：scholar.google.com.tw

❶ 輸入 Google 學術搜尋的網址

❷ 輸入關鍵字

❸ 按下「搜尋」鈕開始搜尋

精準駕馭 Word! 論文寫作絕非難事

❹ 顯示搜尋的結果

❺ 按此鈕可儲存到我的圖書館中

在搜尋的結果中，各位可以從左側找到較新的學術文章，也可以指定搜尋繁體中文網頁，如果找到所需的參考文件，可以按下文件下方的 ☆ 鈕，使其儲存到我的圖書館中。

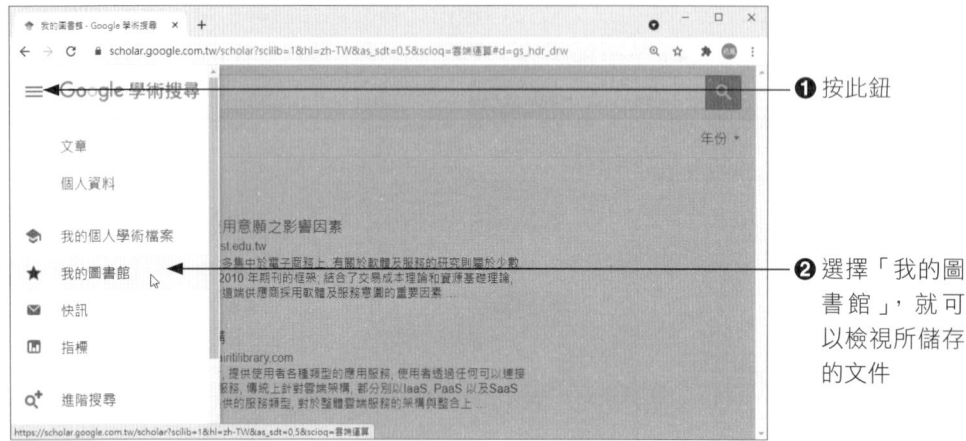

❶ 按此鈕

❷ 選擇「我的圖書館」，就可以檢視所儲存的文件

搜尋特定網站資料

當各位只想在學術網站、社團法人、或是特定政府單位內進行特定資料或開放資料（Open Data）的搜尋，那麼可以利用「site:」來指定相關的網站或網域。通常「site:」後方的關鍵網址並不需要輸入「http://」，只要直接輸入網址來指定即可。

例如：想搜尋雲端運算在交通部的相關資訊，那麼可以輸入「雲端運算 site:www.motc.gov.tw/」來進行搜尋。

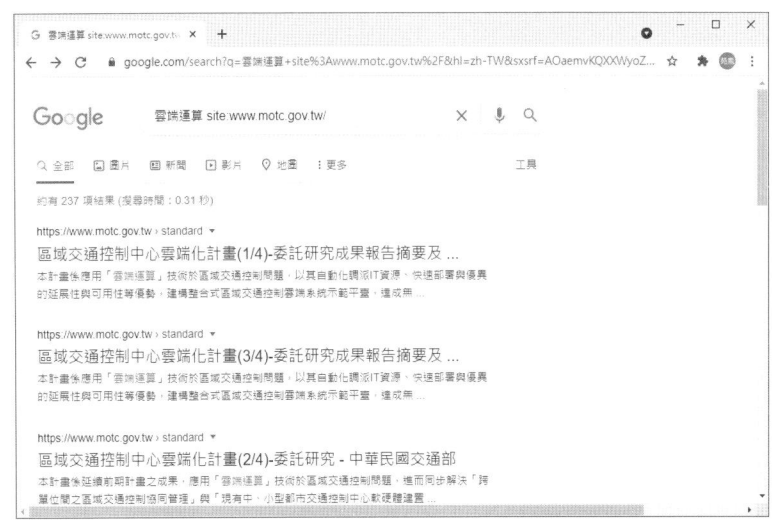

開放資料（Open Data）是一種開放、免費、透明的資料，並且不受著作權、專利權所限制，任何人都可以自由使用和散布。近來政府推行開放資料不遺餘力，不僅設立了「政府資料開放平臺」，各個縣市政府及單位也分別設立了「Open Data」網站供民眾使用，例如交通部中央氣象局開放資料平臺、臺北市政府資訊開放平台…等。

0-2-2 查找與取得文獻資料

文獻閱讀是研究生增加能力和輸出成果的重要基礎。因為很多研究的突破都是來自於為基礎理論的深入了解，對領域的理解程度會直接影響到研究的品質，甚至協助你提出新的想法。

查找文獻最快最有效率的方式就是透過「國家圖書館」（網址為：https://www.ncl.edu.tw/）這是國家級的圖書館，透過網站首頁的「資料查詢」，即可連結至全國圖書書目、博碩士論文、期刊文獻、影音、資料庫、報紙、漢學、臺灣研究、

藝文…等各大網站或資料庫來進行資料的查詢。利用「關鍵字」再配合「and」、「not」、「or」等語法或年分搜尋,皆有不錯的效果,使用不同語法所搜尋到的結果也會有所差異。

由此處可連結到全國圖書書目、博碩士論文、期刊文獻、影音、資料庫、報紙、漢學、臺灣研究、藝文…等各相關網站或資料庫來進行資料的查詢

瞧!分門別類顯示連結的網站,是搜尋資料的最佳管道

在資料查詢方面有些是限定在圖書館內的網路才可查詢,所以必須到圖書館去找查資料,而各位所找到的文獻資料有可能是紙本,也有可能是電子檔,紙本的期刊／文獻資料可以利用圖書館內的印表機付費列印,而已授權的期刊論文可在網路上瀏覽利用,未授權的期刊論文只限定使用圖館內系統進行閱讀或列印已數位化的文獻內容。

除了利用「國家圖書館」可連結到各大網站與資料庫外,「臺灣博碩士論文知識加值系統」(網址為:https://ndltd.ncl.edu.tw/cgi-bin/gs32/gsweb.cgi/ccd=WMIxYp/webmge?mode=basic)也是研究生最常使用的一個網站,它蒐錄了全國博碩士的論文,你可用論文名稱、關鍵字、系所院校名稱…等來找尋想要的資料。

如果需要下載已授權的臺灣博碩士知識加值系統中的論文電子檔,可至該網站註冊成為系統會員後再進行下載。

0-2-3 分析歸納進行研究

碩士論文的資料來源主要是學術期刊、雜誌、學術出版品、調查報告、產業報告、或是已發布的統計數據或研究結果…等，而博士論文除了上述的資料來源外，還可能包含實驗室的研究、第一手調查資料、未發表的資料…等。找到並取得文獻資料後必須進行歸類管理，否則時間一久就會忘記。你可以摘要基本資料，關鍵字詞、作者的推論邏輯、論文重要發現與結論等，最好集中在一個資料夾中分門別類管理，那些資料已經引用或未引用的可以加以區分做記號。

0-2-4 撰寫論文引用文獻

碩士論文的重點是針對特定研究領域的知識進行撰寫，以「文獻探討」的形式呈現，並證明研究生對研究主題的相關文獻有徹底的知識，且具有綜合判斷的能力，或是能夠進行獨立的研究或實驗，針對論文研究的主題依序引用相關文獻資料來論證自己的觀點。你可以善用 Word 軟體中的「引文與書目」功能，在你引用文獻資料時就可以一併管理你的參考來源。

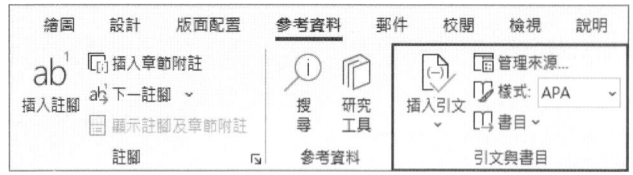

0-3 聰明使用 Word 的「參考資料」功能

前面我們介紹了利用「Google 學術搜尋」和「國家圖書館」的管道來開始進行研究和找尋文獻資料，事實上 Word 365 軟體也有提供「研究工具」和「搜尋」功能，可幫助你在網路上找尋可引用的來源、引文和影像。

前言 話說論文 **0**

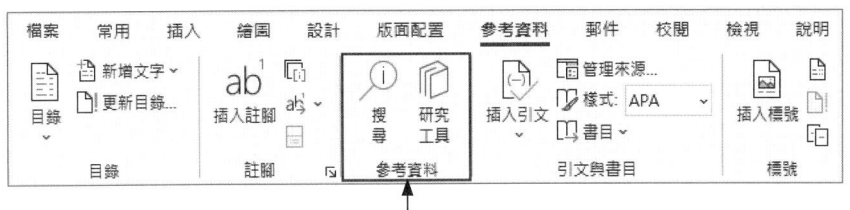

切換到「參考資料」標籤，就可以看到「研究工具」和「搜尋」兩項功能

0-3-1 Word 的「研究工具」

Word「研究工具」可從網路上擷取適當的內容，為研究者提供結構化、安全且可靠的資訊，不過僅提供英文、法文、義大利文、德文、西班牙文和日文版等搜尋，使用中文進行搜尋較不易搜尋到資料。

點選「研究工具」鈕後會在右側顯示「研究工具」窗格，請在「搜尋」欄位中輸入你研究主題的關鍵字，然後按下「Enter」鍵，就可以從窗格中看到資料。

❶ 輸入關鍵字，然後按「Enter」鍵

❷ 下方立即顯示相關主題與熱門來源

0-11

將主題新增為標題

搜尋到相關主題時，你可以將主題新增為標題，按下右上角的「+」鈕會將結果新增為文件中的標題，並將結果的連結儲存為批註。

❶ 在相關主題的右上角按下「+」鈕

❷ 瞧！該主題標題已加入至文件中，後方並加入批註

❸ 點選批註的超連結

❹ 自動在「研究工具」窗格中顯示授權的資料

用關鍵字搜尋到的內容主要來自於雜誌文章或網站,你可以按「日誌」和「網站」進行切換選擇。對於有興趣的主題,直接按點一下標題就能在窗格中讀取資料,有的會在窗格下方顯現超連結文字,讓你直接在瀏覽器中開啟。

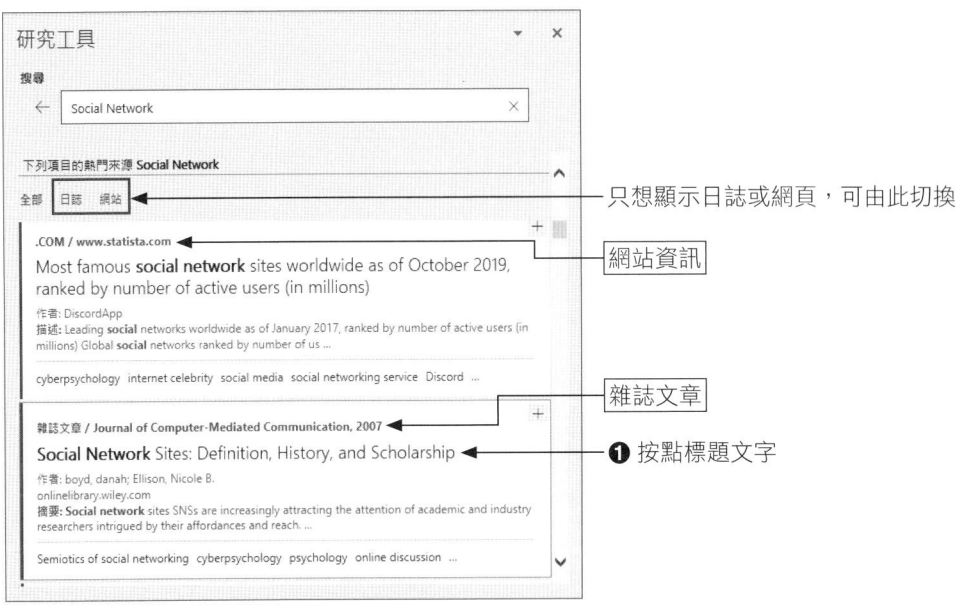

將來源新增為引文

針對熱門來源也可以按下右上角的「+」鈕,它會將此來源新增為引文,並顯示相關的書目,如下圖所示:

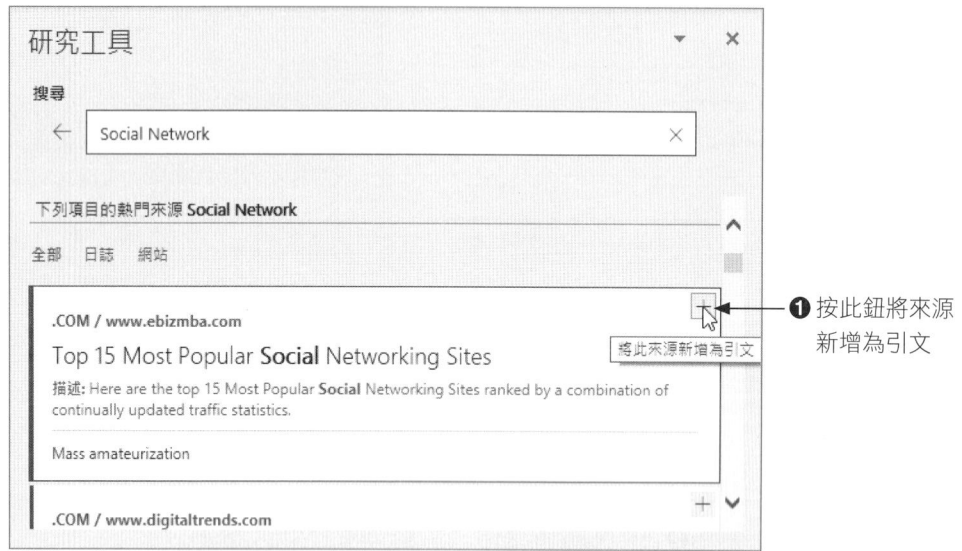

❶ 按此鈕將來源新增為引文

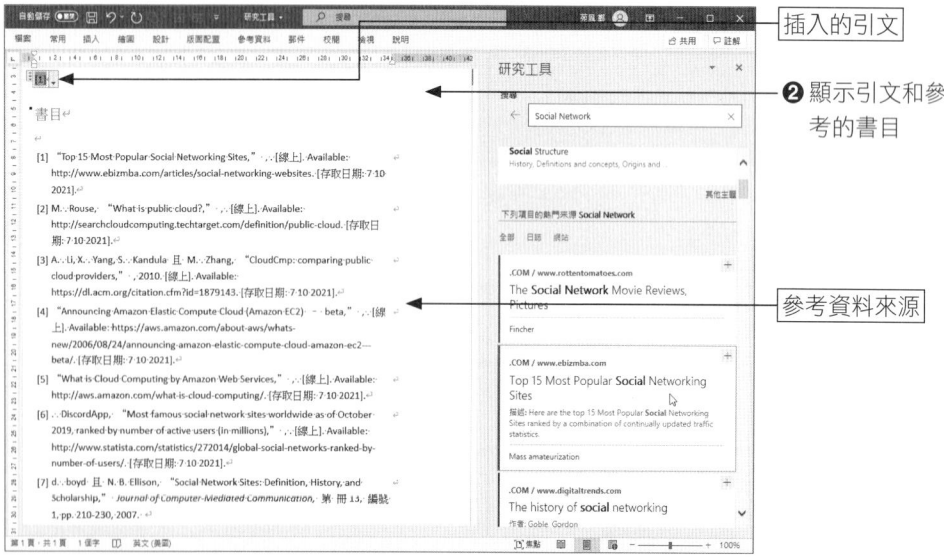

❷ 顯示引文和參考的書目

插入的引文

參考資料來源

新增並引用

由「研究工具」窗格中找到的關鍵字詞,對於有用的文章你可以將它選取起來,此時會顯現如下圖的快顯功能表,點選「新增並引用」指令會將文章和書目一併顯示在文件中,而點選「新增」指令只將文章貼入文件。

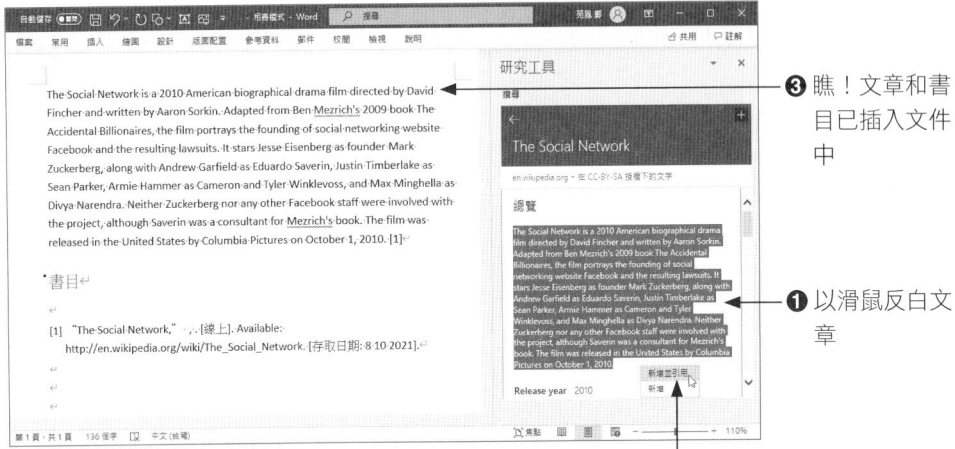

❶ 以滑鼠反白文章
❷ 出現快顯功能表時,選擇「新增並引用」指令
❸ 瞧!文章和書目已插入文件中

0-3-2 Word 的「搜尋」功能

在 Word「參考資料」標籤中按下「搜尋」鈕,會在右側顯示「搜尋」窗格,由搜尋欄位中輸入關鍵字詞,就會使用 Bing 來進行網頁或影像的搜尋。

精準駕馭 Word! 論文寫作絕非難事

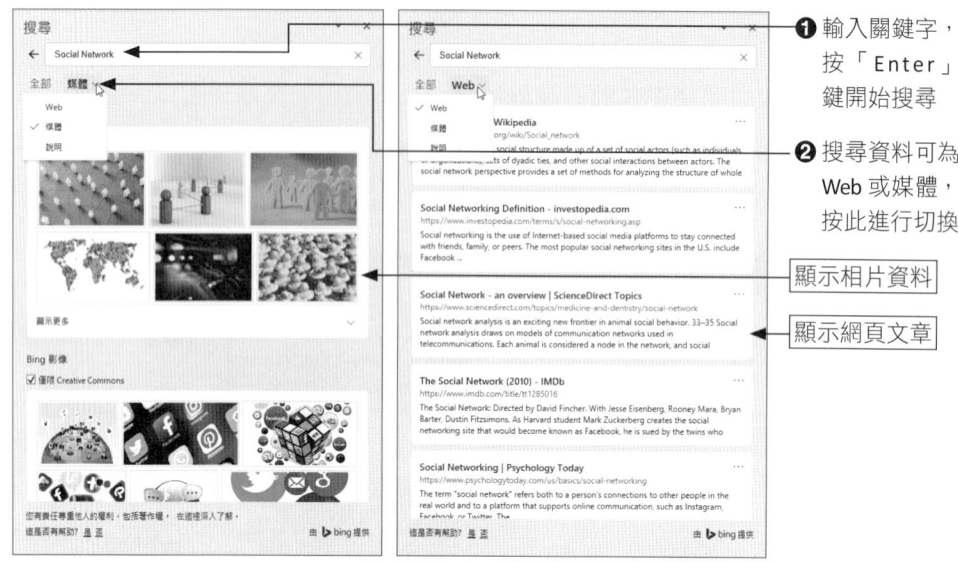

❶ 輸入關鍵字，按「Enter」鍵開始搜尋

❷ 搜尋資料可為 Web 或媒體，按此進行切換

顯示相片資料

顯示網頁文章

針對有興趣的圖片，可將滑鼠移到圖片上，按下「+」鈕就可以將檔案新增到你的文件中。

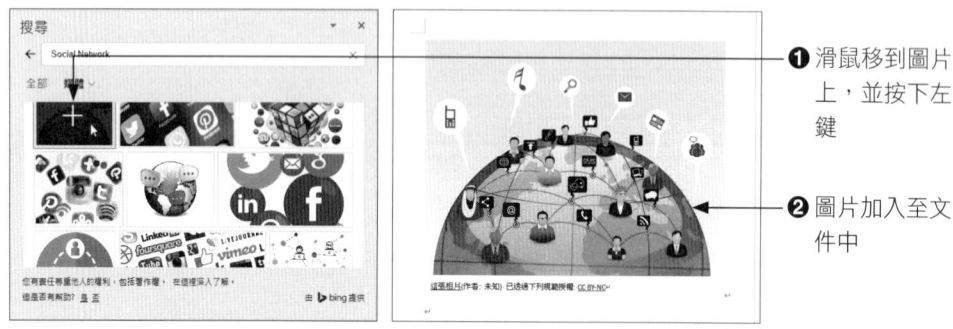

❶ 滑鼠移到圖片上，並按下左鍵

❷ 圖片加入至文件中

0-3-3 善用翻譯工具翻譯文件

Word 提供很好的研究工具和搜尋功能，可以讓研究者輕鬆找到相關的研究資料，但是「英文」卻是很多人頭疼的問題，英文程度不夠好，閱讀英文文件就比較吃力費時。不過你可以善用 Google 翻譯工具或是 Word「翻譯」功能來幫助你了解文件內容的大意。

0-16

Google「翻譯」功能

　　Google 翻譯工具是大家所熟悉的翻譯工具，你可以將「中文」翻譯成「英文」，再利用 Word「研究工具」來搜尋研究的資料。同樣地，將 Word「研究工具」窗格中不太懂的文章直接按「Ctrl」+「C」複製後，再到 Google 翻譯上面按「Ctrl」+「V」貼入，就可以知道文章講述的重點了。Google 翻譯網址：https://translate.google.com.tw/。

將中文關鍵字翻譯成英文，再去「研究工具」窗格進行搜尋

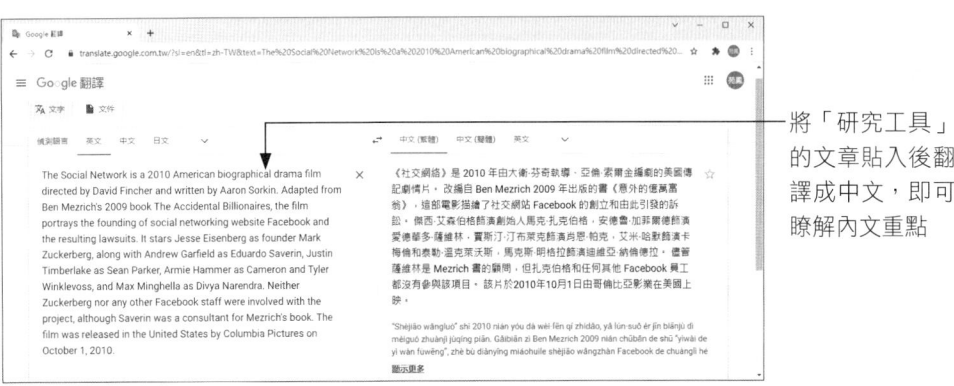

將「研究工具」的文章貼入後翻譯成中文，即可瞭解內文重點

0-17

Word「翻譯」功能

針對你在「研究工具」窗格中所找到的關鍵詞文章,你可以把它「新增」到 Word 文件中,再由「校閱」標籤的「翻譯」功能,就可以輕鬆知道文章要點。

❶ 選取文章後,分別執行「新增並引用」及「新增」指令

❷ 顯示新增的 2 份文章及書目

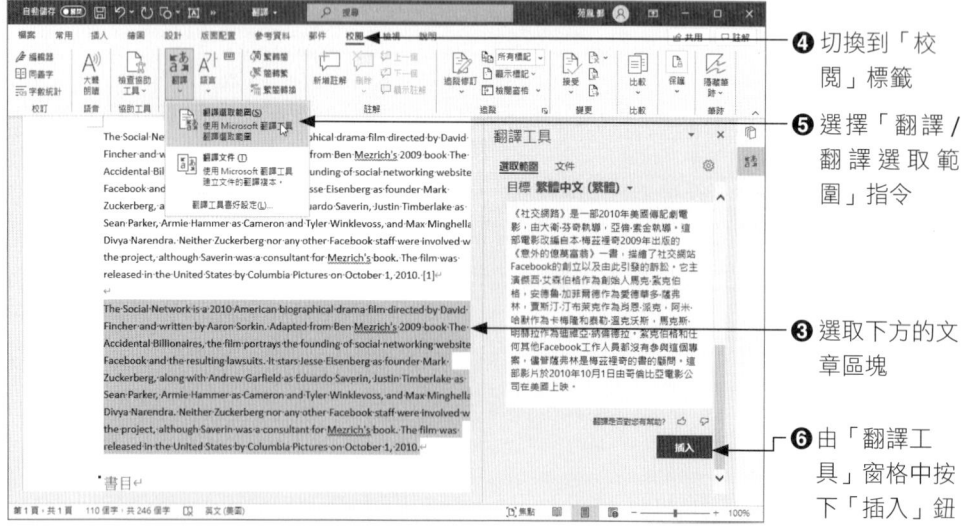

❹ 切換到「校閱」標籤

❺ 選擇「翻譯/翻譯選取範圍」指令

❸ 選取下方的文章區塊

❻ 由「翻譯工具」窗格中按下「插入」鈕

❼ 瞧！英文文獻、中文翻譯、書目都齊全了

透過這樣的方式，你可以快速查詢到合適的研究資料，分門別類以 Word 檔案管理，利用空檔時間再進行資料的研讀，融會貫通後就能進行論文的撰寫和引用。

0-4 論文引用格式

論文是探討問題並進行科學研究的一種手段，在編寫時必須要有一定的格式規範，讓所有的研究人員有一個遵循的標準，通過一致性的格式做有效的訊息交流，以利學科之間的凝聚力和知識共享。這個格式規範包含了引文和參考文獻的撰寫方法，以及表格、圖表、註解和附錄的編排方式，就如同指導手冊一樣，提供寫作結構和語法指南。

在碩士或博士論文裡，都必須清楚列出所有支持自己論文觀點的參考書目，依據並引用前人的可靠論述而導出有憑有據的結果，這樣才是有份量的論文。

0-19

特定學術領域有慣用的格式指南，例如人文社會科學領域大多使用的 APA 格式或 Chicago 格式，語言學領域常用 MLA 格式，理工／生物科學領域則包含 IEEE、ACS、AIP、AMS、CSE 等多種格式，電子學位論文則引用 APA 格式，而且這些格式經常會修訂和更新，所以寫論文時務必檢查所遵循的格式是否為最新版本。

每種引用文獻的格式皆不相同，但是基本結構是差不多的，不外乎標記作者、年代、標題、書刊名、出版地等資訊。以 APA 格式的論文結構來說，必須包含標題頁、摘要、正文、參考文獻四大部分。其中正文又分為緒論、研究方法／研究數據、研究結果、討論四大部分。

0-5 論文結構規範

關於論文所包含的內容與編排順序大致如下：

結構	順序	名稱	說明	頁碼
篇前	1	封面 （含側邊的書脊）	包含學校及系所名稱、學位別、論文名稱、作者姓名、指導教授姓名、完成日期。書脊須註明畢業年度、校院所名稱、學位、論文名稱、與作者等資訊。	不標示
		空白頁 （可省略）	封面後加一張白色空白紙張，可做為題贈之用。	
		論文全文上網授權書或電子檔案上網授權書	授權書是學位論文口試後完成後，由系所辦發給全國博碩士論文線上建檔系統之帳號密碼後，自行上此網站建檔，列印出的授權頁。這是經審核通過後由系統自動產生的文件，通常使用影印本即可。	
	2	標題頁 （書名頁）	使用白色紙列印，內容同封面，可視需要增加一頁英文版的標題頁。	

結構	順序	名稱	說明	頁碼
	3	簽名頁 （口試審定書）	原則上包含系所名稱、研究生姓名、論文名稱、口試委員及研究所所長的簽名、口試合格日期。	標示 羅馬 數字
	4	序言或謝誌	向師長、資助部門或提供幫助的人士表示感謝，通常以一頁為原則。	
	5	中文／英文摘要及關鍵詞	使用精簡文字，簡潔準確地說明論文的精髓，使讀者在最短時間內掌握重點，了解研究目的、研究方法與研究結果，讓讀者能在短時間內決定是否要閱讀原文做為參考工具。字數通常在 200～600 字之間，摘要結束前應在下方設定 5 個左右的關鍵字。	
	6	目錄 （目次）	依照論文編印項目的順序，依序註明章節名稱及所在頁碼，方便讀者查詢。通常 20 頁以上的論文都需要加入目錄，20 頁以下可省略。	
	7	表目錄	註明表的編號、名稱及所在頁碼。有的學校要求表目錄置於圖目錄之前，有的剛好相反。	
	8	圖目錄	註明圖的編號、名稱及所在頁碼。	
正文	9	論文正文	先說明寫這篇文章的原因或理由，接著闡述如何完成這項研究的方法與其結果，最後總結文章的觀點並做評論。	標示 阿拉伯 數字
參證	10	參考文獻	表示作者在研究中所參考的文獻資料，各學門科系所使用的格式皆不相同，務必檢查所遵循的格式是否為最新版本。	
	11	附錄	非必要性的，主要針對正文中未提到的問題做詳細說明，有些是放置訪談記錄或問卷調查的資料。	
	12	索引	論文中如果出現較多的專有名詞，可在篇後加入索引，方便讀者查閱。	

在論文結構當中,序言、摘要、目錄、表目錄、圖目錄、每一章、參考文獻、附錄等標題均需另起一頁,而頁碼的設定可分三部分:

- 不標示頁碼:封面、空白頁、授權書、標題頁、簽名頁、序言或謝誌。
- 標示羅馬數字:中/英文摘要、目錄、表目錄、圖目錄。
- 標示阿拉伯數字:論文正文、參考文獻、附錄、索引。

撰寫論文時可由「正文」開始進行,等完成的差不多時再進行「篇前」的製作。篇前部分因為從封面到謝誌都不需要標示頁碼,可獨立一個檔案存放,正文的前面只要插入分隔符號,屆時就可插入摘要、目錄、圖/表目錄了。

萬一論文的圖表很多,或是論文長達 400 至 500 頁,可依章節順序適時的區分檔案,最後再利用主控文件的功能來合併文件即可。

0-6 認識 DOI 碼

DOI 碼指的是數位物件識別碼(Digital Object Identifier),它像個人身分證一樣,透過全球唯一的號碼,就可以快速取得特定的論文期刊或文獻,論文中如果有加入 DOI 碼,可有效提昇學位論文的國際能見度及影像力。

要取得 DOI 碼必須透過 IDF(International DOI Foundation)認可的 9 個註冊中心進行 DOI 註冊。DOI 碼的組成包含 Prefix(前綴)/ Suffix(後綴)兩個部分,如下圖所示。

dio:**10.1002**/wcms.**1098**

Prefix(前綴) — 所有 DIO 碼都是 10 開頭 / 此碼由註冊中心分配

Suffix(後綴) — 由申請者自訂或使用原始編碼

部分學校有要求學位論文必須加入 DOI 碼，如果學校有此要求，通常是學校已有申請，那麼該校的研究生只要在學校的「電子學位論文服務系統」登入個人的論文研究資料，即可複製到你的 DIO 碼，屆時再將 DIO 碼貼入置論文頁面的右下角處即可。

0-7 論文撰寫 15 心要

對於初次撰寫論文的新手來說，只要依照本書的架構依序學習，就能夠輕鬆掌握訣竅來撰寫論文。這裡我們將 Word 提供與論文有關的功能，以打油詩方式來告訴你 15 個心要。

「研究工具」與「搜尋」，論文資料靠它尋

老外文章看不透，「翻譯」工具來幫忙

天地左右四邊界，頁面布局先確定

「大綱」模式建架構，論文整體不變形

大小「標題」與「內文」，「樣式」窗格可設定

「導覽」窗格隨侍側，架構階層在我心

「引文」格式要遵循，先知學術領域有不同

插入「註腳」與「標號」，就靠「參考資料」來搞定

「分節符號」會設定，「奇偶不同」與「頁碼不同」不用愁

配合「大綱」與「樣式」，「目錄」輕鬆建立與更新

「主控文件」若學會，合併論文靠它就行

來源資料有做好，「參考書目」與「索引」速完成

「自動校訂」要開啟，拼字／文法有錯立馬修

論文安全要保護，教你「限制」妙招免被竊

按部就班靠本書，論文撰寫沒煩惱

MEMO

CHAPTER

1

開始架構論文

1-1 論文頁面布局

1-2 以大綱擬定架構

當各位已經決定好研究的主題和方向,也蒐集了相關的研究資料,接下來就要開始架構你的論文。這裡要告訴各位如何利用 Word 365 軟體來設定你的論文頁面,同時透過大綱模式來進行架構,讓你隨時掌握論文骨幹,也能輕鬆延展研究的內容。

1-1 論文頁面布局

論文寫作規範大都會配合紙張的通用尺寸,各學校對於論文的版面格式都有明文規範,進行版面設定時必須以學校制定的規格為主。

1-1-1 論文版面規範

國內論文多使用 A4 的尺寸,紙張直放,由左而右橫寫,對於上/下/左/右的邊界規定,雖然各校規定略有差異,但是大致上都是 2.5 公分到 3 公分的距離,而頁面的正下方須置中標註頁碼,有些還會加大裝訂處的留白。

除了設定上/下/左/右的邊界外,有些學校還會針對每頁的字數、行數及行高作規範。一般的規定是正文每頁約 30 至 32 行,每行約 30 至 35 個字,內文行高則設定為 1.5 倍,所以設定論文的版面時,務必先確認自己學校的論文規定。

如下圖所示是 A4 的紙張,中間「版芯」便是各位要編排論文的區域範圍。邊界設定的大小當然會影響到論文的內容量,邊界越大則寫作的內容就越少,而且會因為設定的字體大小、字與字的間距、行與行的間距、段落與段落的間距而有所差異。

論文版面規範方式 1　　　　　　論文版面規範方式 2

　　在版芯裡，由一個一個「字」排列成「行」，一行一行的文字形成一個「段落」，再利用大小標來強化章節的標題以顯示整個架構，如此一來，不但增添長篇文章的視覺效果，也能讓閱讀者快速抓住重點。

1-1-2 論文版面設定

　　論文的頁面設定主要從「版面配置」標籤的「版面設定」群組來進行設定。設定要點不外乎紙張大小、邊界設定、以及每頁最少的行數與字數，如果要一次設定完成，可按下 ⇲ 鈕一次搞定。

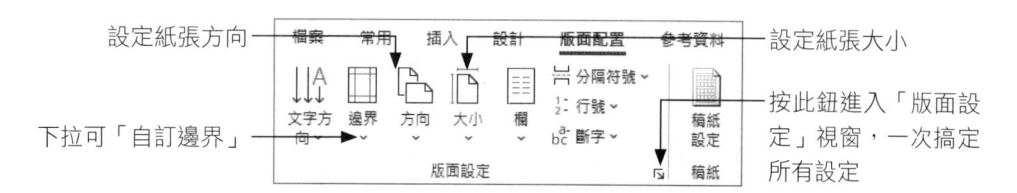

精準駕馭 Word! 論文寫作絕非難事

開啟 Word 365 後新增「空白文件」，首先進行一般最常看到的論文邊界設定，版面設定如下：

- 紙張大小：A4。
- 邊界：上邊界 3 公分，下邊界 2 公分，左 / 右邊界 3 公分。
- 紙張方向：垂直。

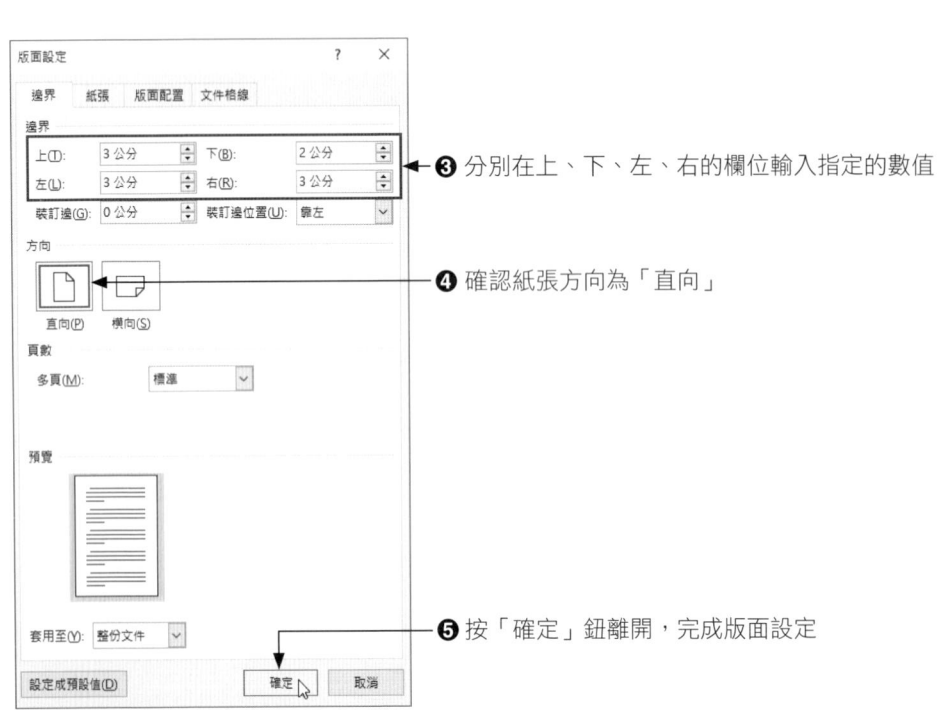

❶ 新增空白文件後，切換到「版面配置」

❷ 按此鈕進入「版面設定」視窗

❸ 分別在上、下、左、右的欄位輸入指定的數值

❹ 確認紙張方向為「直向」

❺ 按「確定」鈕離開，完成版面設定

上方的邊界設定對各位來說並不是問題,接下來練習進階的設定,設定內容如下:

> 每頁上端留白 2.5 公分,從頁碼下端起留白 2.5 公分,頁碼居中設定,裝訂處留白 3.5 公分;左右對稱,頁緣處留白 2.5 公分。

以此規範為例,由於「頁碼」是放在頁首頁尾之中,並不在版芯範圍內,所以頁碼所在的下邊界應多留 0.25 公分左右。裝訂邊位置預設值是「靠左」,如要選擇「左右對稱」,請由「多頁」下拉選擇。設定方式如下:

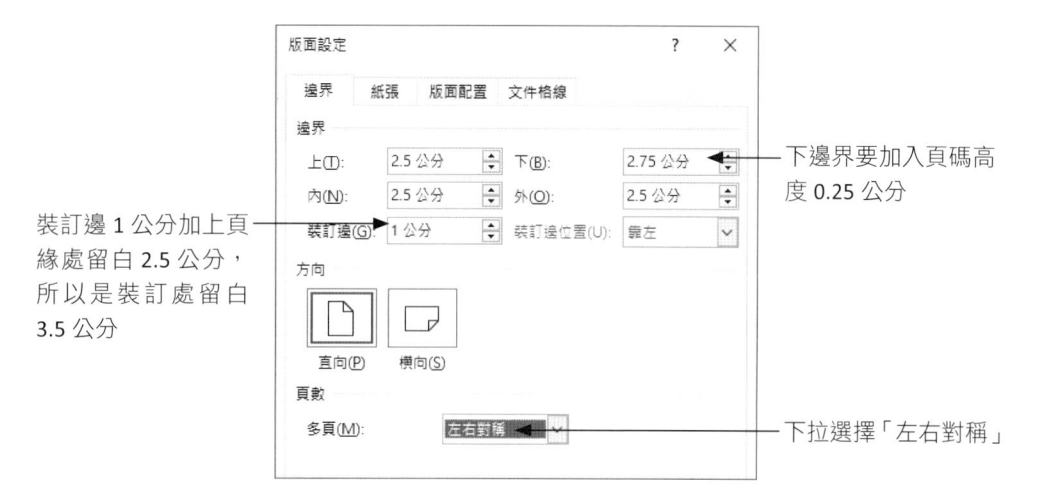

裝訂邊 1 公分加上頁緣處留白 2.5 公分,所以是裝訂處留白 3.5 公分

下邊界要加入頁碼高度 0.25 公分

下拉選擇「左右對稱」

當論文要以雙面方式列印時,選擇「左右對稱」就能讓奇偶頁邊界相互就替,讓裝訂邊的留白比符合要求。

1-1-3 設定每行字數 / 每頁行數

進行版面設定時,如果需要確認每頁的字數、行數是否符合學校的要求,請切換到「文件格線」的標籤,先點選「指定行與字元的格線」,就可以同時看到「每行字數」與「每頁行數」的設定值是否符合學校規定。

1-2 以大綱擬定架構

開始撰寫論文,最好的方式就是利用 Word 的「大綱模式」來建構,配合「大綱工具」進行階層的「升階」或「降階」,如此一來就可以調整你的論文架構,而且隨時可以透過「導覽」面板來檢視整個論文的標題。有完整的架構支撐論文,堆疊出來的內容才不會偏離正道。

1-2-1 論文「正文」架構

學術論文主要是反映科學的邏輯和知識產生的程序，寫作的內容在於強調「言而有據」，遵循科學知識為目標，因此，完整的學術論文在「正文」部分必須包含如下五部分，不可有缺漏。

緒論

緒論是作者向讀者交代為何寫這篇文章的理由，說明研究的課題以及文章的創新點和重要程度。也就是簡要說明你的「研究目的」，像是主要研究的問題、界定研究的範圍…等皆屬之。所列出的研究目的必須能夠在最後一章的「結論」中回答，且內容必須緊扣你的研究架構。一般會建議「緒論」之下最好再細分出「研究背景」、「研究動機」、「研究目的」、「架構論文」…等小節。

文獻探討

「文獻探討」是指針對特定主題已發表的研究文章，且這些文章的總結具有客觀、明確且批判性。好的文獻能幫助讀者專注在尚有爭議的議題或矛盾的問題，或是能總結研究領域中最核心的內容，讓讀者大致瞭解該領域的背景知識，並指出研究的重要性或錯誤。此部分著重在文獻的研究與問題的探討，重點在於說明你為什麼要研究這個主題，同時根據以往的研究經驗來推演出本次研究的重點。

所以在寫「文獻探討」時，針對你所寫的主題，必須蒐集與其切題的學術相關文章，分析文獻訊息，同時找出對你有用的資訊進行記錄，並將這些文獻連結到你研究的主題上。你的文獻探討不只涵蓋自己研究的主題，也包含自己的想法與貢獻。

研究方法

「研究方法」是讓研究生探討和報告某一特定的主題，通過文獻上發表、分析和檢視過的知識，再針對一個新穎的或不足的題目做一番綜合性的文獻探討。所以

研究生除了確認此次的研究架構外，還要針對研究的議題來說明實際做研究的方法，像是測量的方式、對象、使用的工具、問題的設計、收集資料的程序…等。以收集資料來說，問卷調查是最常使用的方式，也有以電訪的方式進行調查。

研究發現 / 資料分析

將收集的資料彙整、統計、分析，再以表格、圖表方式呈現，以利視覺效果的呈現。

結論與建議

研究的結論是根據報告的前文做綜合性的整理，所以結論必須與第一章的研究目的相呼應，並從結論中所新發現的觀點或問題，提出改善的建議。

論文大都以「章」為主體，每章都必須另起新頁，章的標題多置於頂端中央。「章」之下區分為「節」，多數使用一、二、三…等中文數字編號，且章節與標題之間要空一格。

1-2-2 以「大綱」模式架構論文

概略了解論文的架構後，接著我們以 Word 的「大綱」模式來架構論文。開啟已設定好的論文版面，由「檢視」標籤按下「大綱模式」就能進入大綱編輯模式，直接在文字輸入點處輸入論文章名，按「Enter」鍵即可繼續輸入下一個章名。

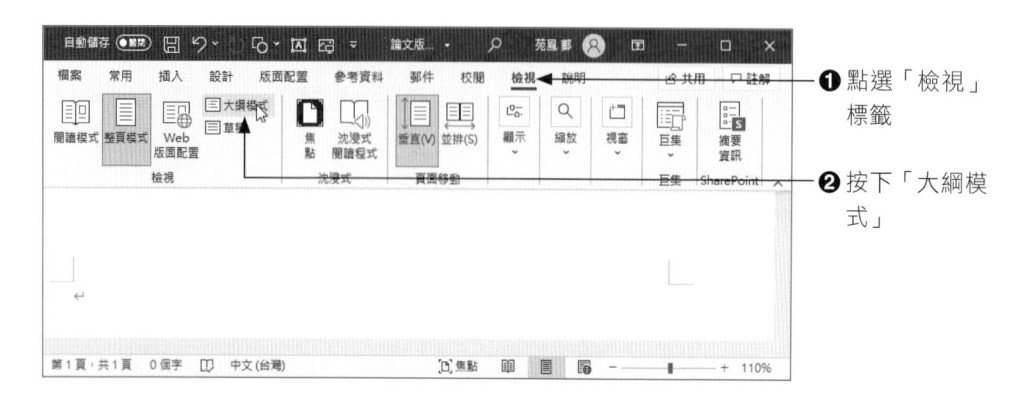

❶ 點選「檢視」標籤

❷ 按下「大綱模式」

1-8

❸ 進入大綱編輯模式

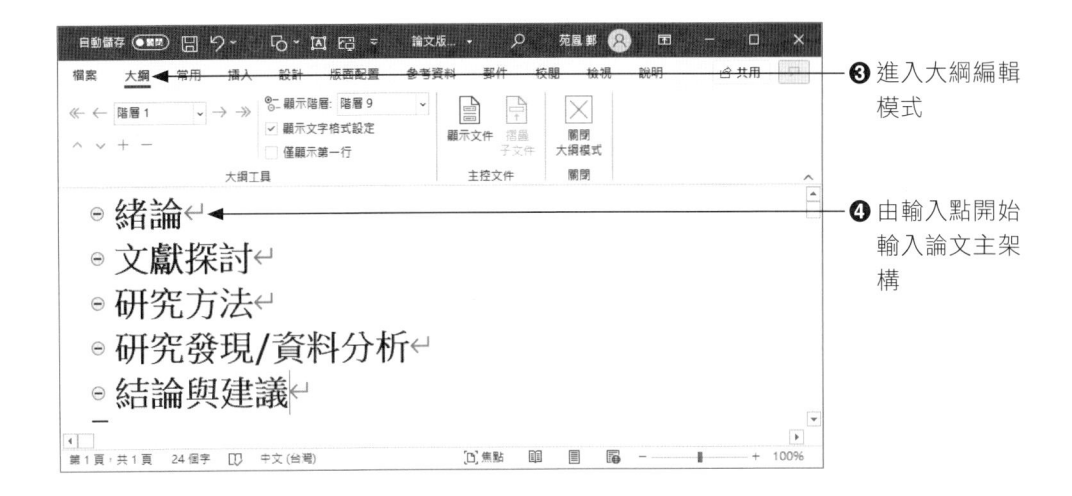

❹ 由輸入點開始輸入論文主架構

1-2-3 大綱階層的升降階

論文主架構的「章」屬於「階層 1」,「章」之下為「節」則屬於「階層 2」,各位可以利用「大綱工具」的「降階」→ 鈕來輸入第二層或第三層的標題。

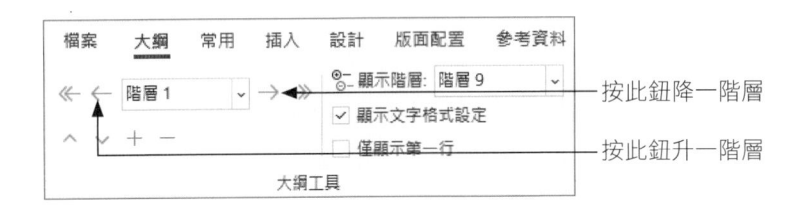

按此鈕降一階層

按此鈕升一階層

1-9

如下圖所示，在「緒論」之後按下「Enter」鍵新增空白行後，按下「降階」→ 鈕即可添加節、小節或小小節的標題，以此類推。

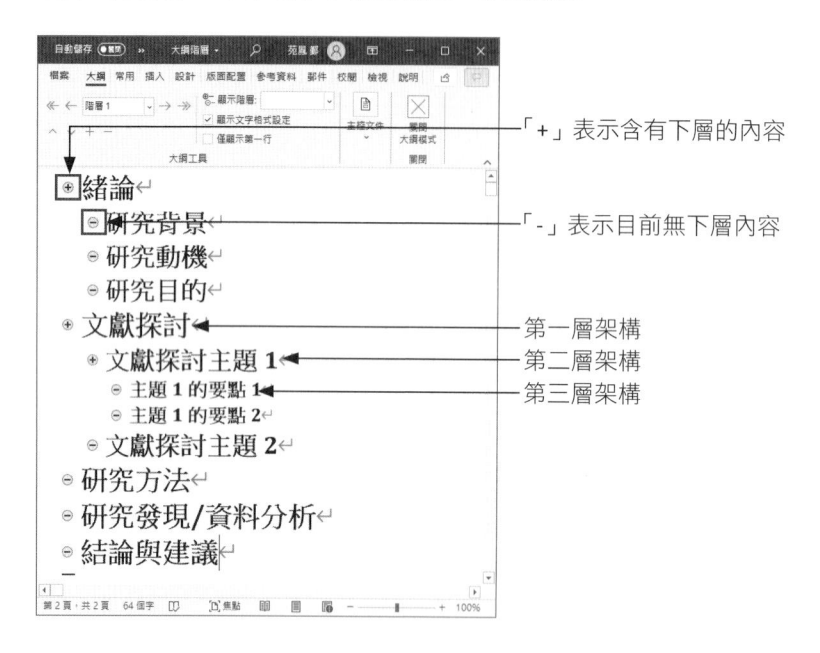

「+」表示含有下層的內容
「-」表示目前無下層內容
第一層架構
第二層架構
第三層架構

1-2-4 檢視論文詳目與簡目

透過上面的方式，撰寫論文時就可以很清楚知道整個論文的結構，當論文的組織架構越來越繁複時，可由「顯示階層」來控制顯示哪幾個層級。

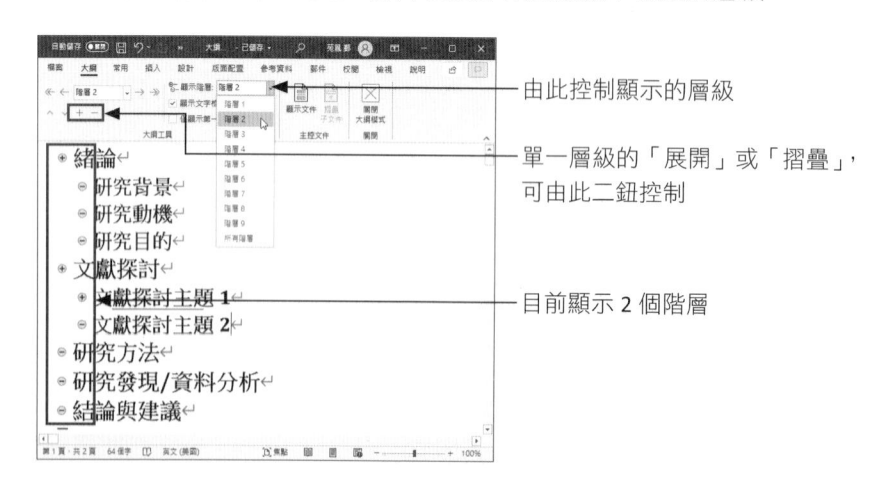

由此控制顯示的層級

單一層級的「展開」或「摺疊」，可由此二鈕控制

目前顯示 2 個階層

1-2-5 調整架構的先後順序

除了論文「正文」的五大部分外，當你在論述「節」或「小節」的內容時，如果需要調整它們的先後順序，可以透過「上移」∧和「下移」∨鈕來調整順序。如下所示，「文獻探討主題 1」底下雖然包含兩個要點，想要調整「主題 1」和「主題 2」的順序，只要按下「下移」鈕就可搞定。

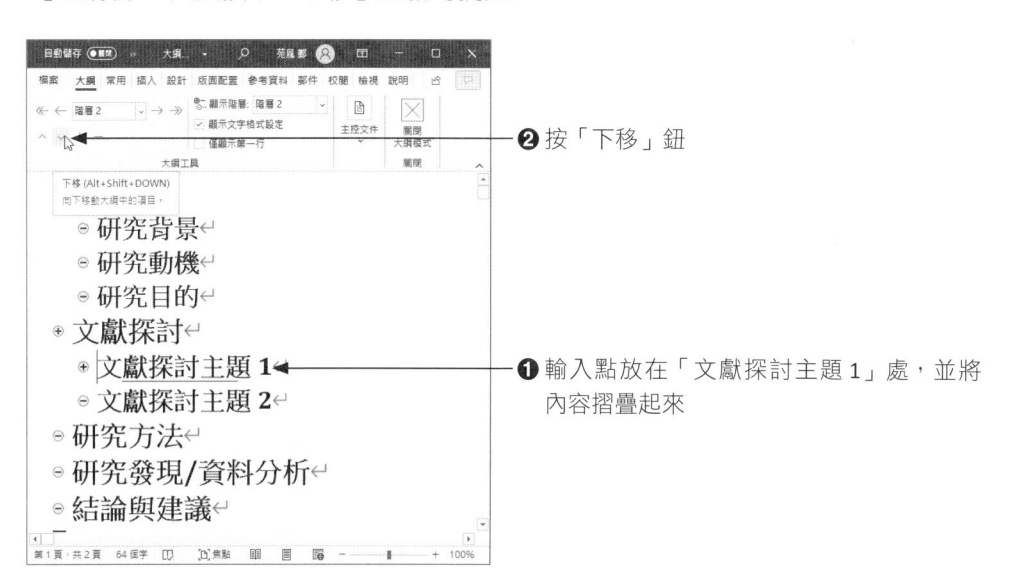

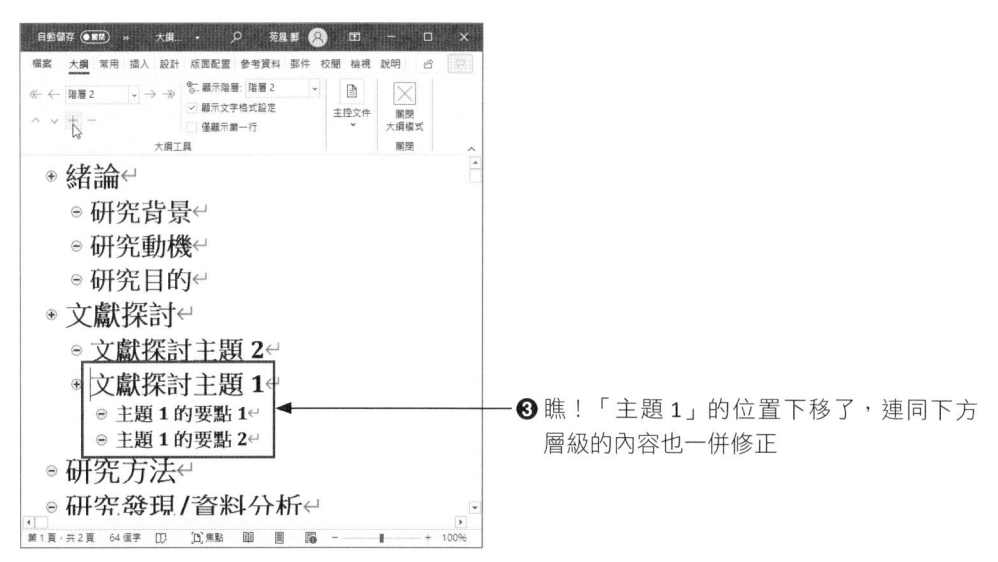

❷ 按「下移」鈕

❶ 輸入點放在「文獻探討主題 1」處，並將內容摺疊起來

❸ 瞧！「主題 1」的位置下移了，連同下方層級的內容也一併修正

1-11

精準駕馭 Word！論文寫作絕非難事

除了用「下移」∨或「上移」∧鈕調整先後順序外，也可以直接拖拉標題前的加號⊕來搬移章節順序。

❷ 拖曳至此放開滑鼠

❶ 按「+」此鈕不放

❸ 層級順序變更完成囉！

在進行論文寫作時，透過大綱模式可以輕鬆進行標題的新增、修改，也可以輕鬆依照邏輯與思緒來調整論文的先後順序。

開始架構論文 **1**

1-2-6 關閉大綱模式

主架構編修完成，想要離開大綱編輯模式，可從「大綱」標籤按下右側的「關閉大綱模式」鈕，使文件回到正常的「整頁模式」。

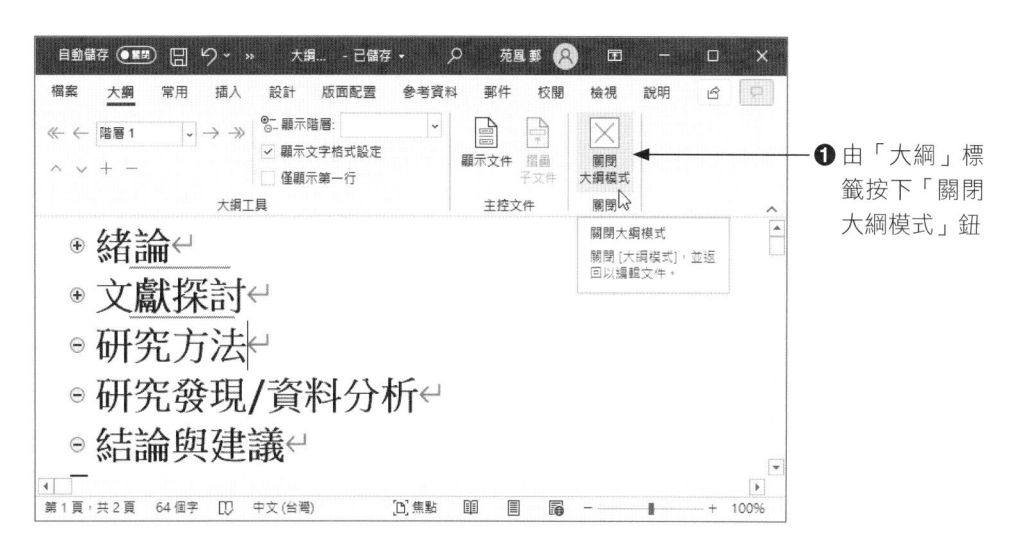

❶ 由「大綱」標籤按下「關閉大綱模式」鈕

❷ 顯示「整頁模式」中所看到文件內容

1-13

1-2-7 以「導覽」窗格瀏覽文件架構

在「整頁模式」中，各位會看到剛剛所加入章節文字都變得斗大無比且看不出差異。各位不用緊張，這是因為我們尚未做樣式的設定，也尚未加入細項或內文，不過你可以透過「導覽」窗格完整看到整個論文的標題與結構。請在「檢視」標籤的「顯示」群組中勾選「功能窗格」的選項，就會在左側開啟「導覽窗格」。

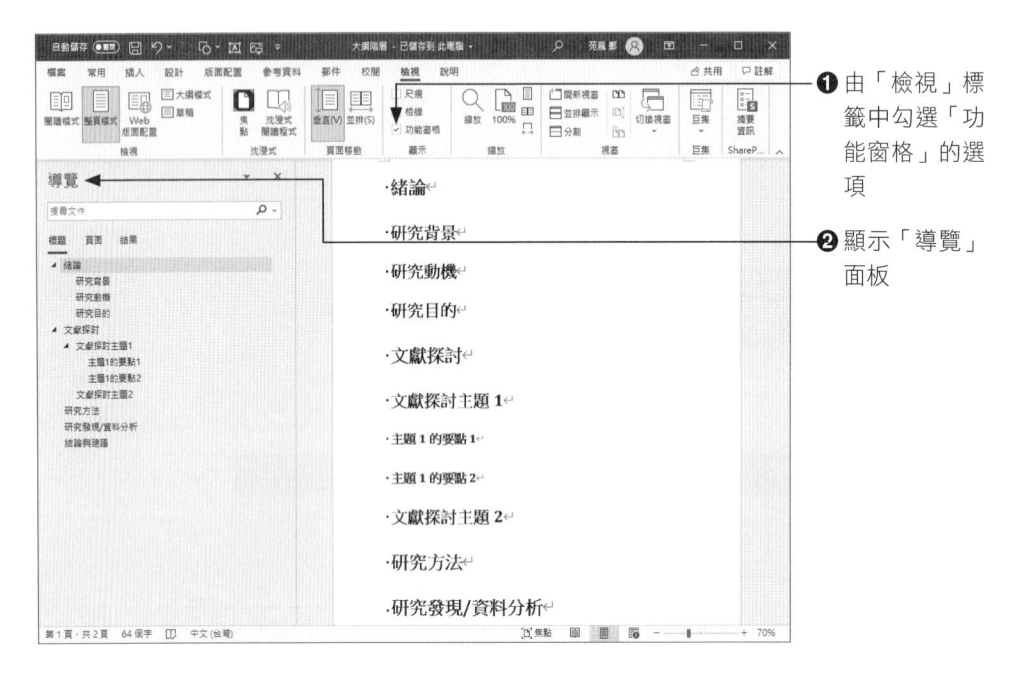

❶ 由「檢視」標籤中勾選「功能窗格」的選項

❷ 顯示「導覽」面板

各位只要在「導覽」窗格中點選想要編輯標題名稱，文件就會自動跳到所對應的標題，方便你編輯該內容。

❷ 文件自動跳到該主題上

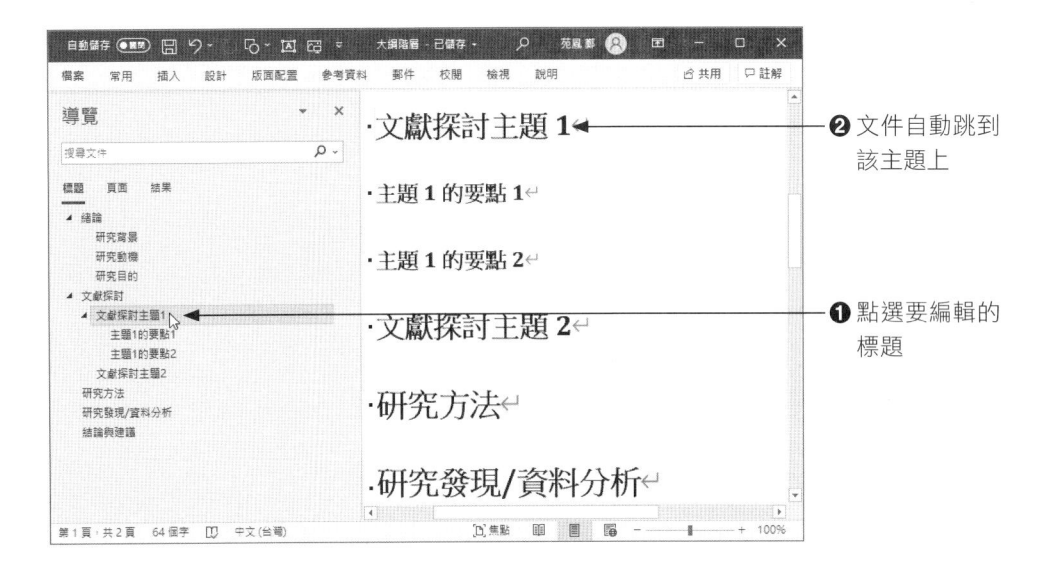

❶ 點選要編輯的標題

當你的論文越來越厚實，頁數多達數十頁或上百頁時，如果要一頁頁的尋找就很費時，此時利用「導覽」窗格點選一下標題，就可以快速切換到該主題了。

這一章節中，各位學會了論文版面的設定，也了解大綱模式的重要性，讓各位在撰寫論文時，心中時時有章節架構與理論邏輯，把握住基本的綱要就不會讓衍伸出來的內容不成形。

MEMO

CHAPTER 2

論文格式設定

2-1 多層次清單階層

2-2 整齊有效率的標題樣式

2-3 內文樣式設定

使用 Word 做文件編排，除了讓文件具有統一的風格，還能增加排版的效率，這是因為 Word 具有以下的特點：

- 「**一致性**」原則：一致性就是確保同一層級或同類型的內容具有相同的格式，文件整齊劃一。
- 「**重複性**」原則：頁面中相同的元素反覆出現，可營造頁面的統一感。
- 「**對比**」原則：元素與元素之間的差異性明顯，例如，大／小標的字體大小不一樣，內文與引言、列舉有明顯的差異，這樣就能讓讀者清楚辨識。

對於論文寫作，各個學校都有一定的格式規範，不管是標題層級、內文、字體、大小、標點符號…等，只要參酌學校的要求，再利用 Word 的「樣式」來進行設定，就能讓整份文件保持一致性，加速文件的編輯速度。這個章節就是針對這些格式的設定要領以及多層次清單的設定跟各位做探討。

2-1 多層次清單階層

要讓論文條理分明，內容一目了然，標題和清單階層的設定就很重要。大多數人對於 Word 的「項目符號」與「編號」的使用都很熟悉，卻不知「多層次清單」是論文階層的好幫手。

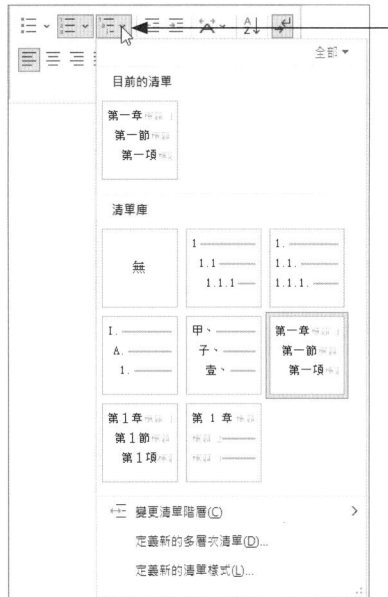

「多層次清單」經常應用在長篇文件的編輯中，主要在組織項目和建立大綱，使用者也可以變更清單中個別的外觀，或在文件中為標題新增編號。

2-1-1 論文編次規範

在論文編次的規範方面，中文的標題編序大多採用：「第一章」、「第一節」、「一、」、「(一)」、「1.」、「(1)」、「A.」、「(a)」…等順序，英文的標題編序則採用「I.」、「A.」、「(A)」、「1.」、「(1)」、「a.」、「(a)」為序。有些研究報告的規範則以「壹、一、(一)1.(1)a.(a)」為序。不管採用何種規範，利用 Word「常用」標籤中的「多層次清單」 鈕就可快速辦到。

2-1-2 設定多層次清單

首先我們以「第一章」、「第一節」、「一、」三個階層順序來設定多層次清單。請開啟範例檔「多層次清單設定 .docx」進行以下的設定。

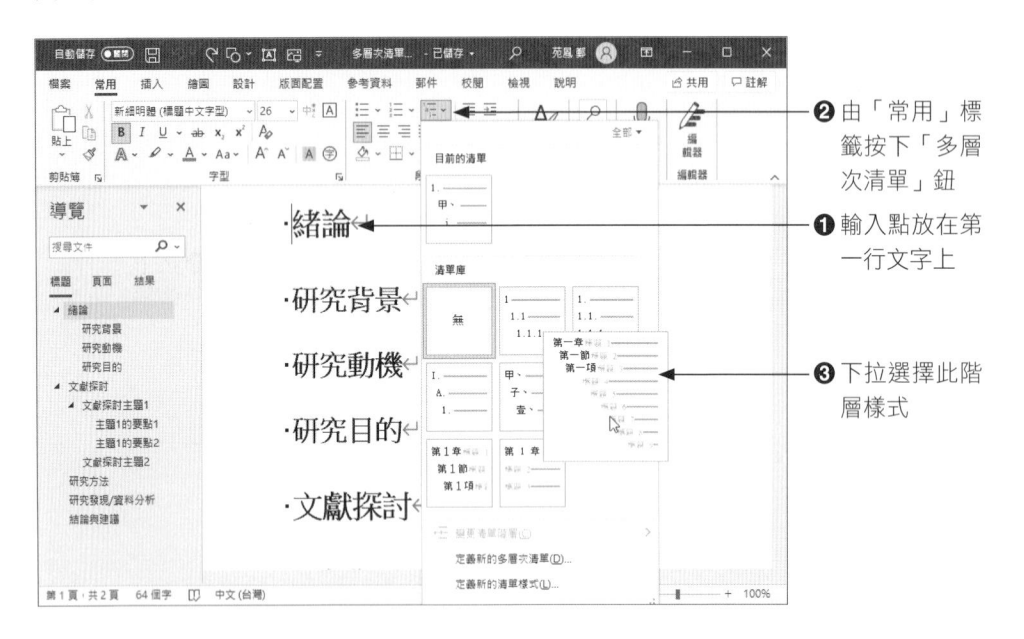

❶ 輸入點放在第一行文字上
❷ 由「常用」標籤按下「多層次清單」鈕
❸ 下拉選擇此階層樣式

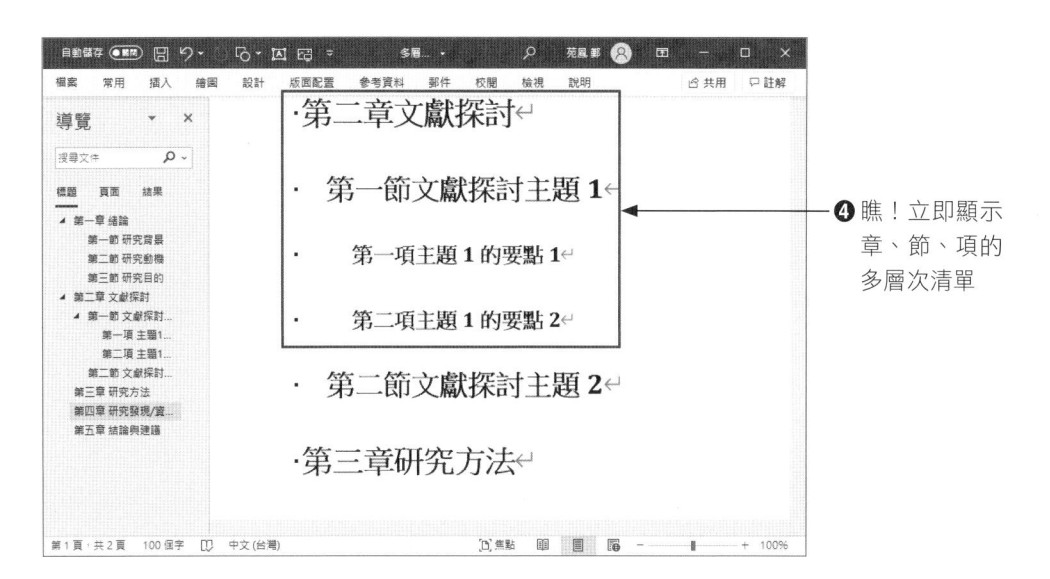

論文格式設定 2

❹ 瞧！立即顯示章、節、項的多層次清單

前兩個階層「章」、「節」已符合規範，第三層的「項」我們將利用「定義新的多層次清單」指令來進行修正。另外，章節編號和章節名稱在預設狀態下是緊連在一起，我們可以一併進行修正，讓章節編號與章節名稱之間能夠自動空一個空白。

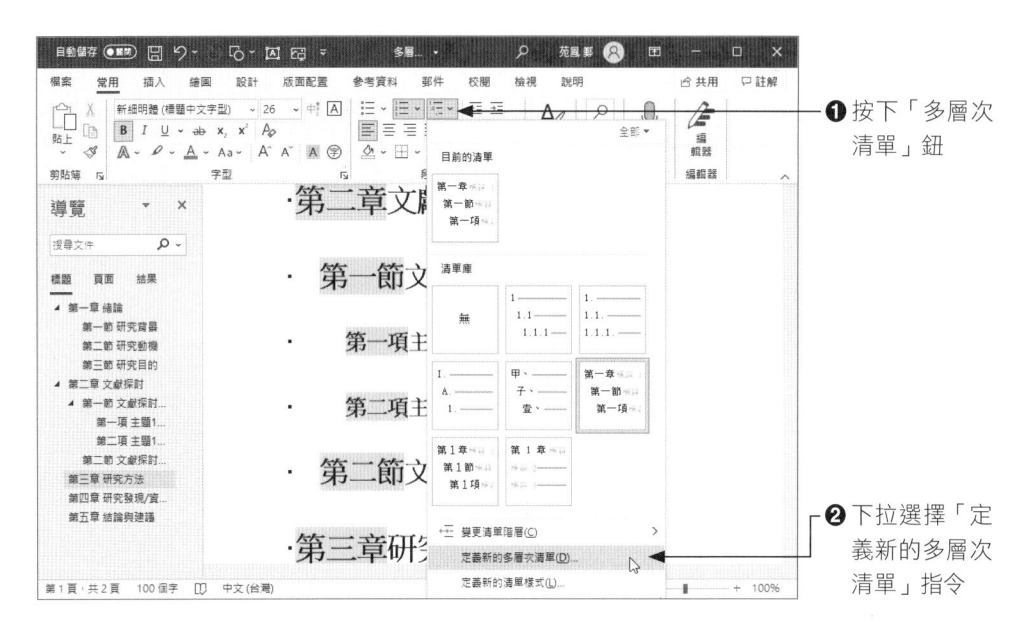

❶ 按下「多層次清單」鈕

❷ 下拉選擇「定義新的多層次清單」指令

2-5

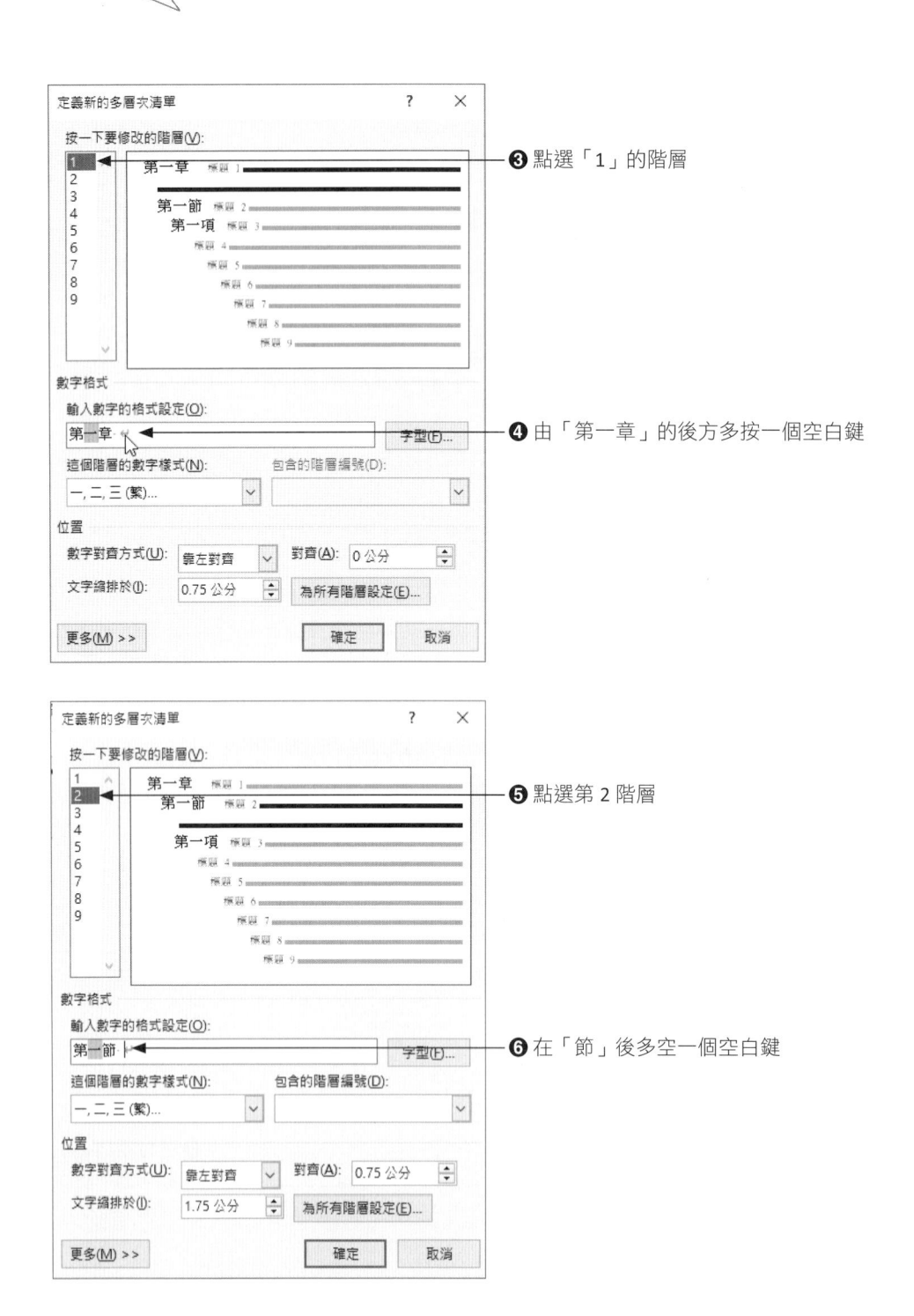

精準駕馭 Word! 論文寫作絕非難事

❸ 點選「1」的階層

❹ 由「第一章」的後方多按一個空白鍵

❺ 點選第 2 階層

❻ 在「節」後多空一個空白鍵

論文格式設定

❼ 點選第 3 階層

❽ 設定為「一、」，並在後方多空一個

❾ 按下「確定」鈕離開

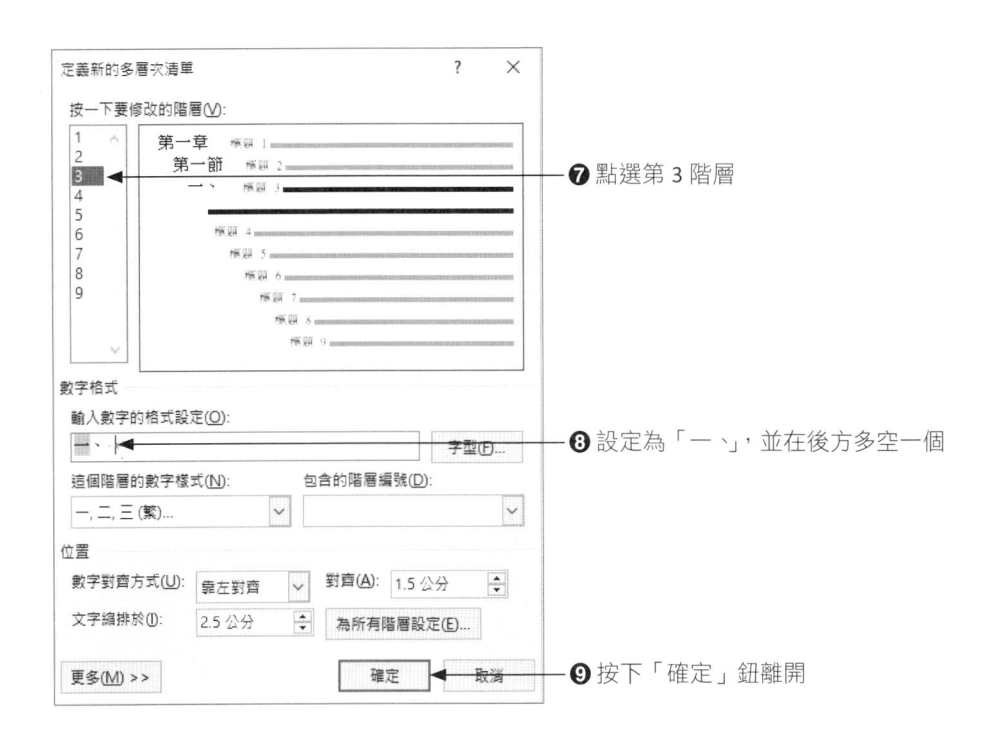

補充說明

要在視窗中加入標點符號，可於中文輸入的模式下同時按「Ctrl」+「Alt」+「,」鍵，就會顯示「輸入法整合器」，讓你點選想要加入的標點符號。

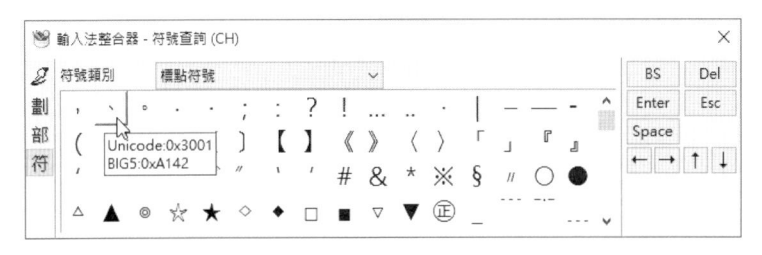

2-7

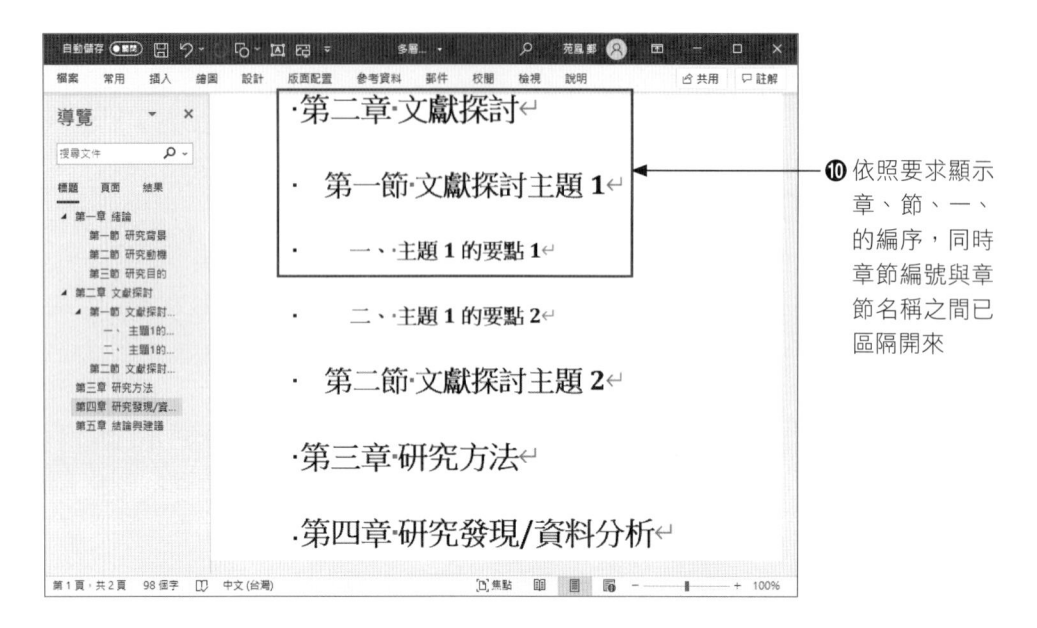

精準駕馭 Word! 論文寫作絕非難事

❿ 依照要求顯示章、節、一、的編序，同時章節編號與章節名稱之間已區隔開來

特別注意的是，依照上述方式建立的多層次清單，其階層已連結至樣式，也就是階層 1 連結至標題 1、階層 2 連結至標題 2…，以此類推。各位可在「定義新的多層次清單」視窗中按下「更多」鈕，即可在右圖視窗看到對應的結果。萬一所設定的階層未連結至對應的樣式，請下拉進行修正。

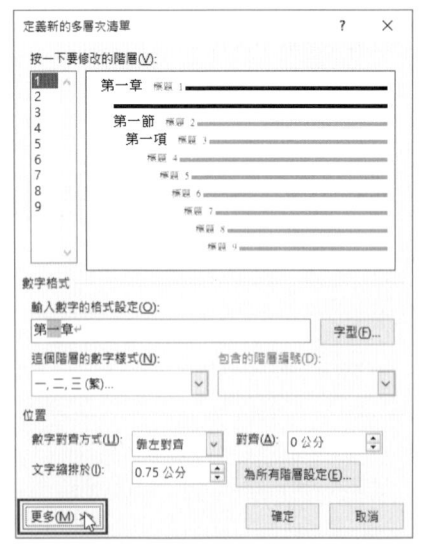

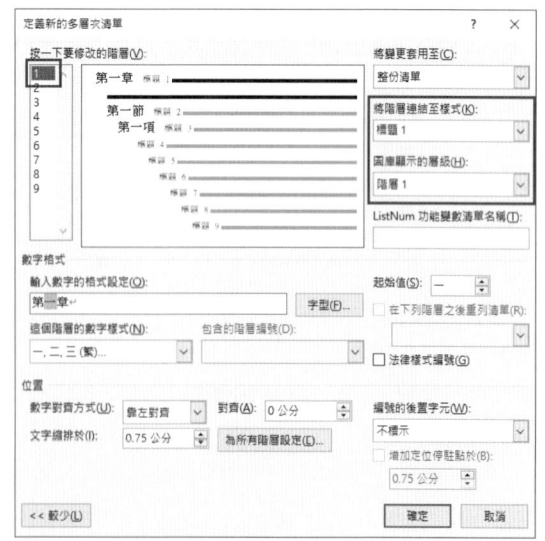

2-8

2-1-3 變更階層的數字樣式

除了一般常用的「一」、「二」、「三」…的數字樣式外，如果研究報告的規範需採用「壹、一、(一)…」的編序，或是英文的標題的編序是採「I.」、「A.」、「(A)」…的編序方式，那麼只要變更階層的數字樣式即可。請利用「定義新的多層次清單」指令，進入下圖視窗做設定：

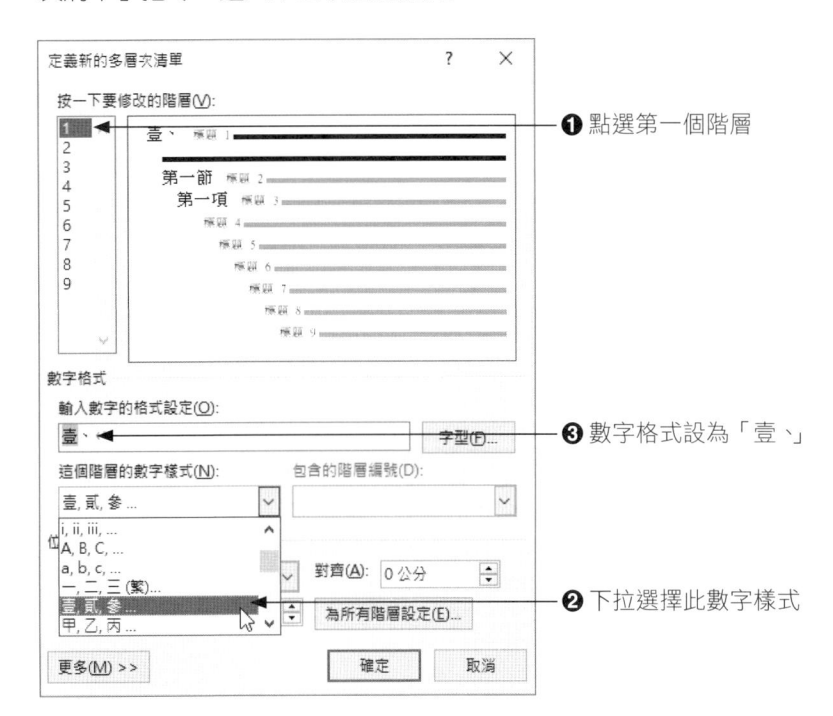

❶ 點選第一個階層

❸ 數字格式設為「壹、」

❷ 下拉選擇此數字樣式

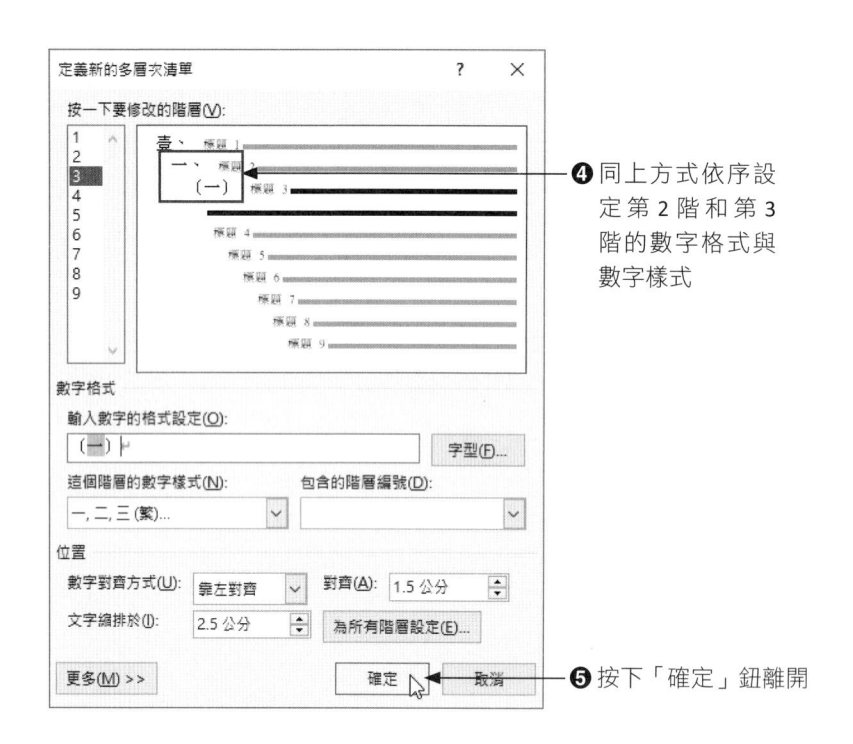

❹ 同上方式依序設定第 2 階和第 3 階的數字格式與數字樣式

❺ 按下「確定」鈕離開

❻ 顯示新的編次效果

2-1-4 阿拉伯數字編碼設定

剛剛我們介紹了以大／小寫的中文數字方式來設定編號的層級，如果學校要求以阿拉伯數字的方式呈現編號階層，如：1.1、1.1.1…等排列方式，那麼請開啟「多層次清單設定 .docx」文件，並做以下的設定。

❶ 按下「多層次清單」鈕

❷ 選擇此清單樣式

❸ 由「多層次清單」鈕下拉選擇「定義新的多層次清單」指令

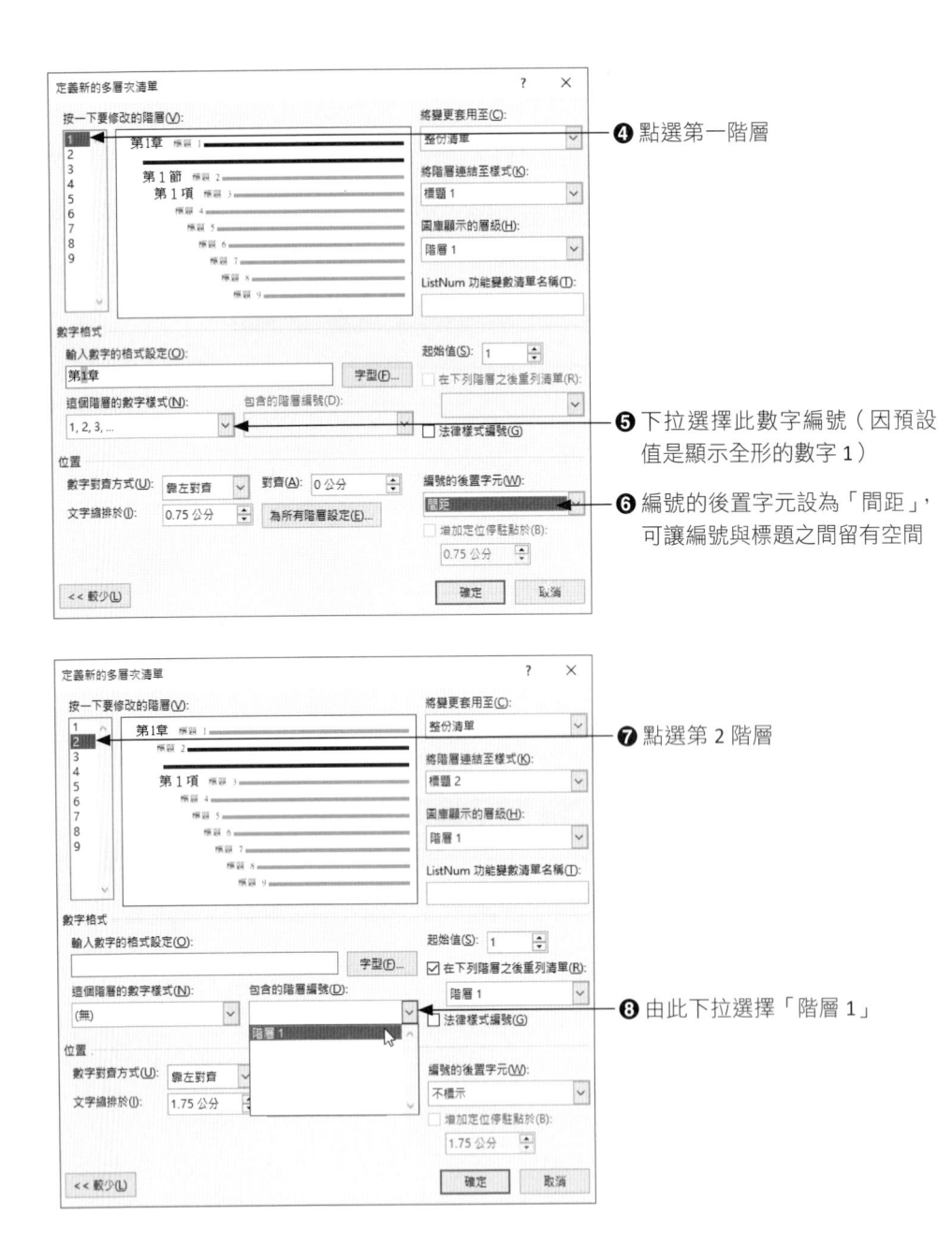

精準駕馭 Word! 論文寫作絕非難事

❹ 點選第一階層

❺ 下拉選擇此數字編號（因預設值是顯示全形的數字1）

❻ 編號的後置字元設為「間距」，可讓編號與標題之間留有空間

❼ 點選第 2 階層

❽ 由此下拉選擇「階層 1」

2-12

論文格式設定

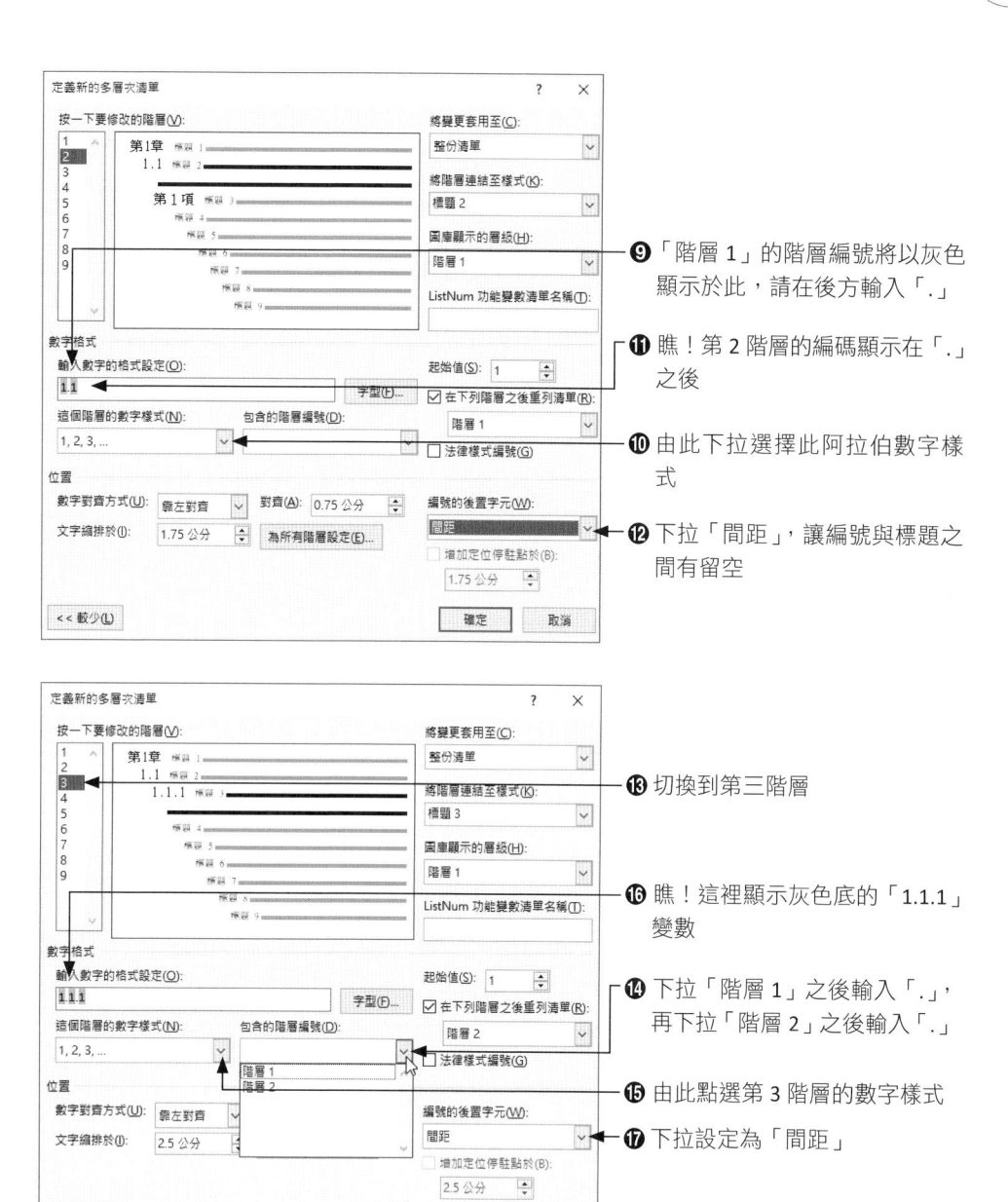

❾「階層 1」的階層編號將以灰色顯示於此，請在後方輸入「.」

⓫ 瞧！第 2 階層的編碼顯示在「.」之後

❿ 由此下拉選擇此阿拉伯數字樣式

⓬ 下拉「間距」，讓編號與標題之間有留空

⓭ 切換到第三階層

⓰ 瞧！這裡顯示灰色底的「1.1.1」變數

⓮ 下拉「階層 1」之後輸入「.」，再下拉「階層 2」之後輸入「.」

⓯ 由此點選第 3 階層的數字樣式

⓱ 下拉設定為「間距」

⓲ 按下「確定」鈕離開

2-13

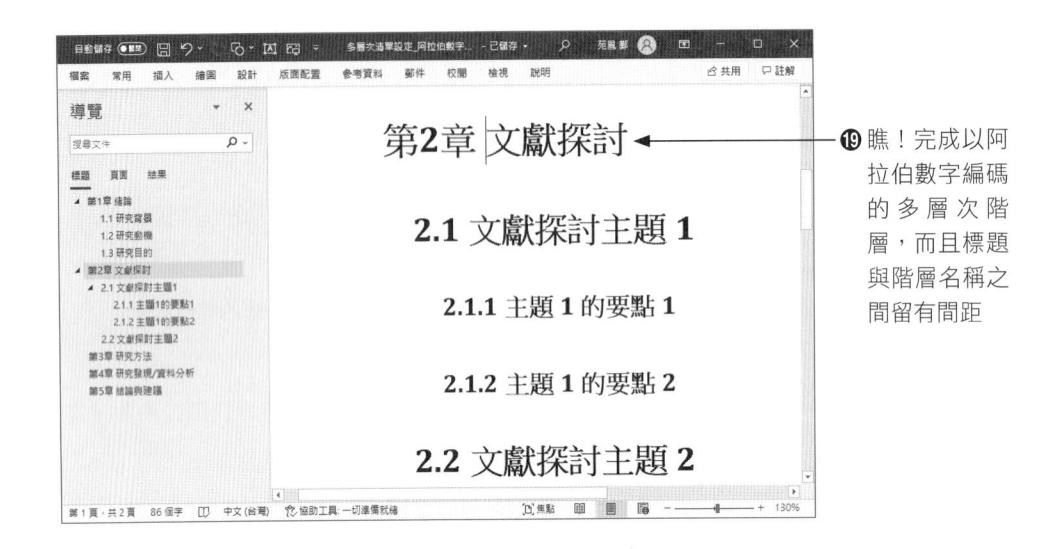

[Word 畫面截圖]

❶ 瞧！完成以阿拉伯數字編碼的多層次階層，而且標題與階層名稱之間留有間距

2-1-5 中文數字與阿拉伯數字混合使用

學會了中文數字與阿拉伯數字的編號技巧後，再來和各位探討如下的多層次清單設定。

[多層次清單示意圖]

第一層使用小寫中文數字

第二層使用阿拉伯數字

我們延續前面的阿拉伯數字編碼設定，當各位修改第一階層為中文數字時，會發現第二階層呈現「一.1」的效果，看起來會很奇怪。如下圖示：

2-14

論文格式設定

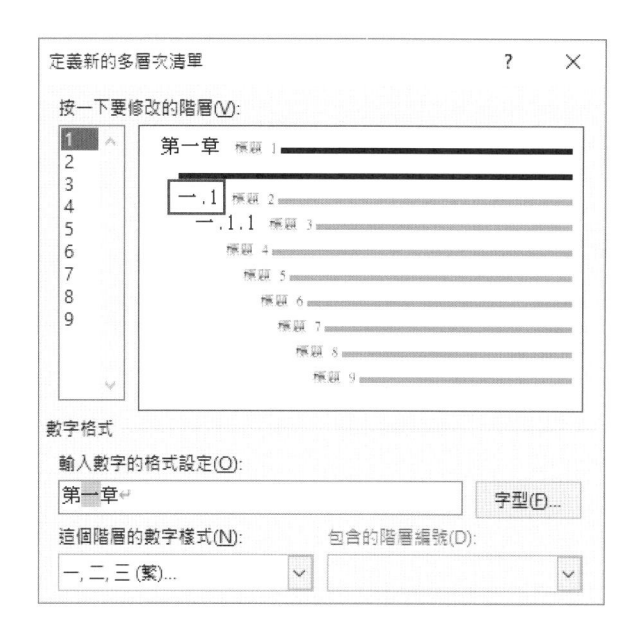

在此建議各位不妨將第一階層沿用阿拉數字，刪除前與後的「第」和「章」的文字，只保留灰色的變數值，接著按下「字型」鈕，將文字色彩設為白色，使階層 1 的數字不顯示出來，如下二圖所示：

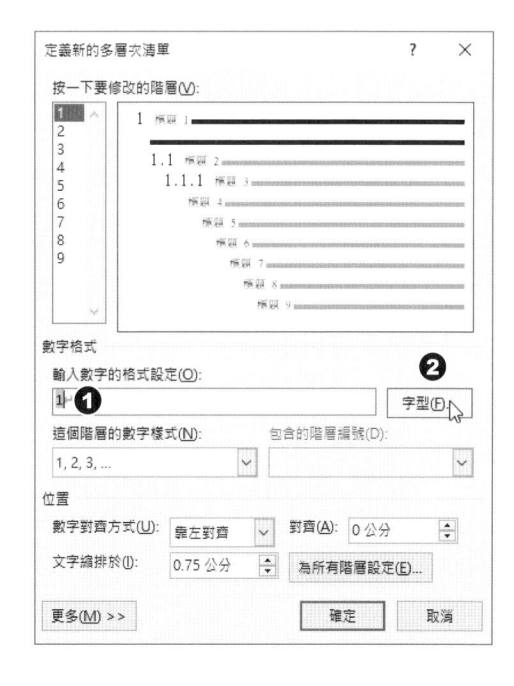

2-15

精準駕馭 Word! 論文寫作絕非難事

設定之後「階層 1」的五個標題就自行輸入，如此一來就能符合學校的要求了！

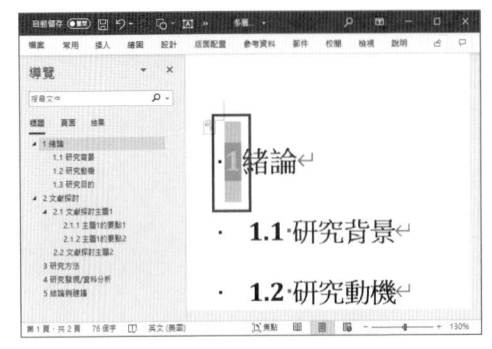

階層 1 的數字顯示為白色 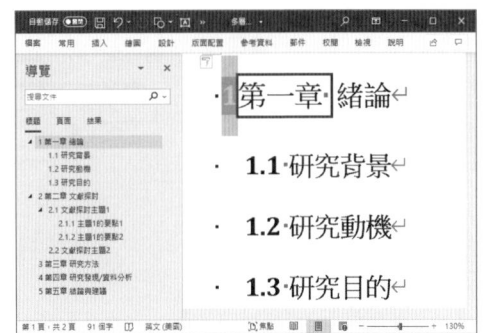　　　　　　　自行加入階層 1 的章名

2-2 整齊有效率的標題樣式

編排長篇文件時，文件可透過大 / 小標題來顯示文章的綱要與段落的層級，如果每個大小標題都要從無到有設定格式，就會增加很多機械性的重複步驟，降低工作效率。雖然你可以在設定好一個樣式後，透過「複製格式」功能來一一複製相同層級的文字，但是忙中可能會出錯，且一旦修改樣式，就得再一一進行修正。如果你學會「樣式設定」的功能，那麼只要設定一次就可直接套用，而且最大的優點是一旦修改樣式，分布在文件各處的同一樣式就會自動修正，製作目錄時也可以快速完成喔！

2-2-1 論文標題規範

論文的章、節、大 / 小標題的字型大都採用標楷體 /Times New Romans、粗體、黑色，1.5 倍行高，前後段空一行。有的學校有明文規定字體的大小，例如：「章」為 24 級字，「節」為 22 級字，標題通常使用 16 級字體，而副標題則使用 14 級字體。

中文字體大多建議採用標楷體、細明體、新細明體，英文字體則建議選用 Times New Roman、Arial、Arial Black、Arial Narrow、Bookman Old Style、Comic Sans Ms、Courier New，如果使用其他字體撰寫論文，有可能導致電子學位論文無法提供全文檢索的服務。

在對齊方面，各章標題與各節標題位於正中央，節次以下的次標題均靠左切齊，各章開頭獨立成頁。有些學校會要求依照章節段落的層次進行縮排，屆時再從「段落」的設定中進行「縮排」設定即可。如果有非章節之標題而又需要條列敘述時，可不依標題層次的限制，只需前後使用一致之序號即可。

2-2-2 Word 的樣式類型

編排 Word 文件的過程中，大部分時間都在設定文字格式，這些格式設定包括字元格式、段落格式、清單、網底、表格…等。Word 根據樣式功能與應用的不同，大致上可分成如下幾種類型：

- 段落：設定段落的格式，包含字型格式、段落格式、編號格式、框線、網底等變化。
- 字元：設定字型格式。
- 連結的（段落與字元）：與段落樣式相同。同時具有字元樣式與段落樣式功能，既可以對選取的文字設定字型格式，也可以對段落進行段落格式的設定。
- 表格：設定表格的框線、網底、字型格式和段落格式。
- 清單：設定字型格式和編號，可為不同的標題設定編號格式。

建立新樣式時，各位可以依照需求由視窗中選擇適合的樣式類型，如圖示：

「樣式」可說是多種基本格式的集合，把所要的格式設定都加到樣式庫中，以後只要點選樣式名稱就可以套用，這樣可以加快編輯速度，而且不易排錯格式，頁面又能夠整齊劃一。微軟所提供的樣式庫可用來格式化文件的標題、段落、引述文字、強調文字、清單段落或內文，使用者可透過「常用」標籤的「樣式」群組或「樣式」窗格來修改或建立樣式。

切換到「常用」標籤，即可從「樣式」群組來套用樣式

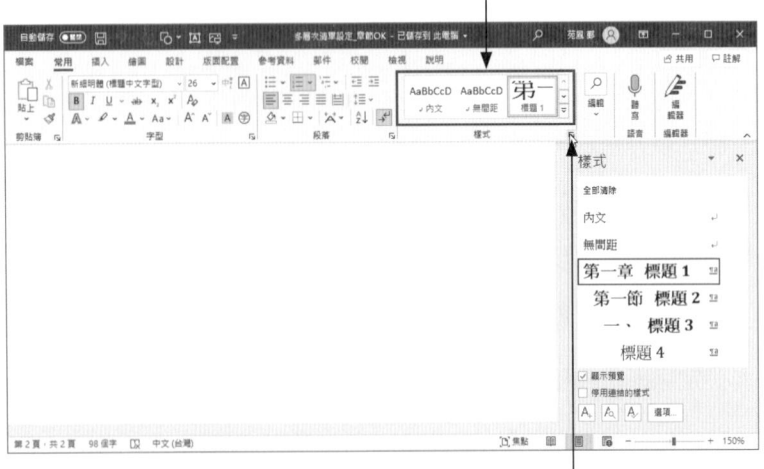

按下此鈕會顯示如圖的「樣式」窗格，可進行樣式的新增或修改

2-2-3 以樣式窗格修改標題樣式

在 Word 中建立樣式的方式有很多種，你可以從無到有建立新樣式，也可以將選定好的格式建立成新樣式，而我們比較推薦各位使用「修改」預設樣式使符合自己的論文要求。因為樣式窗格中的「標題 1」、「標題 2」…等與文件的階層有關，它可以讓我們在製作目錄時輕鬆抓取指定的階層數與標題文字，因此建議各位使用「修改」方式來設定標題樣式。

當各位對於論文標題的規範有所了解，接下來我們將透過「樣式」窗格來修改章節標題的樣式。請開啟「標題樣式設定 .docx」文件，此處的設定內容包含如下：

- 最大標：24 號字，以下依 3 遞減（21、18、15、12）。
- 字型為標楷體、粗體、1.5 倍行高，前後段空一行。
- 章標題與節標題位於正中央，標題靠左對齊。
- 各章開頭獨立成頁。

章標題設定

先將文字輸入點放在「章」上，使樣式窗格顯示對應的樣式，再由「標題 1」的下拉鈕下拉選擇「修改」指令，使進入「修改樣式」的視窗。

進入「修改樣式」的視窗後,各位可在「格式設定」的地方先指定「標楷體」、「24」級字、「粗體」、以及「置中對齊」,也可以待會進入「字型」視窗再做設定。請由左下角按「格式」鈕,選擇「字型」選項,進入「字型」視窗後設定中文字型、樣式與大小。特別在「字型」處下拉選擇「Times New Roman」,這樣中英文夾雜的時候,英文字會顯示「Times New Roman」的字型。

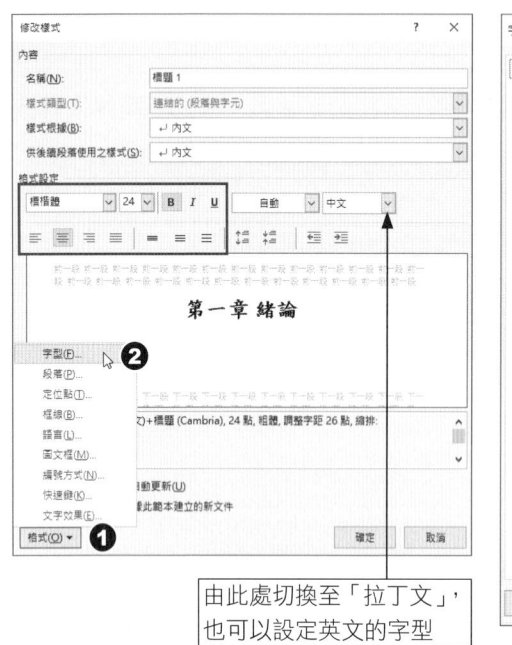

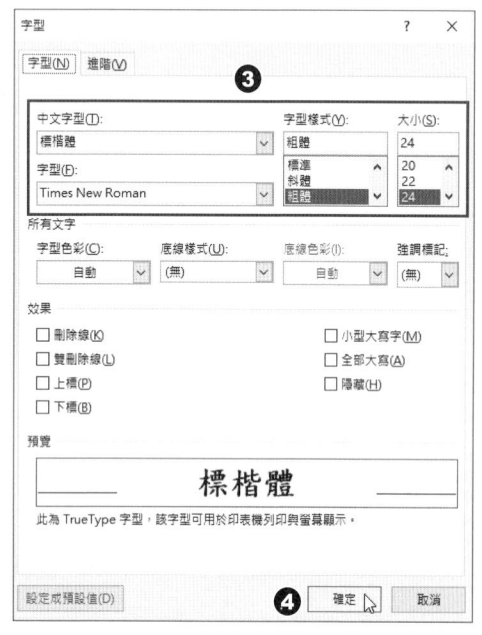

接下來由左下角再按「格式」鈕,下拉選擇「段落」選項使進入如圖的「段落」視窗。請在「縮排與行距」的標籤中,將左/右縮排設為 0 字元,特殊設為「凸排」,位移「2 字元」,與前/後段距離設為「1 行」,行距為「1.5 倍行高」。接著切換到「分行與分頁設定」標籤,勾選「段落前分頁」的選項,如此一來,只要有遇到章標題時,就會符合「每章開頭獨立成頁」的規範。

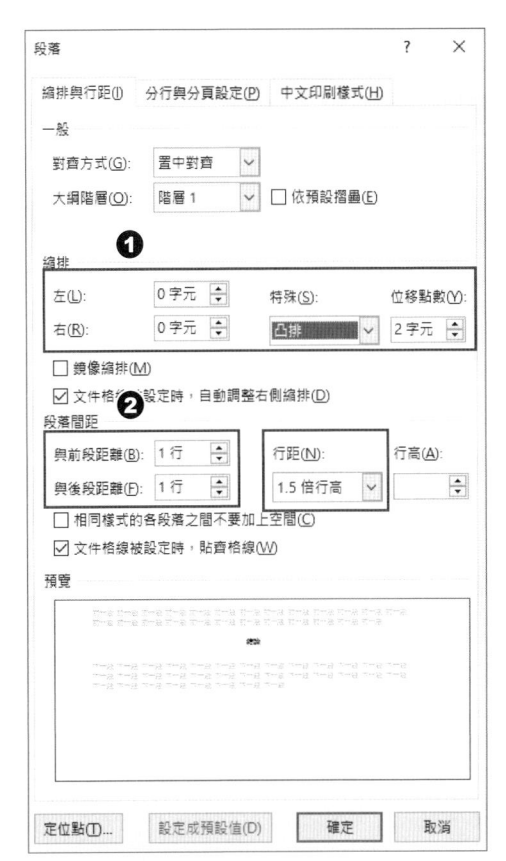

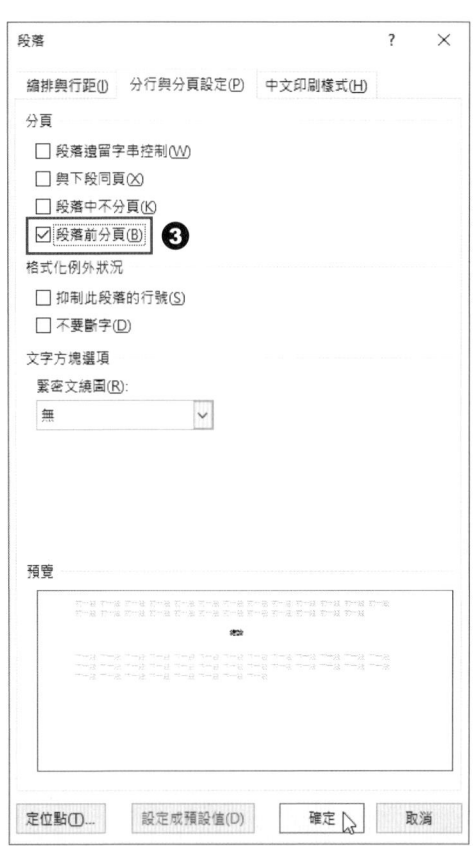

補充說明

在「段落」視窗中設定「特殊」為「凸排」,位移點數為「2 字元」,這是因為標題樣式是根據內文樣式而來的,由於待會設定內文段落時,每行首字會空二個字元,所以標題必須設為凸排,才不會讓標題也跟著內文一樣多空兩個字元,設定置中對齊才不會偏右側。

精準駕馭 Word! 論文寫作絕非難事

完成章標題的設定後，文件已分隔成 5 頁，並且章標題已置中對齊。

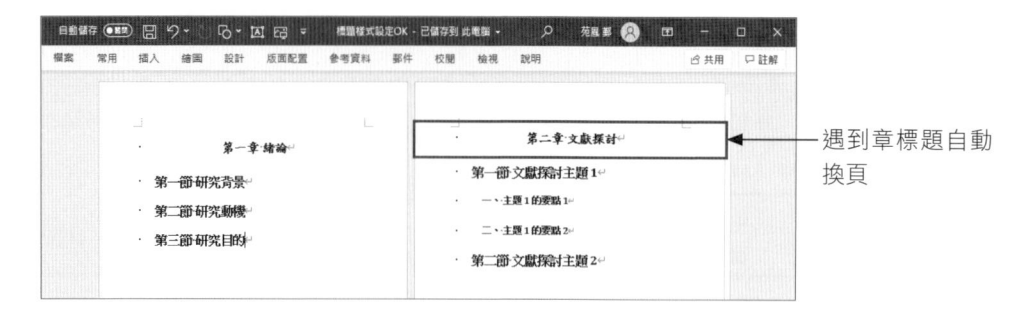

遇到章標題自動換頁

節標題設定

節標題的設定大致和章標題相同，唯有字體大小遞減為「21」級，同時在「分行與分頁設定」標籤，不勾選「段落前分頁」的選項。請將文字輸入點放在「節」上，再由樣式窗格的「節標題」下拉選擇「修改」。

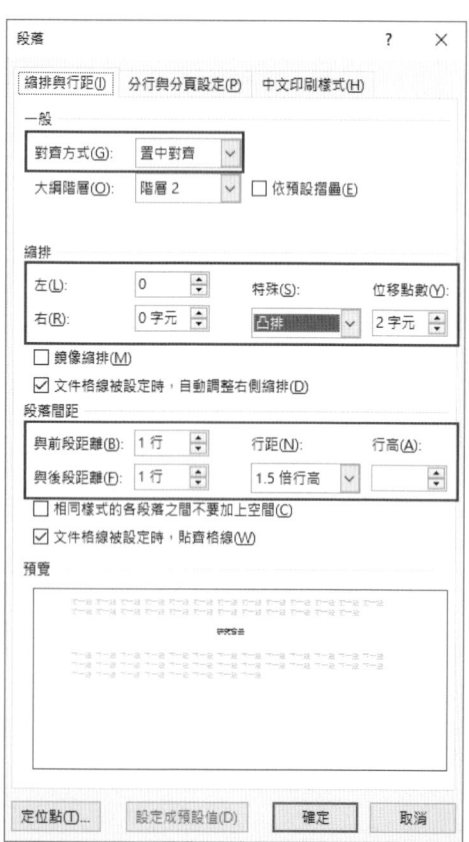

2-22

第三層標題設定

第三層的標題開始靠左對齊，無縮排，字體大小縮減為 18。

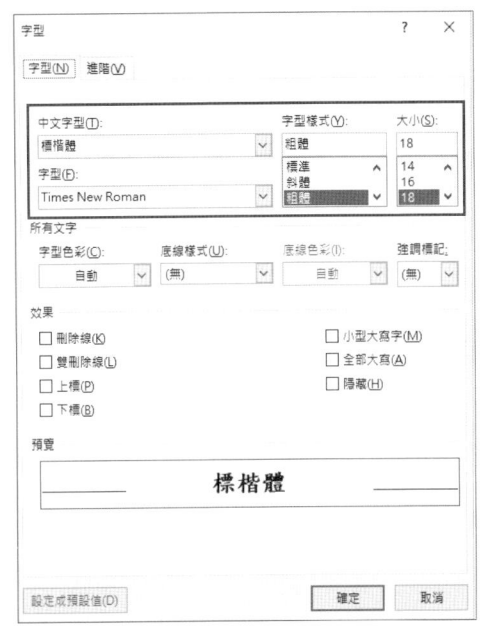

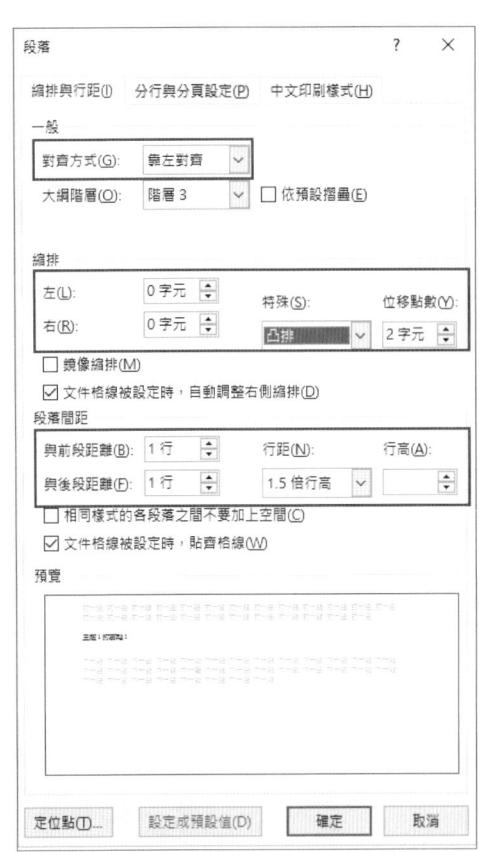

設定完成後，就可以看到如下的節標題和第三層的標題囉！

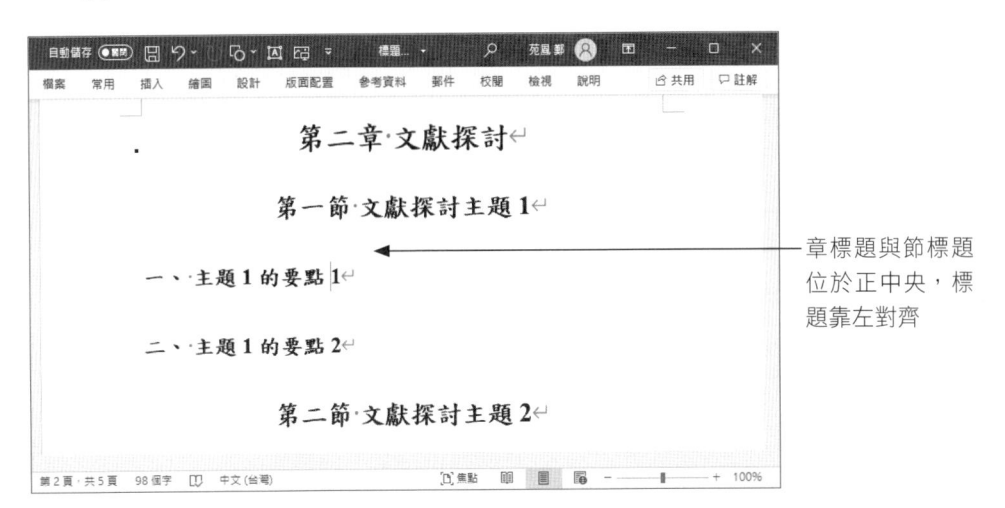

章標題與節標題位於正中央，標題靠左對齊

2-2-4 輕鬆套用樣式

設定好所需要的各階層樣式後，在編寫論文的過程中，隨時都可以依照目前的研究資料來增添標題。如下圖所示，想要在第一章第二節處增加內容，只要按下「Enter」鍵後輸入標題，就可從「樣式」群組或「樣式」窗格上套用第三層的樣式。

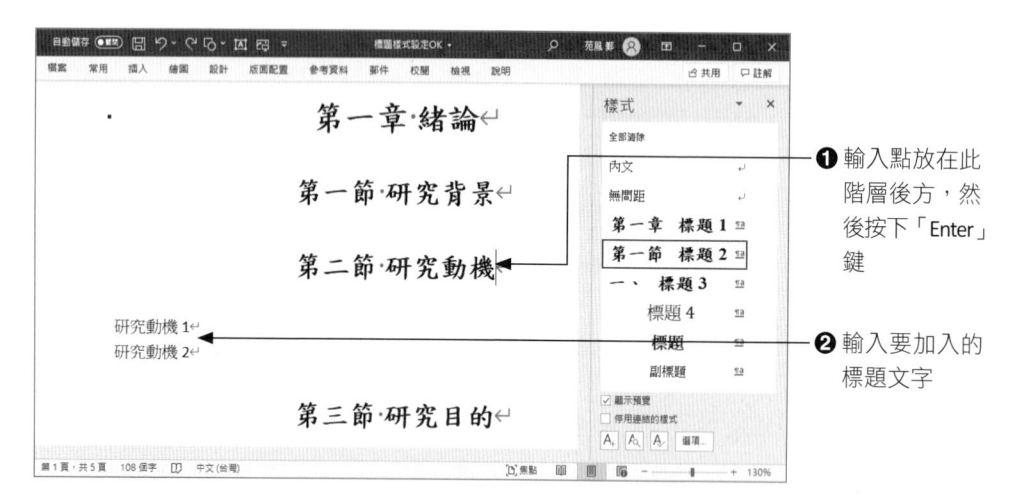

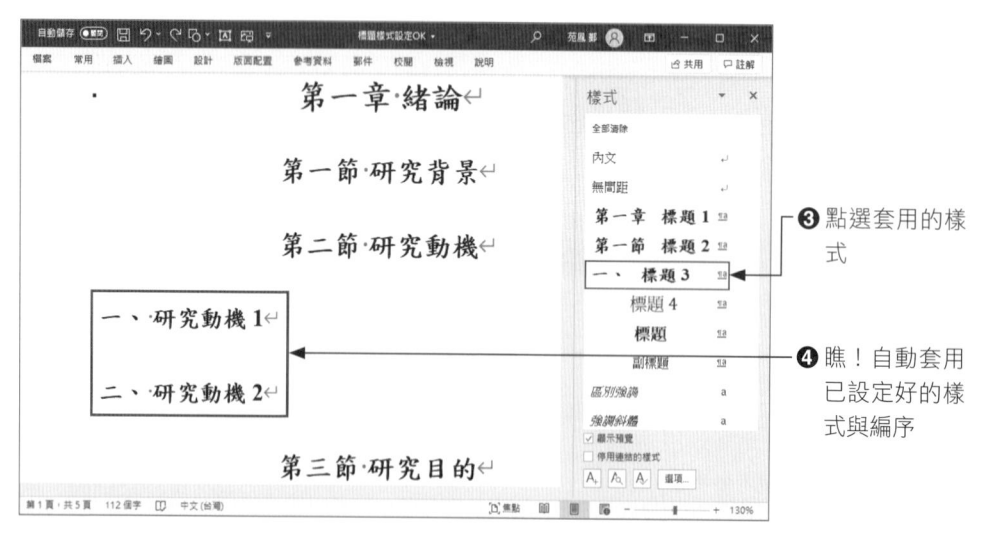

❶ 輸入點放在此階層後方，然後按下「Enter」鍵

❷ 輸入要加入的標題文字

❸ 點選套用的樣式

❹ 瞧！自動套用已設定好的樣式與編序

2-3 內文樣式設定

前面介紹中我們已將論文的骨架架構起來,再來要設定內文的樣式,好讓各位可以慢慢填補細節,這裡我們一併介紹標點符號的規則,讓你所輸入的符號能符合規範。

2-3-1 論文內文文字規範

論文正文的字體通常採用標楷體 12 級字體,有些也允許使用新細明體 12 級字,若是英文字體則採用 12 級的「Times New Roman」字體。中文撰寫時,行高設為 1.5 倍,英文則以雙行間距為原則,騰出來的空間方便論文審查者加註或修訂之用。在分段方面,每段首行空二個全形字,段落設定為左右對齊,段落與段落之間須空一行。

2-3-2 修改內文文字樣式

在 Word 樣式庫中有預設的「內文」樣式,前面我們在設定章節的標題時,也都是根據此「內文」樣式來進行設定。如圖示:

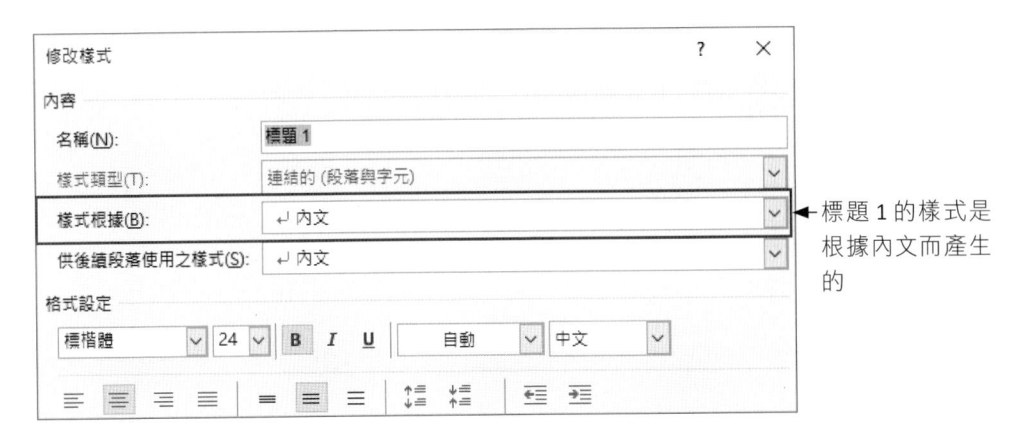

標題 1 的樣式是根據內文而產生的

所以要設定論文的內文樣式,也請直接從樣式窗格的「內文」下拉選擇「修改」指令即可。請開啟「內文樣式設定 .docx」文件,此處的設定內容包含如下:

- 中文採標楷體 12 級字,行高設為 1.5 倍。
- 英文、數字採 12 級「Times New Roman」。
- 每段首行空二個全形字,段落設定為左右對齊,段落與段落之間須空一行。

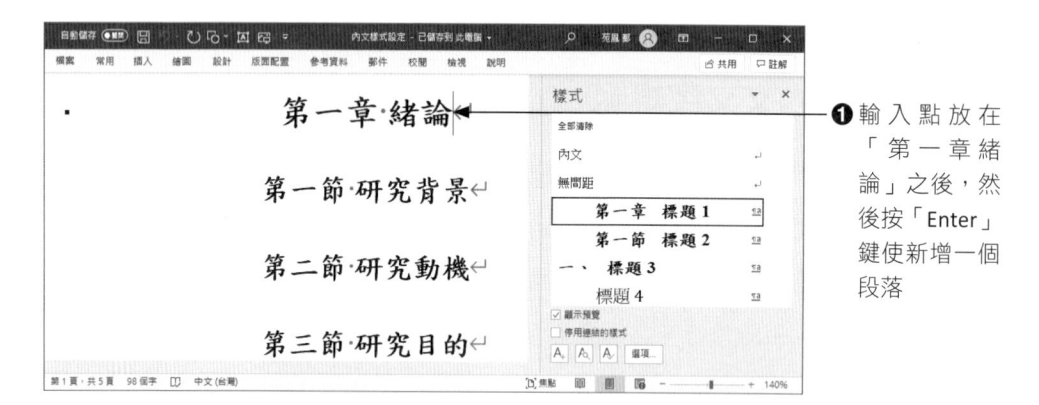

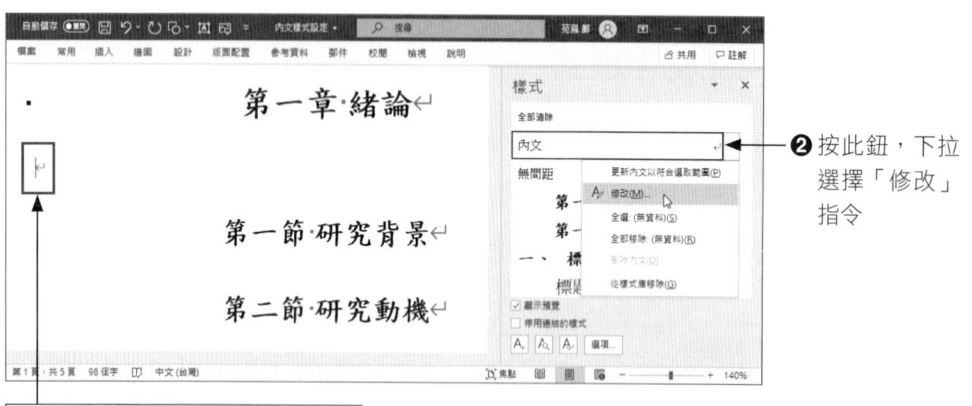

❶ 輸入點放在「第一章 緒論」之後,然後按「Enter」鍵使新增一個段落

❷ 按此鈕,下拉選擇「修改」指令

新增的段落自動設為「內文」樣式

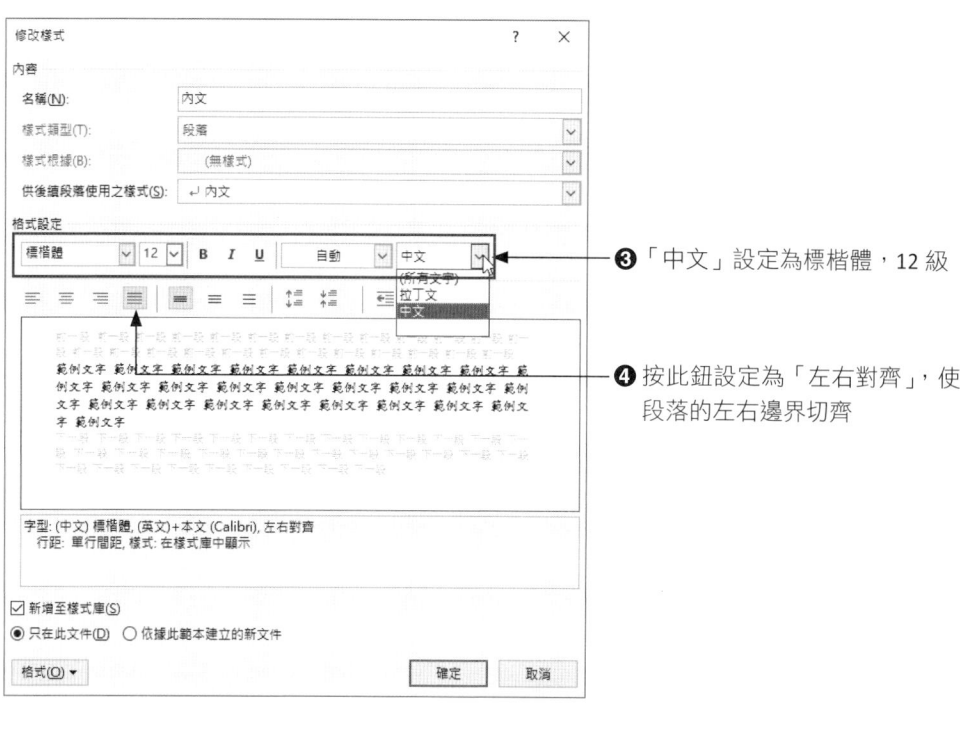

論文格式設定

❸「中文」設定為標楷體，12 級

❹ 按此鈕設定為「左右對齊」，使段落的左右邊界切齊

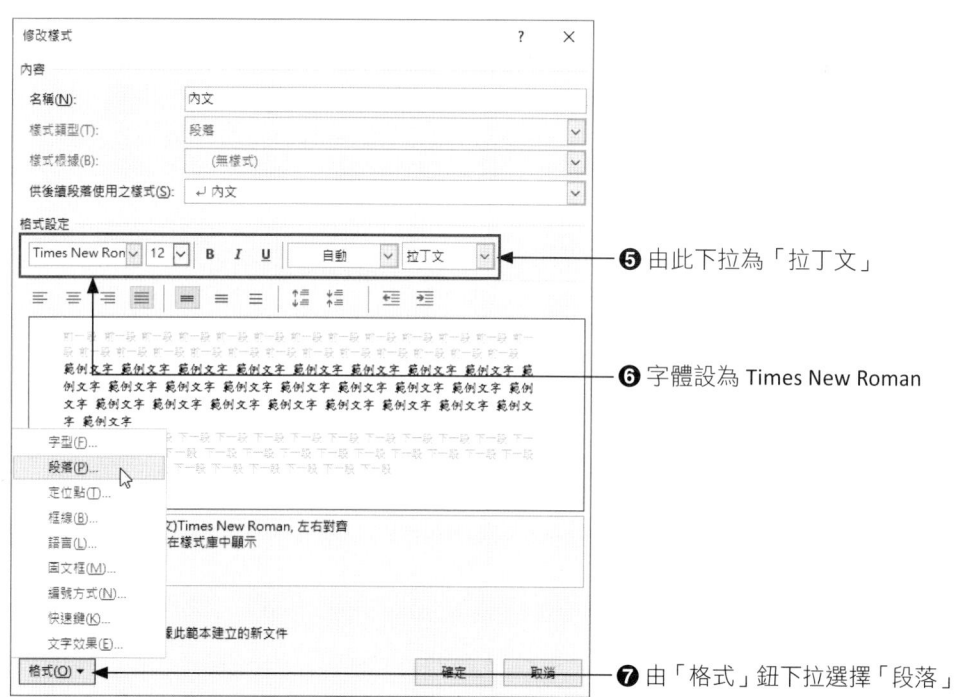

❺ 由此下拉為「拉丁文」

❻ 字體設為 Times New Roman

❼ 由「格式」鈕下拉選擇「段落」

2-27

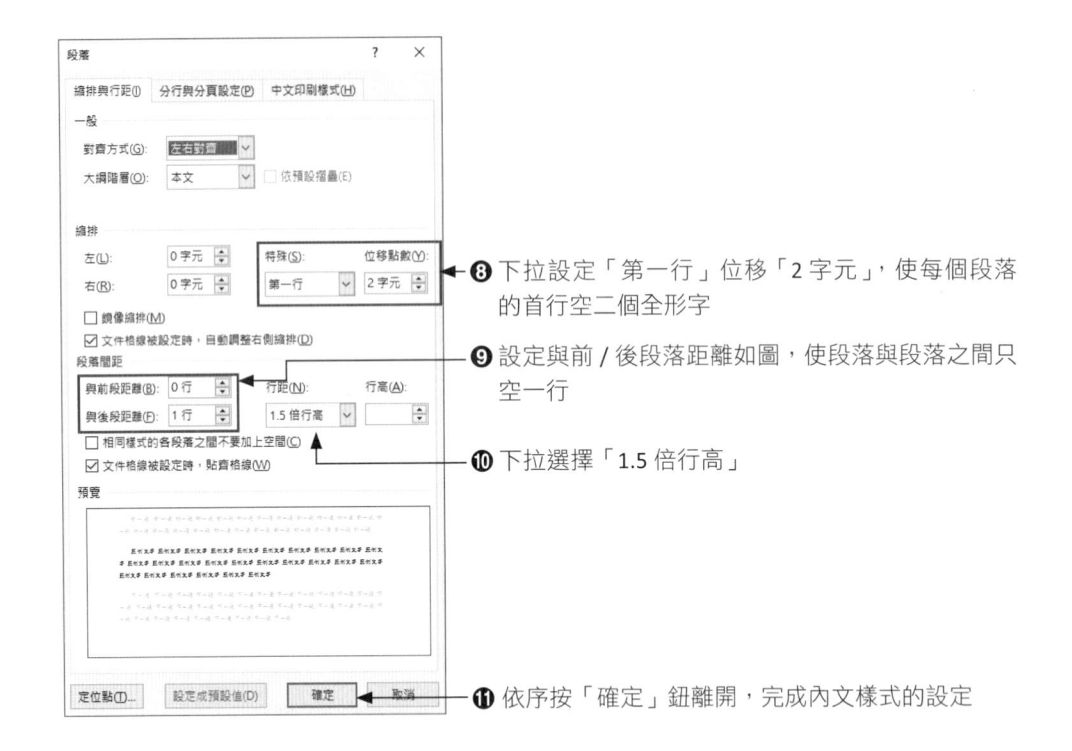

精準駕馭 Word! 論文寫作絕非難事

❽ 下拉設定「第一行」位移「2 字元」，使每個段落的首行空二個全形字

❾ 設定與前/後段落距離如圖，使段落與段落之間只空一行

❿ 下拉選擇「1.5 倍行高」

⓫ 依序按「確定」鈕離開，完成內文樣式的設定

2-3-3 樣式窗格只顯現「使用中」樣式

在「樣式」窗格中所顯示的樣式相當多，除了自己設定樣式外，還有 Word 幫你預設的各種樣式。

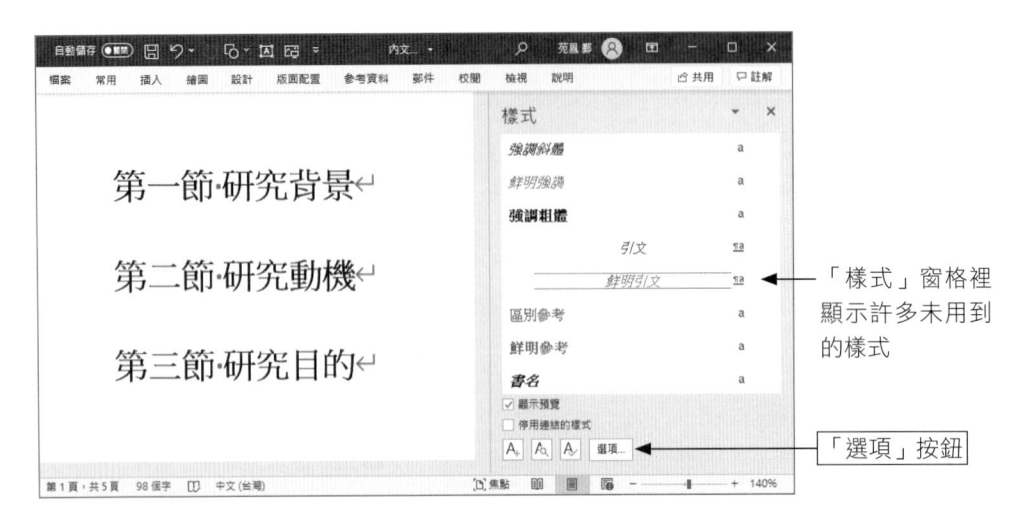

「樣式」窗格裡顯示許多未用到的樣式

「選項」按鈕

2-28

論文格式設定

如果希望「樣式」窗格中只顯示「使用中」的樣式，或是「在目前文件中」的樣式，讓窗格更簡明清楚，可以透過窗格下方的「選項」鈕來處理。按下「選項」鈕後，在「選取要顯示的樣式」中選擇「使用中」的選項就可搞定。

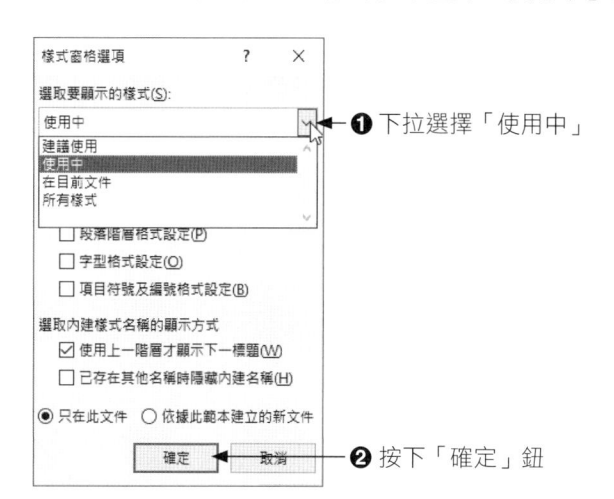

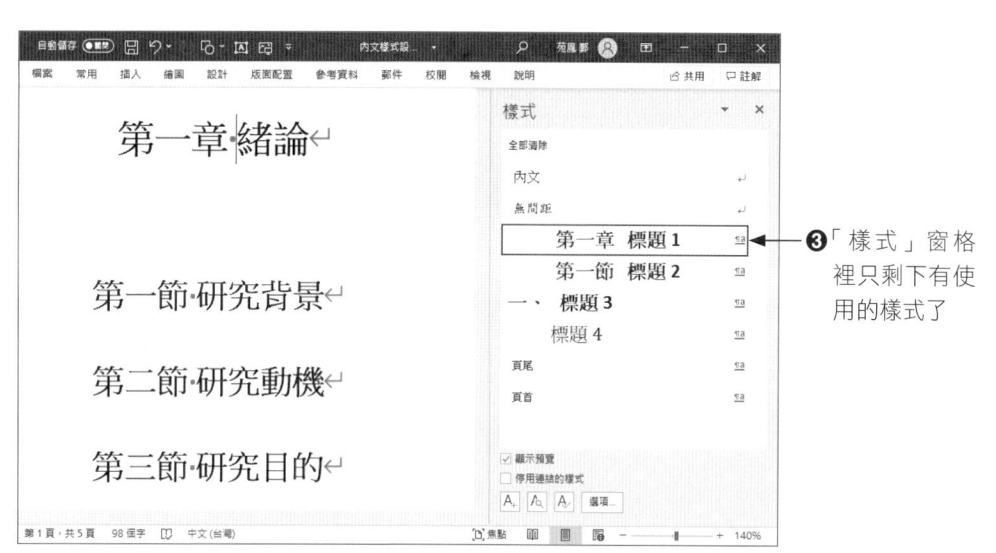

❶ 下拉選擇「使用中」

❷ 按下「確定」鈕

❸「樣式」窗格裡只剩下有使用的樣式了

2-29

2-3-4 標點符號規則

中文的標點符號都是採用新式全形標點符號，。、：；！？（）等，破折號為──，刪節號為……。除此之外，引文符號採「」，引文中之引文採『』。圖書、期刊名稱採《》；論文、篇名及詩名採〈〉。

例如：

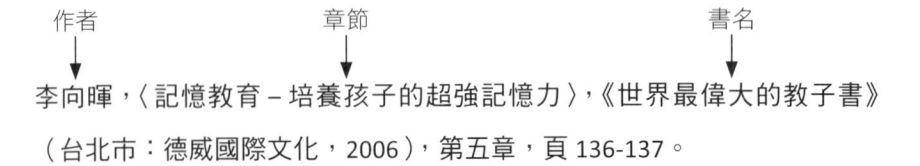

作者　　　　　　　　章節　　　　　　　　　　　　　書名

李向暉，〈記憶教育–培養孩子的超強記憶力〉，《世界最偉大的教子書》（台北市：德威國際文化，2006），第五章，頁 136-137。

英文字只佔一個字元，所以在打英文時標點符號一律使用半形符號。至於使用的技巧簡要說明如下：

- **空格的使用**：通常標點符號與之前的英文字之間不用加入空格，但是標點符號之後的英文字之間則要空一格，才繼續文字的書寫。
- **句號**：用於結束一段句子或用於縮寫時。
- **逗號**：用來分隔句子中的不同內容，或連接兩個子句。
- **分號**：用來連接兩個獨立且意義又緊密的句子。
- **驚嘆號**：用於感嘆句或驚訝與句之後。

2-3-5 快速插入標點符號

要理解文件內容，標點符號具有舉足輕重的地位。由於中文字會佔據 2 個字元，所以中文的標點符號，不管是逗號、句號、或其他符號，原則上都使用全形標點。在 Word 中有提供標點符號的插入，但是你也可以使用快速鍵的方式來插入，如下所示：

- 逗號：Ctrl 鍵＋逗號（注音ㄝ）
- 句號：Ctrl 鍵＋句點（注音ㄡ）
- 頓號：Ctrl 鍵＋單引號
- 分號：Ctrl 鍵＋分號（注音ㄤ）
- 冒號：Ctrl 鍵＋ Shift 鍵＋分號（注音ㄤ）
- 問號：Ctrl 鍵＋ Shift 鍵＋問號（注音ㄥ）
- 驚嘆號：Ctrl 鍵＋ Shift 鍵＋驚嘆號（數字 1）

至於其他的標點符號的輸入，可在中文輸入的模式下按快速鍵「Ctrl+「Alt」+「,」鍵，就會顯示如下的「輸入法整合器」，直接點選想要加入的標點符號即可。

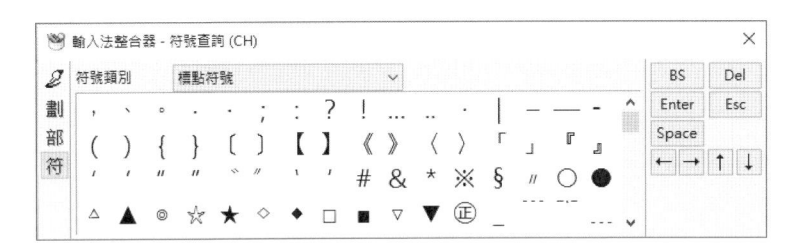

另外，Word 在「插入」標籤中也有提供「符號」功能，可讓你從中點選想要加入符號。如果需要其他符號可下拉選擇「其他符號」指令，進入「符號」視窗做選擇。

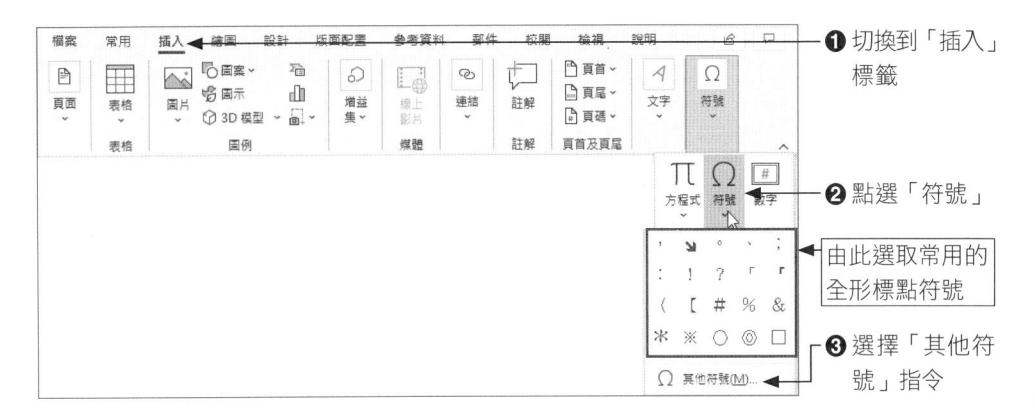

❶ 切換到「插入」標籤
❷ 點選「符號」
由此選取常用的全形標點符號
❸ 選擇「其他符號」指令

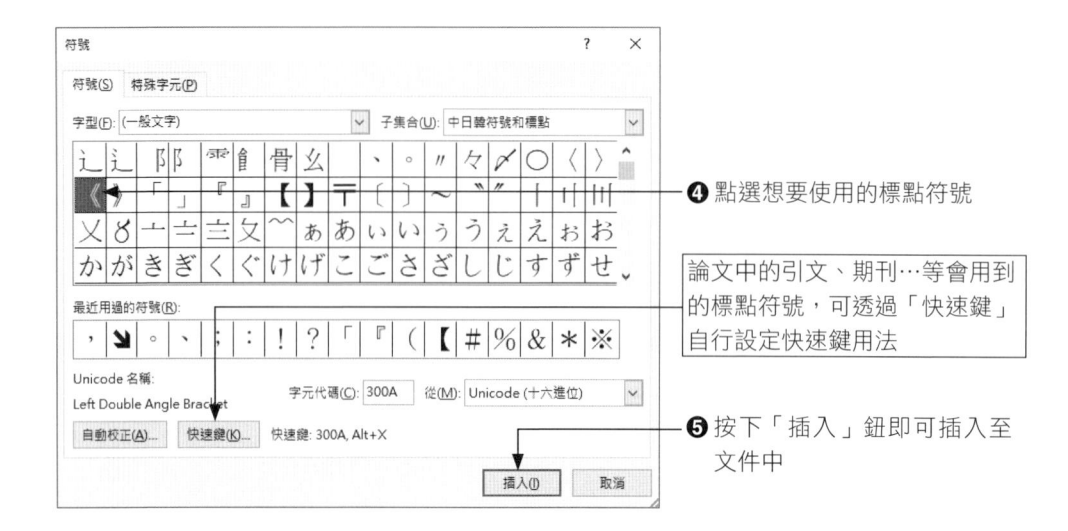

精準駕馭 **Word!** 論文寫作絕非難事

❹ 點選想要使用的標點符號

論文中的引文、期刊…等會用到的標點符號,可透過「快速鍵」自行設定快速鍵用法

❺ 按下「插入」鈕即可插入至文件中

2-3-6 標點符號避頭

對於標點符號的使用,有些學校要求標點符號不可出現在列尾,學術論文中也有要求內文的每行行首應避免出現標點符號,有鑑於此,各位可透過 Word「選項」功能來自訂。請按下「檔案」標籤,我們進行以下的設定。

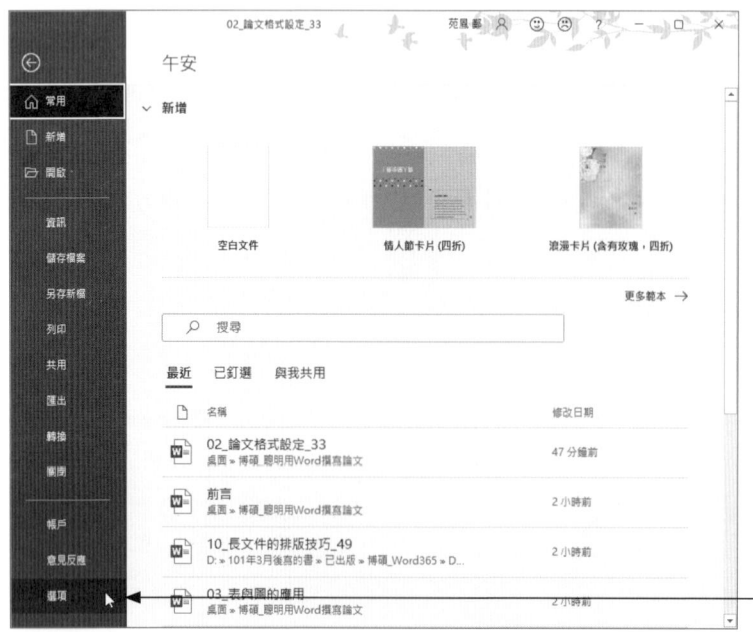

❶ 點選「選項」

2-32

❷ 切換到「印刷樣式」的類別

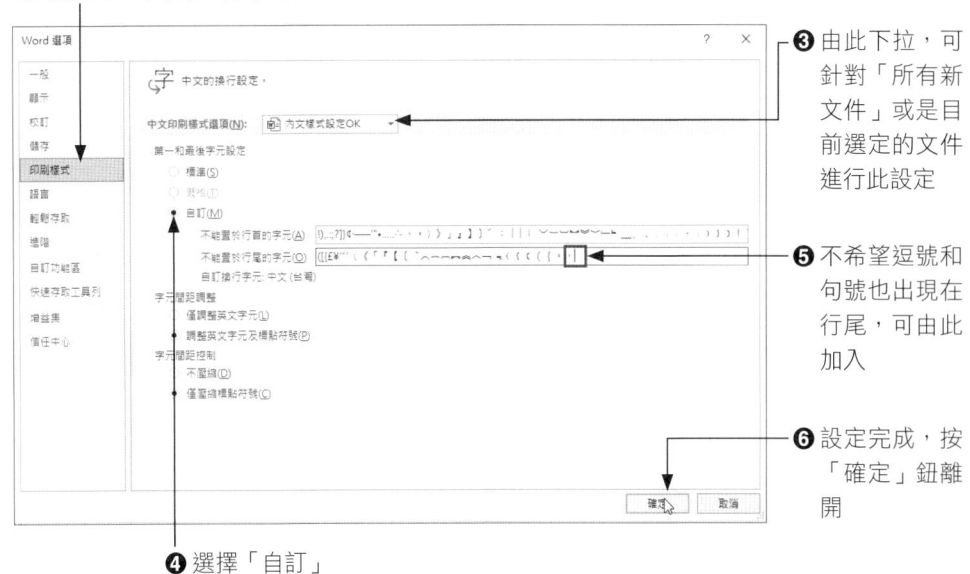

❸ 由此下拉，可針對「所有新文件」或是目前選定的文件進行此設定

❺ 不希望逗號和句號也出現在行尾，可由此加入

❻ 設定完成，按「確定」鈕離開

❹ 選擇「自訂」

　　各位可以發現，除了左括號和左引號的標點符號外，其餘的幾乎都列入不能置於行首的字元，至於行尾的字元，各位可以將全型的逗號「，」及句號「。」加入其中。

MEMO

CHAPTER

3

輕鬆插入引文／註腳／章節附註

3-1 引文設定

3-2 註腳與章節附註

精準駕馭 Word! 論文寫作絕非難事

引文、註腳、章節附註在論文中都是必要的項目，很多人不會善用 Word 功能來處理引文、註腳，往往論文順序一經修改就得進行大搬風，或是論文規範不符合系所的樣式，就得耗費許多時間修改標註，甚至不知道 Word 的「插入引文」功能還能有效幫你管理所有的參考資料，讓你一個指令動作就可以輕鬆搞定「參考文獻」的內容。有鑑於此，這個章節就來好好的探討引文、註腳和章節附註吧！

3-1 引文設定

論文中有時為了佐證我們所提出的論點或做內容的補述，會在文件中引用其他書籍、期刊文章、研討會論文集…等文章內容來增強論點的可信度。引文的來源可為圖書、雜誌、期刊、研討會論文集、報告、網站、網站文件、電子資料來源、畫作、錄音、表演、影片、採訪、專刊、案例、甚至是其他，引用的範圍相當廣闊，雖然不限於書籍或期刊雜誌，但是引用文獻最好還是來自於已歸檔的書籍、學術期刊或出版品…等資料，特別是具有特殊貢獻的學術文獻，才能強調言之有據。

直接引用他人文章，必須針對引述的文字註明原始出處，否則會被視為抄襲。之所以要註明出處的原因，是讓讀者可以根據出處找到更詳細的資料，也是對原作者表達感謝，同時能說服讀者支持自己的論述。論文中如果使用了引文，篇後的「參考文獻」必定要依照內文的參照來顯示書目，這個部分可利用 Word 的「引文與書目」功能來輕鬆完成。

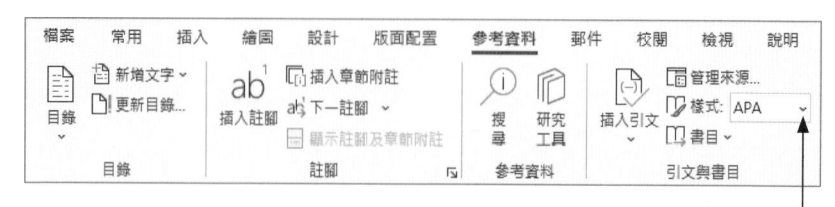

下拉可選擇 APA、Chicago、MLA、IEEE…等各種樣式

3-1-1 論文引用技巧

在引用他人的論文時,你可以使用如下三種方式來進行引用:

- 使用「引述」方式:將他人研究的字詞或句子,在不經過增刪修改的情況下直接引用。
- 使用「摘寫」方式:將他人研究成果的重點摘錄下來,但不偏離原文所陳述的論點。
- 使用「改寫」方式:將他人的研究成果或推論重點以自己的觀點進行闡述或詮釋。

不管是採用直接引用、摘錄重點、改寫他人的文句或是參考他人的意見與結論,都必須要註明原文的出處。

3-1-2 引文規則

引用文獻必須符合引文的格式規範,各學門領域規範的格式並不相同,例如:人文社會科學領域大多使用的 APA 格式或 Chicago 格式,語言學領域常用 MLA 格式,理工/生物科學領域則包含 IEEE、ACS、AIP、AMS、CSE 等多種格式,電子學位論文則引用 APA 格式,所以引用前最好先確定一下。

引用文獻時,你可以直接而逐字的引用,也可以摘錄或改寫他人的文句或結論,引用的長度從 40 字到 500 字之間。論文中直接引述他人原文時,中文須加單引號(「」),英文則加雙引號(" ")。

以 APA 文獻引用書寫格式來說,如果引用的文句不長,內文可採用圓括弧引註,在括號中列出作者和出版年份。如果是 MLA 文獻引用格式,則是在括號中列出作者和頁碼),這種「隨文註」的方式,最後都需要再搭配篇後的參考書目才算完整。

文獻引用類型	書寫格式	說明
APA 格式	(Author, Date)	搭配篇後參考書目
MLA 格式	(Author, Page)	搭配篇後參考書目

當作者有兩個人時，中文用頓號（、）連接，如果作者為三人以上時，中文以第一位作者名加「等」表示。文句中已經有作者的姓名時，括號內可省略作者名。

【範例】

　　　　　　　　　　使用單引號表示他人說法

　　　　　　陳述到「‧‧‧‧‧‧‧‧‧」（李向暉，2006）

　　　　　　　　　　使用圓括號列出作者姓名和出版年份

【範例】

　　　　　已提及過的人名使用圓括號列出出版年份

　　　　　根據李向暉（2006）提出的‧‧‧‧‧‧‧‧‧

特別注意的是，文獻的中文作者必須顯示姓氏全名，如果是英文作者則只使用「姓」而不使用「名」，出版的年份均以西元年代來呈現。

要引用的文字如果超過四行，或是引用他人整段或數段文字，則稱為「陳列引文」，引注部分則採標楷體 13 號字體為原則，引文的上下方必須多空一行，引文前要縮排 3 或 4 個字元，有的則要求前後各縮進 0.5 公分，第一行不再空 2 格，段落設為左右對齊。這個部份建議使用「樣式」窗格來建立樣式會比較方便！

3-1-3 建立與套用引文樣式

首先我們針對「陳列引文」做介紹，請開啟「引文設定.docx」文件檔，我們進行引文樣式的設定。

❶ 由「導覽」面板切換到編輯的標題

❷ 輸入點放置在引文上

❸ 由樣式面板按下「新增樣式」鈕

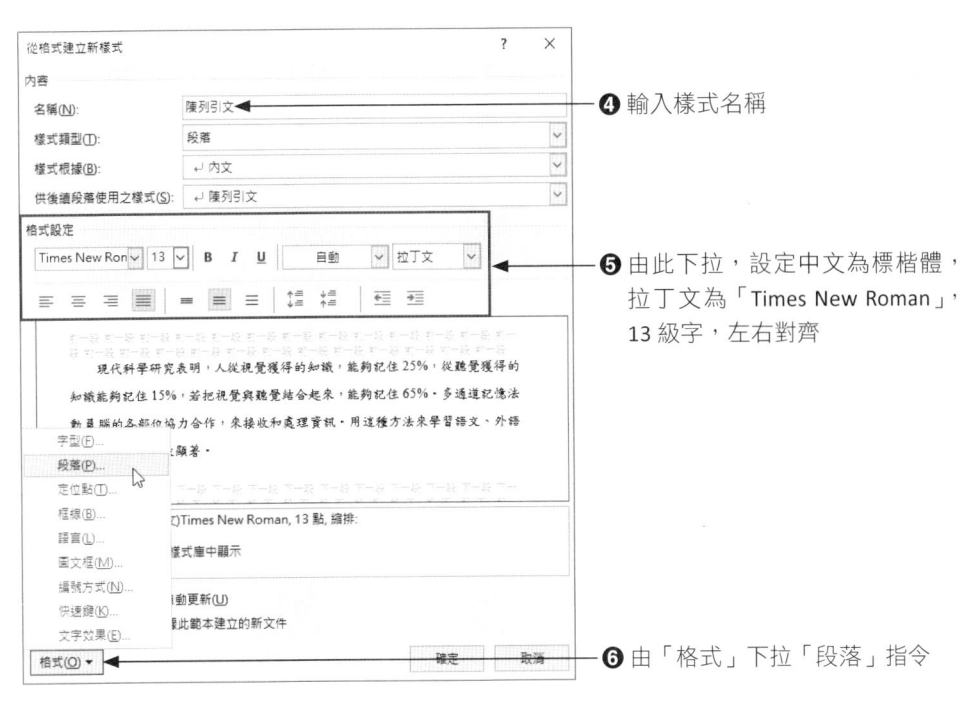

輕鬆插入引文／註腳／章節附註

❹ 輸入樣式名稱

❺ 由此下拉，設定中文為標楷體，拉丁文為「Times New Roman」，13 級字，左右對齊

❻ 由「格式」下拉「段落」指令

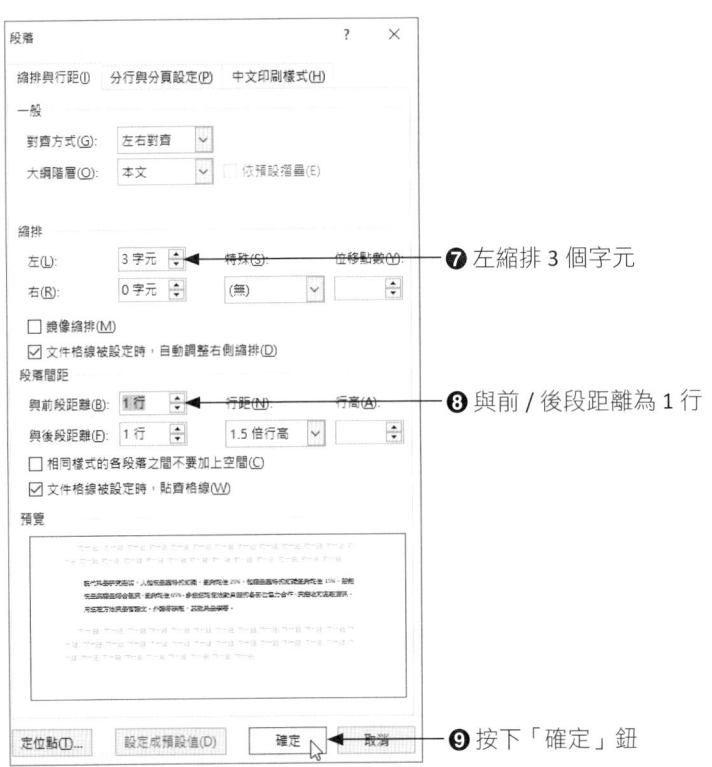

❼ 左縮排 3 個字元

❽ 與前／後段距離為 1 行

❾ 按下「確定」鈕

3-5

[圖示：Word 視窗，顯示套用「陳列引文」的樣式]

❿ 顯示套用「陳列引文」的樣式

　　由樣式窗格新建引文樣式後，下回若有整段引用他人文字時，就可以快速選取「陳列引文」的樣式來套用。

3-1-4 插入引文

　　對於摘錄或改寫的文獻，我們可以利用 Word 的「引文與書目」的群組來進行設定。使用「插入引文」功能時，會根據所選擇的「來源類型」的不同而顯示不同的欄位來讓編著者輸入來源資訊。請將文字輸入點放在引文處，由「參考資料」標籤按下「插入引文」鈕，下拉選擇「新增來源」指令，在「建立來源」的視窗中輸入相關資料即可。

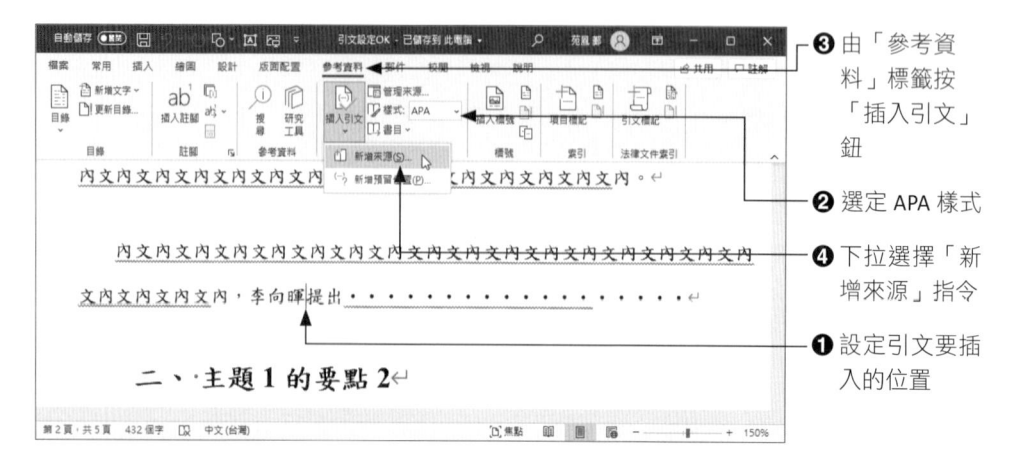

[圖示：Word 視窗，示範插入引文操作]

❸ 由「參考資料」標籤按「插入引文」鈕
❷ 選定 APA 樣式
❹ 下拉選擇「新增來源」指令
❶ 設定引文要插入的位置

3-6

輕鬆插入引文／註腳／章節附註 3

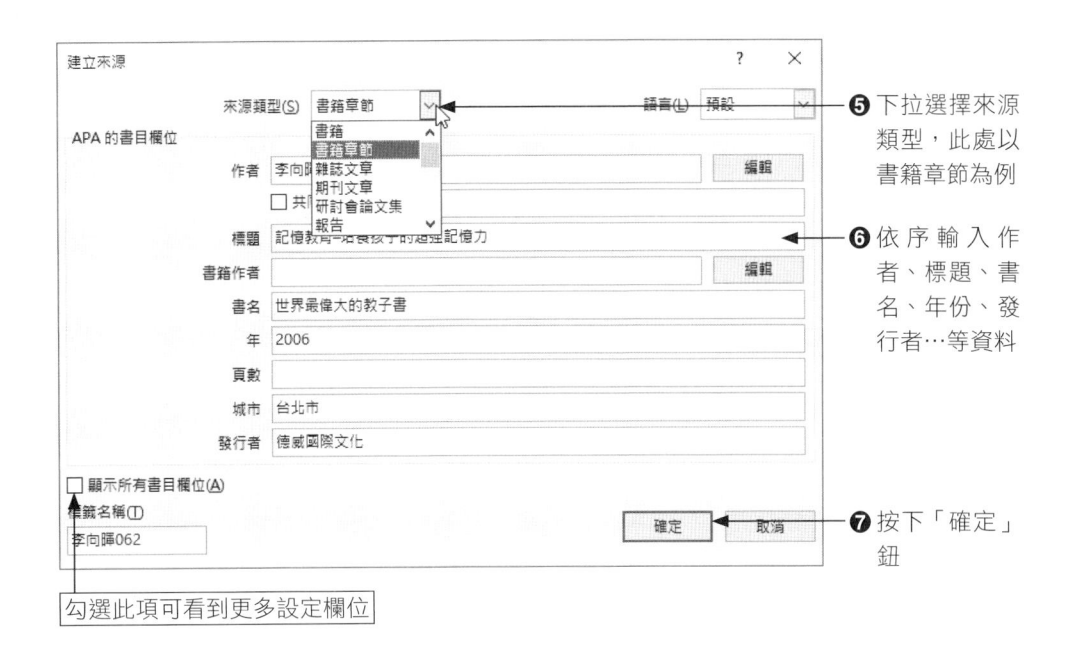

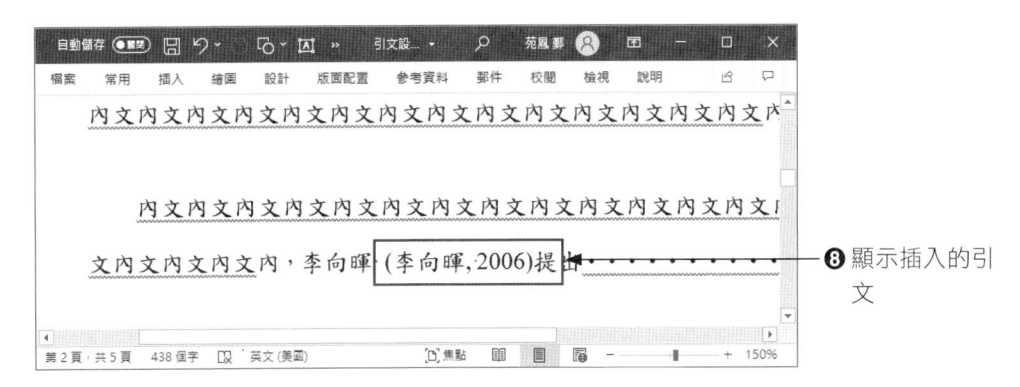

❺ 下拉選擇來源類型，此處以書籍章節為例

❻ 依序輸入作者、標題、書名、年份、發行者⋯等資料

❼ 按下「確定」鈕

勾選此項可看到更多設定欄位

❽ 顯示插入的引文

3-1-5 編輯引文

各位特別注意，剛剛插入的引文是一個欄位，資料是以無框線的方式呈現，列印時並不會看到此框線，但是透過這個欄位我們可以編輯引文、編輯來源、隨時可更新引文和書目，甚至在論文撰寫完畢時還可將此欄位轉換成靜態文字。

3-7

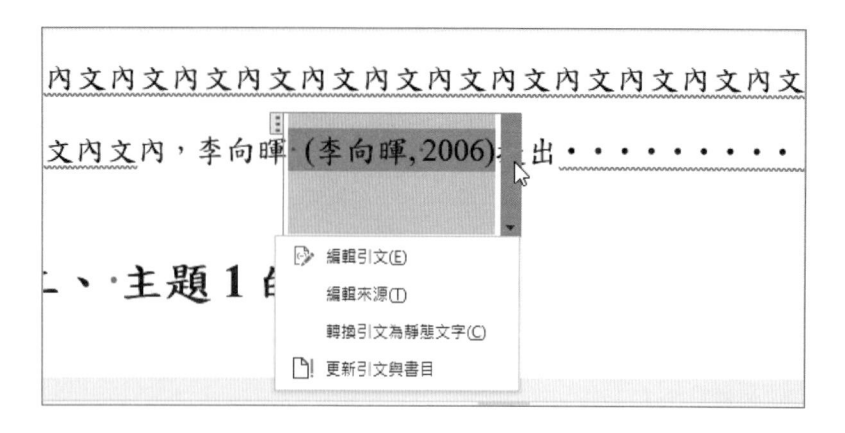

前面我們提到 APA 文獻引用書寫格式是作者名和出版年份，如果要讓圓括號中只顯示年份，或是同時顯現姓名、年份與頁碼等資訊，可從欄位按下下拉鈕，再選擇「編輯引文」的指令（如上圖所示）。進入「編輯引文」的視窗後，依照如下兩種方式設定，就可完成引文的插入。

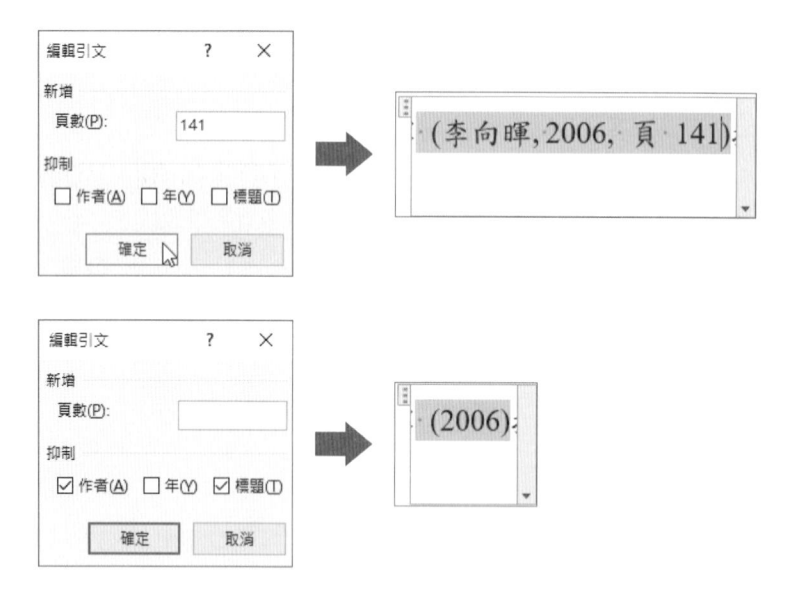

輕鬆插入引文／註腳／章節附註 3

3-1-6 變更引文格式規範

前面我們提到，各學門領域規範的格式並不相同，人文社會科學領域大多使用的 APA 樣式或 Chicago 樣式，語言學領域常用 MLA 樣式，理工科學領域常用 IEEE 期刊規定之格式…等，所以設定引文時必須先確定系所所採用的樣式。

Word 的「插入引文」功能提供各種的規範樣式，如果預設的樣式與系所的不相符合，那麼就由「樣式」進行切換吧！這裡以 IEEE 樣式做示範。

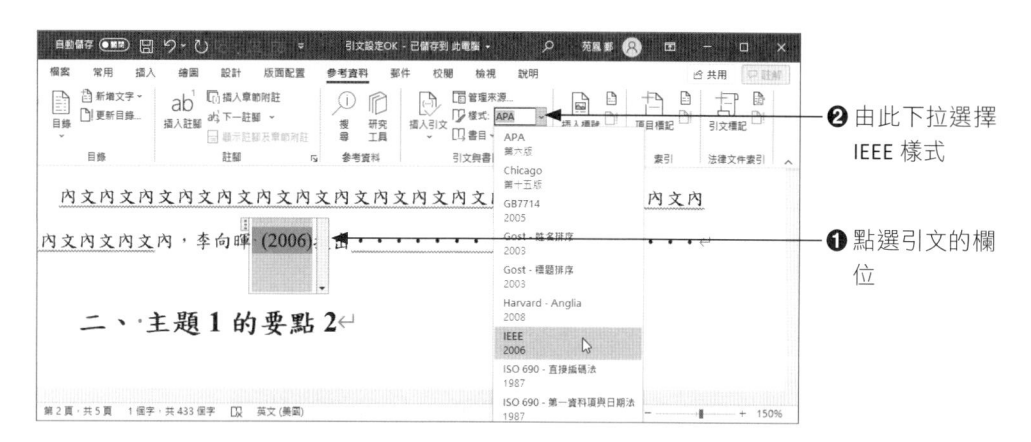

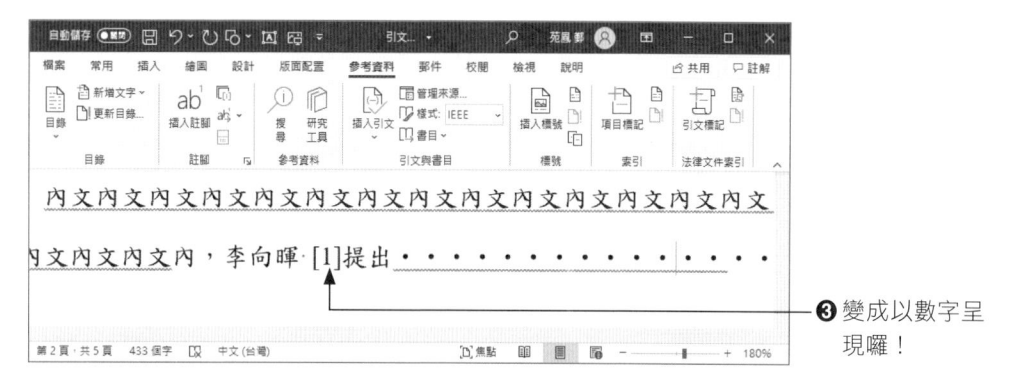

❷ 由此下拉選擇 IEEE 樣式

❶ 點選引文的欄位

❸ 變成以數字呈現囉！

3-9

3-1-7 更新引文與書目

論文寫作時為了佐證我們的論點，引用的文獻有可能會因為需求而需要改變放置的位置。如下所示是 IEEE 的樣式，輸入的引文會以 1、2、3…的數字依序排列。

萬一需要更動引文的先後順序，那麼只要在更動位置後執行「更新引文與書目」指令就可以搞定。

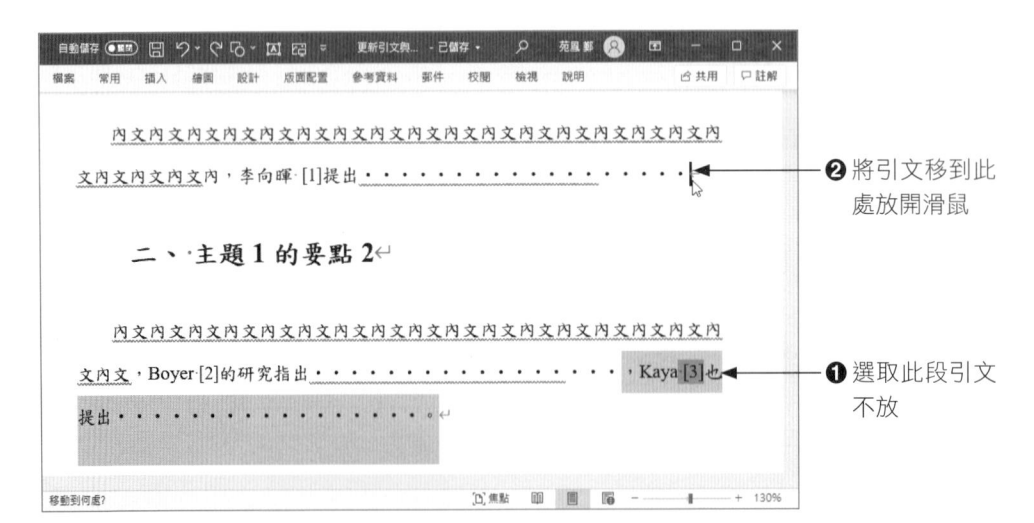

❶ 選取此段引文不放

❷ 將引文移到此處放開滑鼠

瞧！引文位置變更了

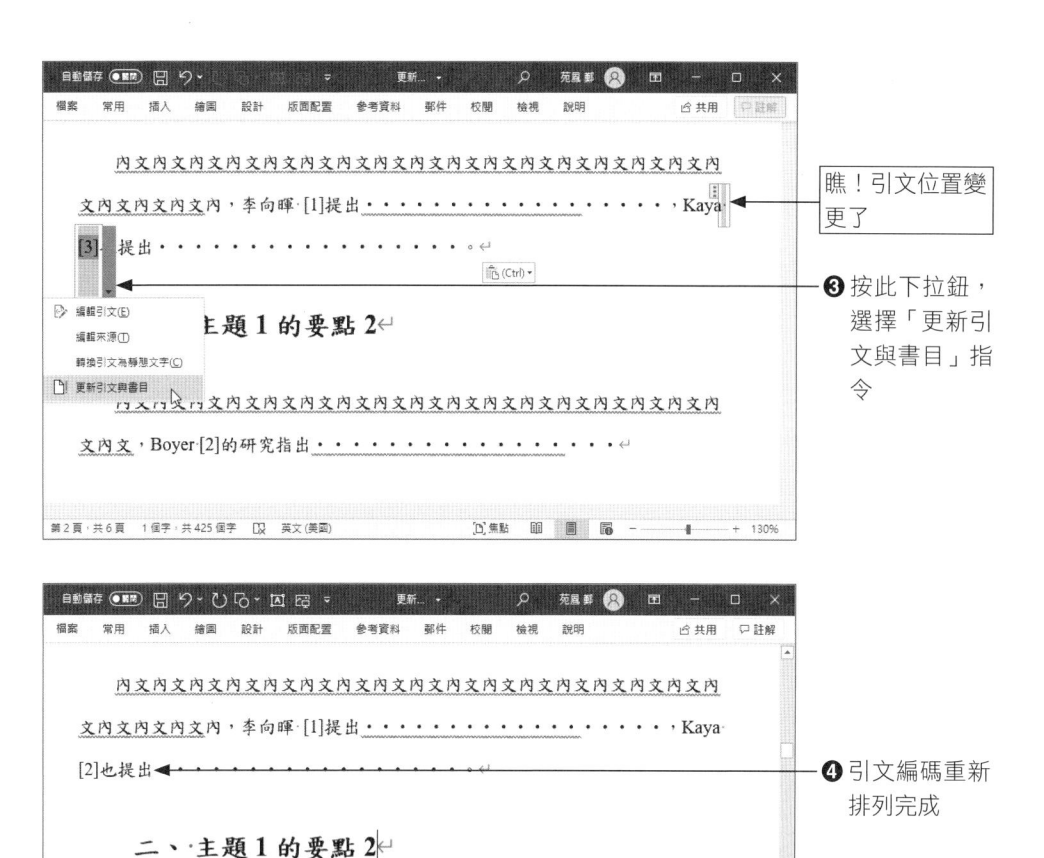

❸ 按此下拉鈕，選擇「更新引文與書目」指令

❹ 引文編碼重新排列完成

3-1-8 有效管理引文來源

在論文寫作的過程中，各位透過剛剛介紹的方式依序將引用的文獻資料插入，這對參考資料的管理就很輕鬆，因為你可以透過 Word 的「管理來源」功能來管理所有的參考資料，或是進行來源資料的編輯、刪除和新增。

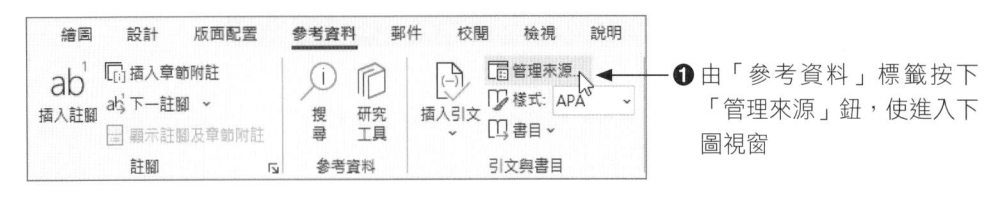

精準駕馭 Word! 論文寫作絕非難事

❶ 由「參考資料」標籤按下「管理來源」鈕，使進入下圖視窗

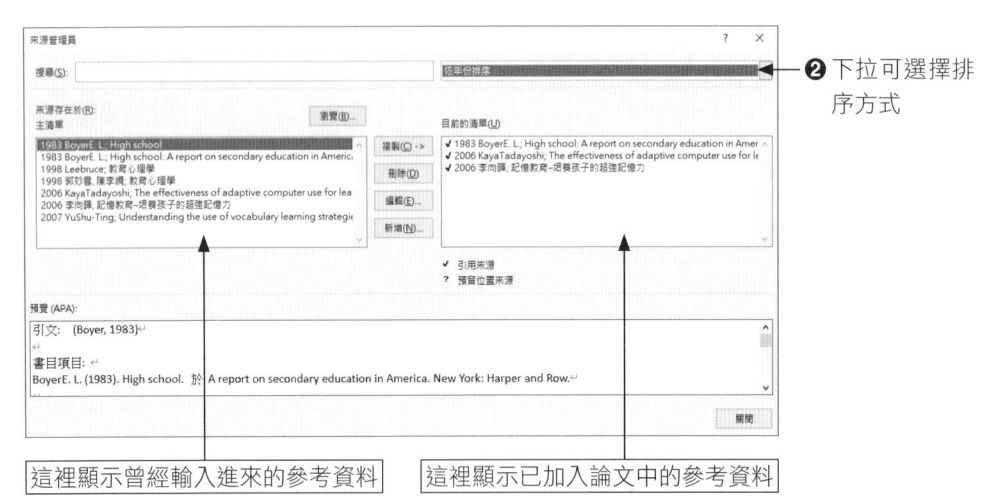

❷ 下拉可選擇排序方式

這裡顯示曾經輸入進來的參考資料　　這裡顯示已加入論文中的參考資料

除了一目了然知曉所有的參考資料外，對於篇後的參考資料的加入也變得輕鬆簡單。只要將輸入點放在書目要插入的位置，由「參考資料」標籤按下「書目」鈕，並下拉選擇「插入書目」指令，就能加入參考的書目了。

❶ 開啟「插入書目.docx」文件

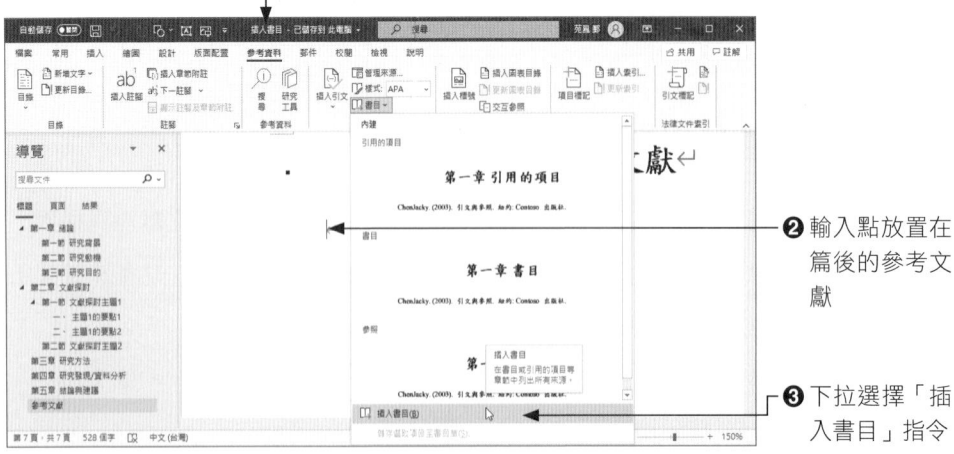

❷ 輸入點放置在篇後的參考文獻

❸ 下拉選擇「插入書目」指令

3-12

輕鬆插入引文／註腳／章節附註

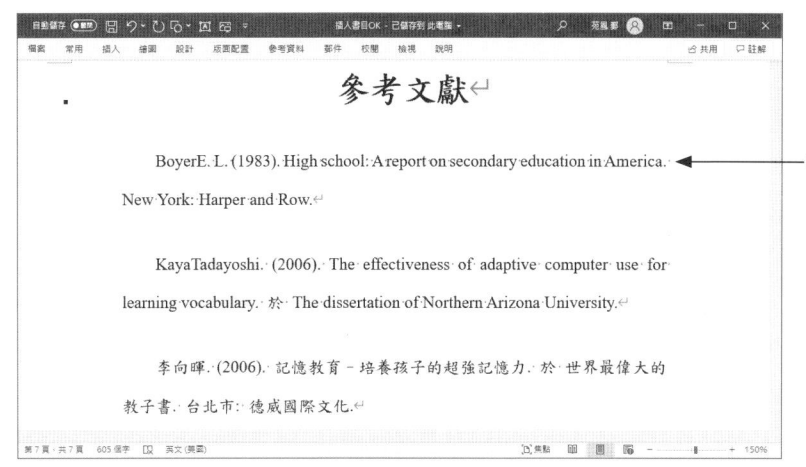

❹ 論文中有引用的文獻資料立刻列表完成

如果是使用 IEEE 的樣式，則插入的參考書目會以參照的順序自動排序，無法自行修改喔！

3-2 註腳與章節附註

引文格式除了前面介紹的「隨文註」的方式外，也可以使用「註腳」或「章節附註」的方式來對文中的內容做補述說明，或是表達感謝或著作權註記之用。

註腳（footnote）是芝加哥大學論文寫作規範的格式（Chicago Manual of Style），由於在該頁下方腳註，所以援引的證據馬上可看得見。當文件內容有需要進一步說明，或提及他人的句子或觀念時，可運用註腳輔助說明。

「章節附註」又通稱為「文末註」，它是在內文之處則標註編號，再統一將所有附註放在章節末（稱為 Pagenote、Chapternote），或置於結論之後，參考書目之前（稱為 Endnote）。

從最初所提出的 GPRS[1]（ ...ce）技術，接著提出 WAP（Wireless Application Protocol）... 推廣的 MMS（Multimedia Messaging Service）多媒體簡訊服務，甚至於的第三代行動通訊系統（3G[2], Third Generation）正式上路。例如現在消費者可以利用手中的行動電話或稱「行動通 ← 標註以上標字標出數字格式

[1]GPRS 中文是通用分組無限業務，是 GSM 行動電話用戶可用的一種移動數據業務。 ← 註腳文字顯示於該頁下方，援引的證據馬上可見

[2]3G(第三代行動通訊系統)是一種結合行動電話及網際網路多媒體資訊服務的兩種科技，3G 服務能夠同時間傳送聲音、電子郵件、即時通訊。

3-2-1 註腳與章節附註規則

要使用註腳，可在需要註腳的地方以上標方式標出註腳的阿拉伯數字，若是要在一個句子的末端加註腳，則註腳序號要緊接在標點符號之後。

輕鬆插入引文 / 註腳 / 章節附註

附註編號採全書連貫編號方式，有的要求每一章的註腳都重新由 1 開始編號。註腳的說明文字通常以較小字體寫在同一頁的最下端。若有多個註腳出現在同一頁時，各註腳內容應以適當空間區隔開來。附註如果置於正文之後，則不需另起一頁。

3-2-2 插入註腳

要利用 Word 軟體來插入註腳，請先將插入點放在要插入註腳的位置，於「參考資料」標籤中按下「插入註腳」鈕，接著滑鼠會自動跳到該頁的尾端，同時顯示註腳分隔線及註腳參照編號，此時直接輸入註腳文字即可。請開啟「插入註腳.docx」文件，我們進行註腳的插入。

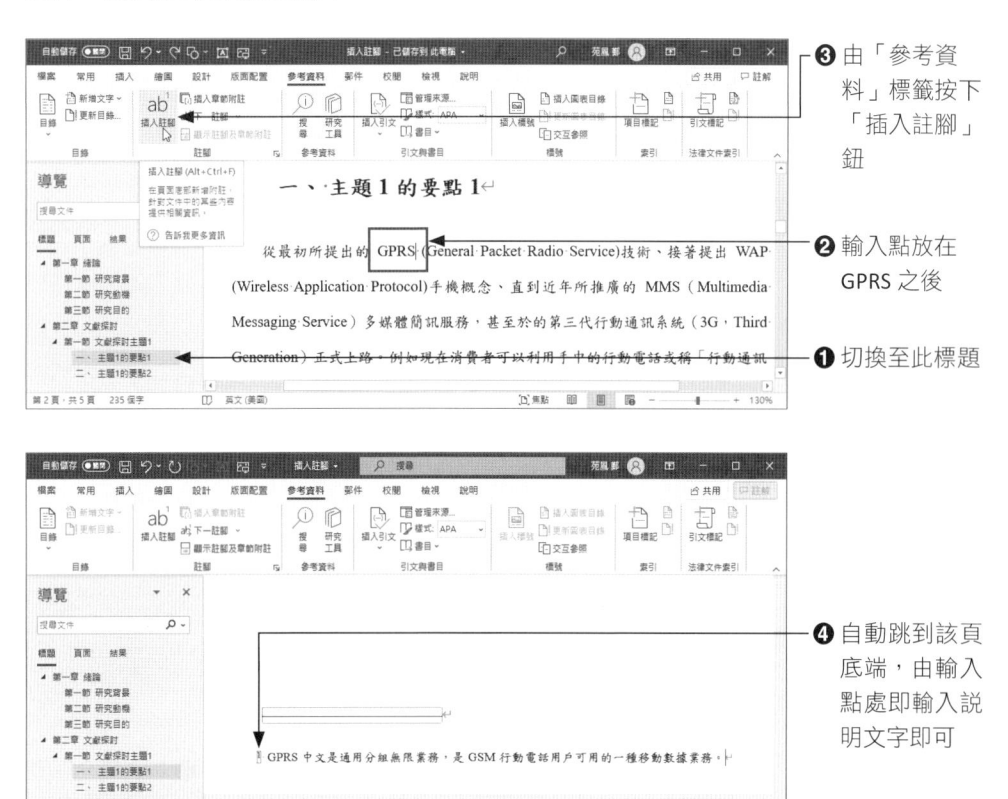

❸ 由「參考資料」標籤按下「插入註腳」鈕

❷ 輸入點放在 GPRS 之後

❶ 切換至此標題

❹ 自動跳到該頁底端，由輸入點處即輸入說明文字即可

3-15

[截圖說明] ❺ 同上方式為內文中的「3G」加入註腳，Word 軟體會自動將兩個註腳間隔開來

3-2-3 插入章節附註

「章節附註」的作用與「註腳」雷同，所不同的是新增的章節附註會放在文件的最後或是章節的最後。請將輸入點放在要加入的地方，由「參考資訊」標籤按下「插入章節附註」鈕，就會自動切換到文件的最後一頁，直接輸入文字內容即可。

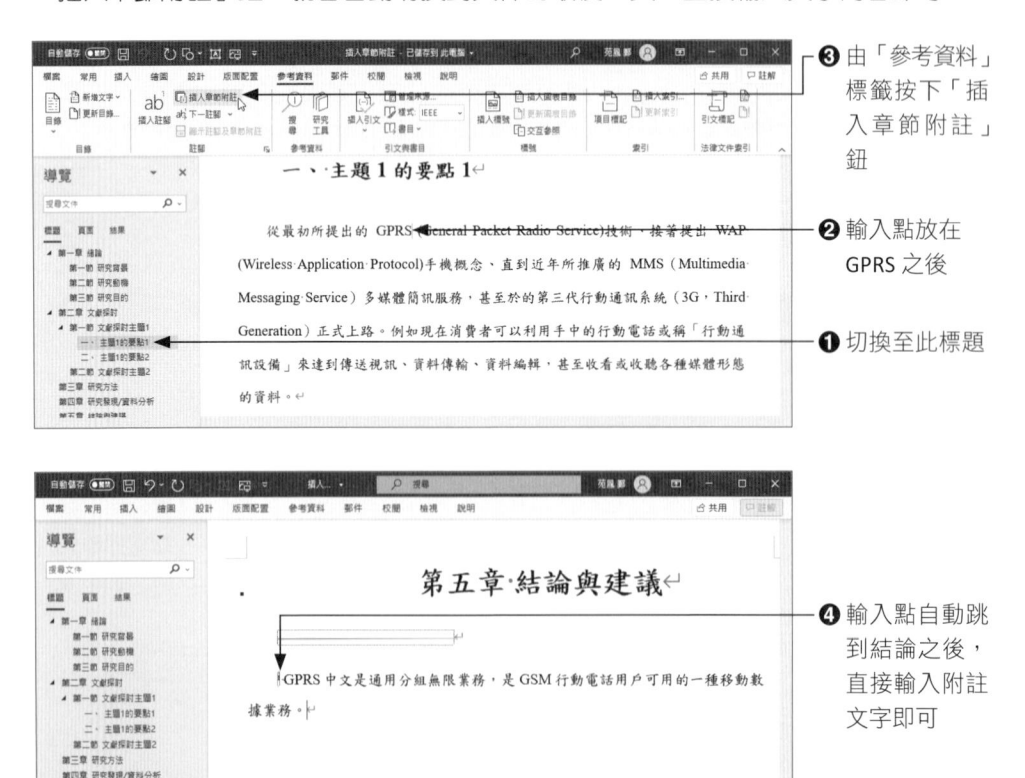

[截圖說明]
❸ 由「參考資料」標籤按下「插入章節附註」鈕
❷ 輸入點放在 GPRS 之後
❶ 切換至此標題

❹ 輸入點自動跳到結論之後，直接輸入附註文字即可

3-2-4 調整註腳 / 章節附註的位置與編碼格式

當文件中插入大量的註腳或章節附註後，如要查看註腳或章節附註的內容，可由「參考資料」標籤按下「下一註腳」鈕，再下拉選擇所要查看的項目。

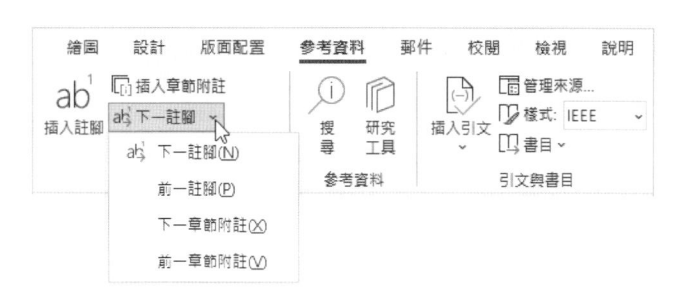

按下「註腳」群組旁邊的 ⌐ 鈕，可針對註腳或章節附註的位置進行設定。例如註腳可放在本頁下緣或文字下方，而章節附註可設定在章節結束或文件結尾處，如要調整編號的數字格式，請由「數字格式」下拉進行變更。

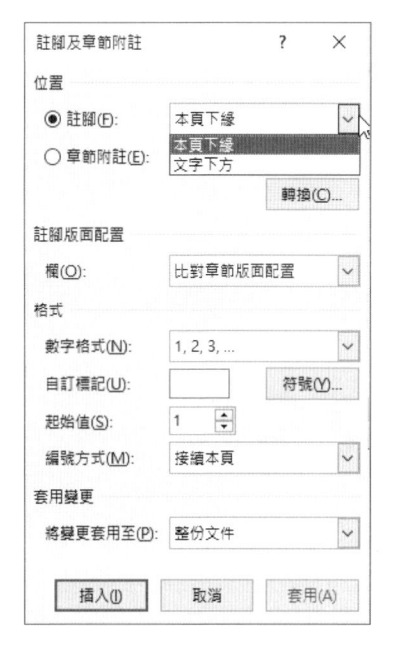

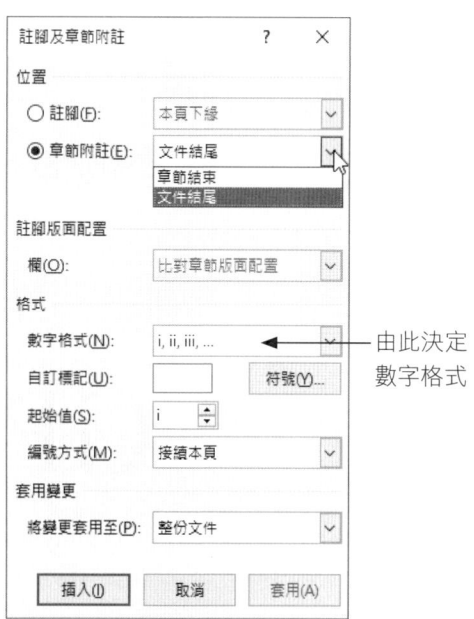

由此決定數字格式

3-17

有些學校規定各章的註腳編號都要重編，那麼各位可將各章分節之後，再將「編號方式」設定為「每節重新編號」。

3-2-5 轉換註腳與章節附註

所加入的章節附註或註腳，彼此之間也可以互相轉換喔！特別是在論文已寫完卻發現註釋放置的位置不合學校的規範，那麼只要在如上圖的視窗中按下 轉換(C)... 鈕，即可在如下的視窗中選擇轉換的方式。

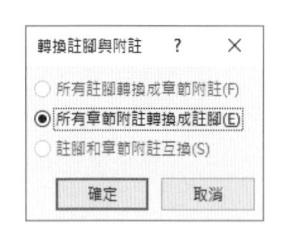

按下「確定」鈕離開後再按下「插入」鈕，搬移的工作就馬上搞定！

3-2-6 刪除註腳與章節附註

文件中所加入的註腳或章節附註如果要刪除，只需點選內文中的註腳或章節附註的參照標記，按下「Delete」鍵就可以將其參照文字一併刪除。

GPRS[1] ←─點選參照標記，再按「Delete」鍵刪除

CHAPTER

4

表與圖的應用

4-1 表與圖的標號設定

4-2 表格設定技巧

4-3 圖片使用技巧

4-4 統計圖表的應用

4-5 插入 SmartArt 圖形與圖案

精準駕馭 Word！論文寫作絕非難事

論文寫作時為了能清楚表達論述，免不了會使用到表格、圖片或圖表來加以解說，表格和圖表是組織與呈現資料的利器，在「比較」和「說明」方面遠比描述的文字更顯而易懂。

由於論文有規範表格或圖例必須以數字加以編號，然而在論文創作的過程中，經常會反覆挪動章節的內容，增刪圖／表，所以當圖／表順序有做更動，若要手動重新編號，就會多耗費一些時間。因此這個章節就來跟各位探討，如何利用 Word 的「插入標號」功能來處理表格和圖表的編號問題，這樣一來就不必擔心圖表的增減，而能夠專心在論文的編寫和表述上。而且在你製作表目錄或圖目錄時，只要一個動作就可以快速完成，如果內文中需要參照圖／表，也可以透過「交互參照」的功能來完成喔！

除了標號的使用技巧外，我們還會加強說明表格、圖片、統計圖表、圖案的應用要訣，讓各位製作出來的圖／表更顯專業且與眾不同。

4-1 表與圖的標號設定

首先我們來解說一下論文中的圖表規範，讓各位可以了解正確的格式，再利用 Word 的「插入標號」功能來聰明製作圖表的標號。

4-1-1 標號結構

「標號」能為文件增強圖／表的可讀性，它會針對選定的圖、圖表、表格、方程式或 figure 進行編號，標號的結構包含「標籤」、「標號數值」、「標號文字」三部分。如圖示：

標籤　　　　　　　說明文字

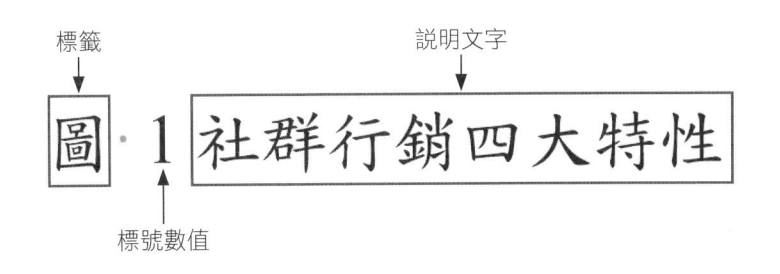

圖·1 社群行銷四大特性

標號數值

4-1-2 論文的圖表規範

當正文中必須有陳述的圖／表時，一般會以「圖1」、「圖2」…或「表1」、「表2」…等方式呈現，有的會要求配合正文的章節加以編號，如「圖1-1」、「圖1-2」、「圖2-1」、「表1-1」、「表1-2」…等，通常表格的編號是放置在表格上方，而圖片的編號則是放在圖片下方，至於說明文字則置於編號之後。有的學校要求表／圖需居中擺放，標題加粗，有的則要求靠左對齊。

圖表標題的說明需清楚，並且使用的文字、數字須與文中引述的內容要相同。在內文敘述時通常使用「如圖1所示」或「如表1所示」，而不用「如下表所示」。

如果圖／表是從期刊或其他書籍中翻印過來的，必須在下方標註「資料來源：」或斜體字「註：」，並寫出原作者、書名、頁碼、版權所有人…等相關資訊。如果使用英文上，則是以「Note」字做引導，後方加上句點後再標明出處等相關資料。

圖表的大小以不超過一頁為原則，且表格應放在與內文所及的同一頁下方或次頁的上方，超過一頁須在後表表號之後註明（續），且無須重現標題。例如：表1（續）。也可以在前圖表的右下方註明「續後頁」，或在後圖表的左上方註明「接前頁」。

4-1-3 以標號功能為圖片自動編號

要為圖片插入標號，點選圖片後按右鍵執行「插入標號」指令，或是由「參考資料」標籤按下「插入標號」鈕，就會看到「標號」的視窗。

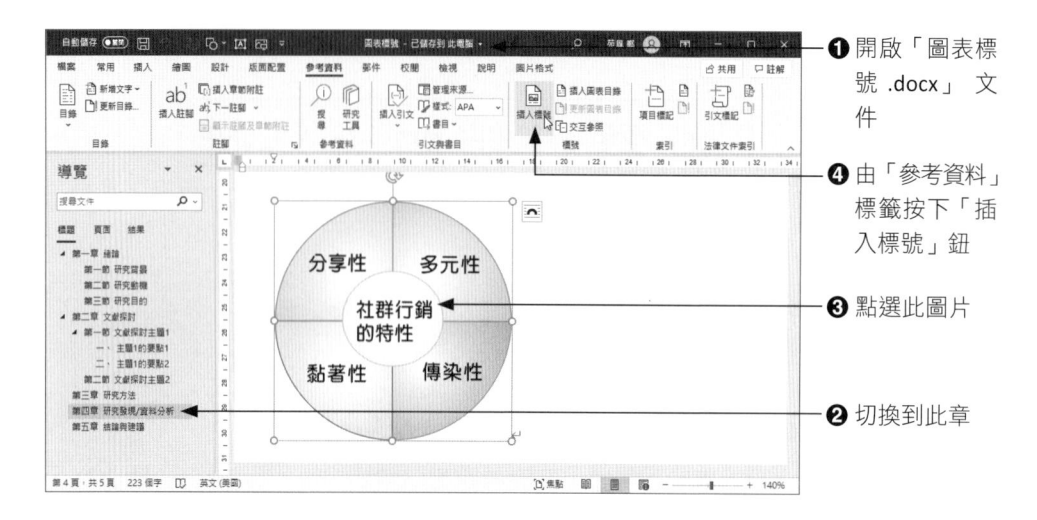

精準駕馭 Word! 論文寫作絕非難事

❶ 開啟「圖表標號 .docx」文件

❹ 由「參考資料」標籤按下「插入標號」鈕

❸ 點選此圖片

❷ 切換到此章

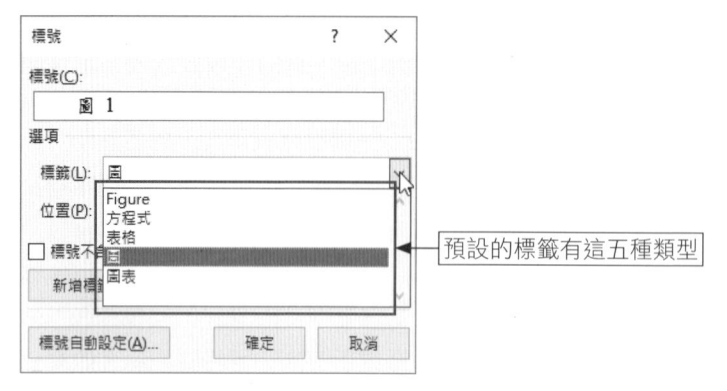

預設的標籤有這五種類型

預設的標籤有如上五種,使用者也可以自訂標號的標籤,如果需要新增標籤請按下「新增標籤」自行新增,在此我們直接選擇「圖」的標籤。

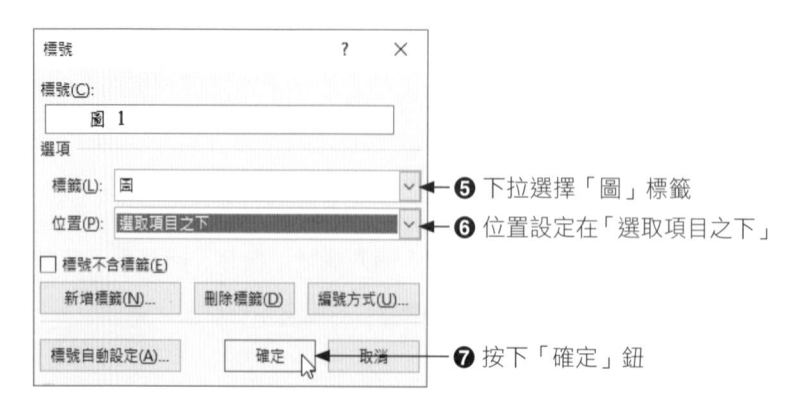

❺ 下拉選擇「圖」標籤

❻ 位置設定在「選取項目之下」

❼ 按下「確定」鈕

4-4

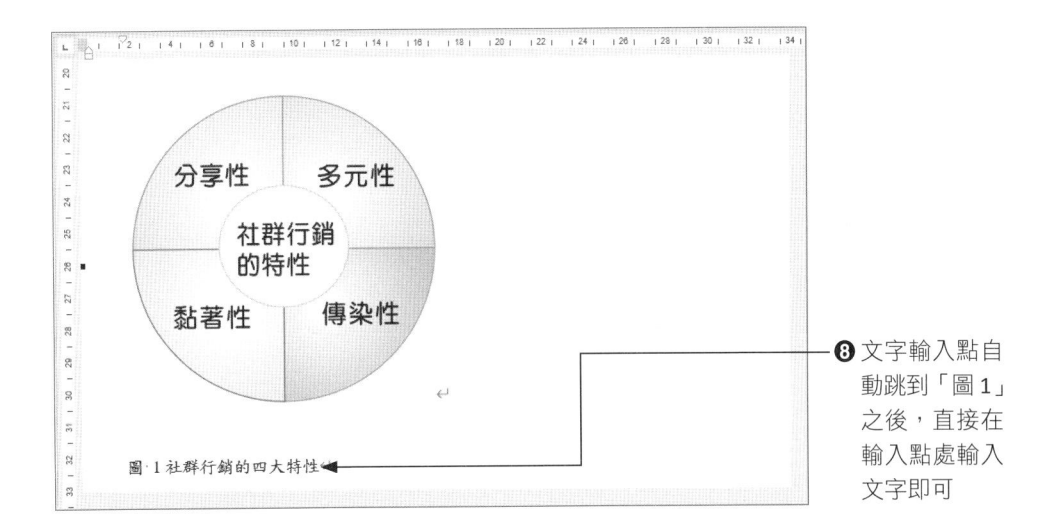

❽ 文字輸入點自動跳到「圖 1」之後，直接在輸入點處輸入文字即可

圖 1 社群行銷的四大特性

4-1-4 設定含章節的標號

標號的預設編號方式是以阿拉伯數字 1、2、3…等編碼格式呈現，如要設定其他編號格式，可按下「編號方式」鈕進入下圖視窗進行「格式」的選擇。如果希望標號中可以顯現章節編號，那麼請勾選「包含章節編號」的選項，然後再設定章節的起始樣式和分隔符號即可。要注意的是，要使用包含有章節編號的標號，必須論文中有使用「多層次清單」功能才有作用。

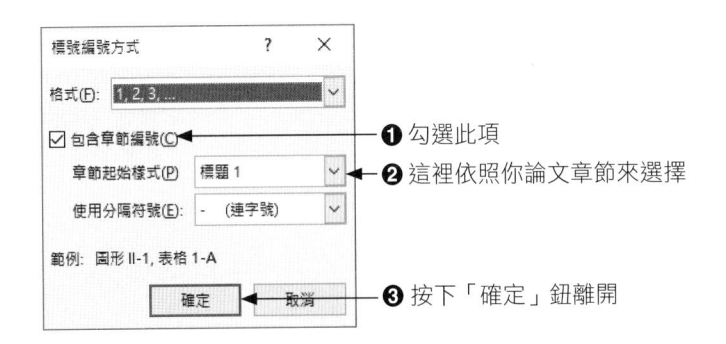

❶ 勾選此項
❷ 這裡依照你論文章節來選擇
❸ 按下「確定」鈕離開

4-5

精準駕馭 Word! 論文寫作絕非難事

❹ 瞧！根據圖片所在的「章」自行編號為「圖四-1」

4-1-5 圖片自動標號

當各位為圖片插入第一個標號後，接下來插入的圖標會自動排定順序，即使後加入的圖片排定在前面，圖標的編號也會自動修正。如下圖所示：

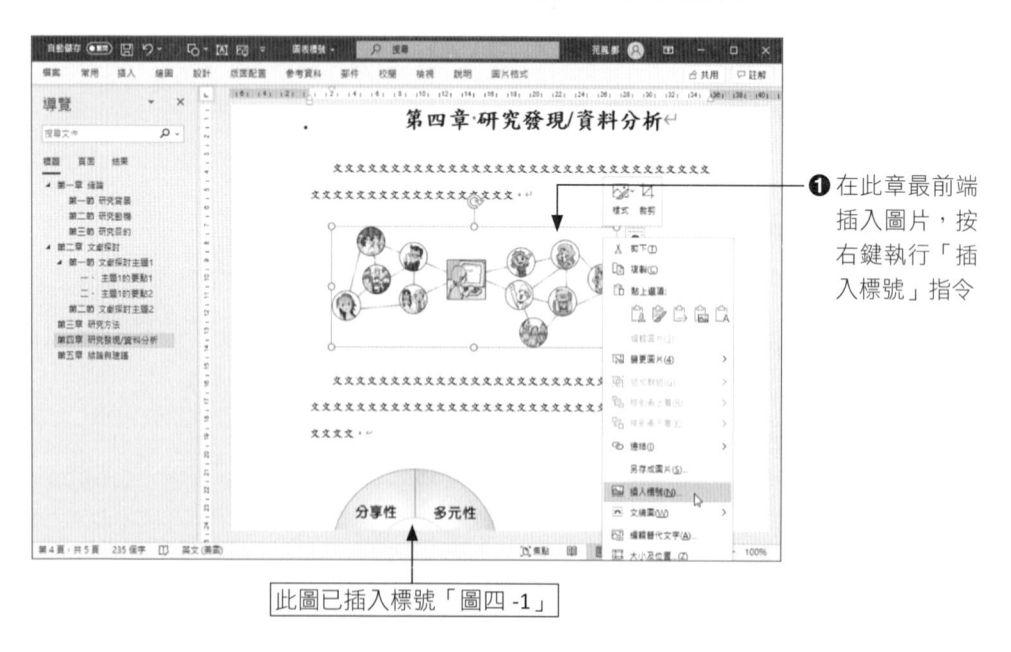

❶ 在此章最前端插入圖片，按右鍵執行「插入標號」指令

此圖已插入標號「圖四-1」

4-6

❷ 直接按下「確定」鈕

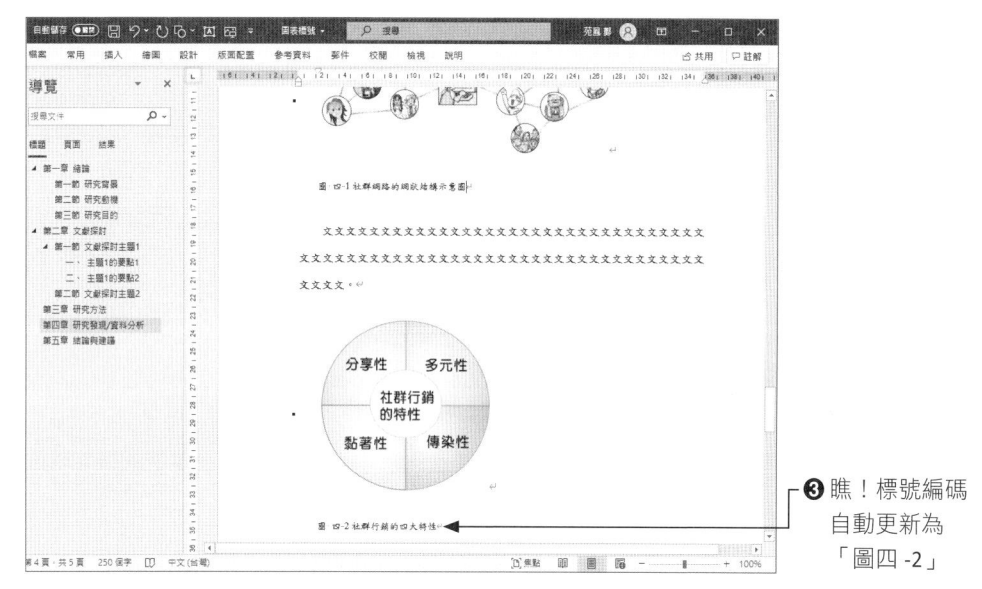

❸ 瞧！標號編碼自動更新為「圖四-2」

利用「插入標號」功能，各位可以依序為圖片插入標號，萬一圖表位置有更動，或是在編排圖表時有所遺漏，只要在尚未加入標號的物件上執行「插入標號」指令，文件中的標號順序就會自動更新。另外，選取標號數值並按右鍵，再選擇「更新功能變數」指令，也可以快速更新圖表的編號順序喔！

4-7

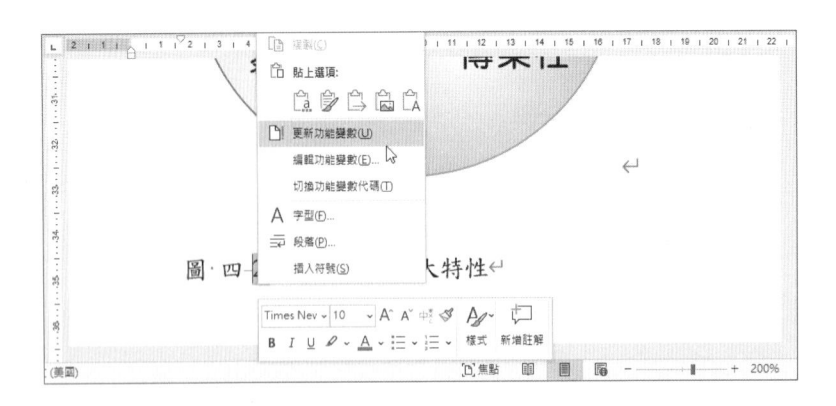

4-1-6 設定標號樣式

標號的字體大小通常和內文相同,如果需要特定的字體、尺寸,或是要設定置中對齊,那麼也可以在「樣式」窗格中修改「標號」的樣式。

由於論文的內文樣式是設定每段首行空二個全形字,所以當你要設定圖／表居中對齊時,請進入「標號」樣式中修正。

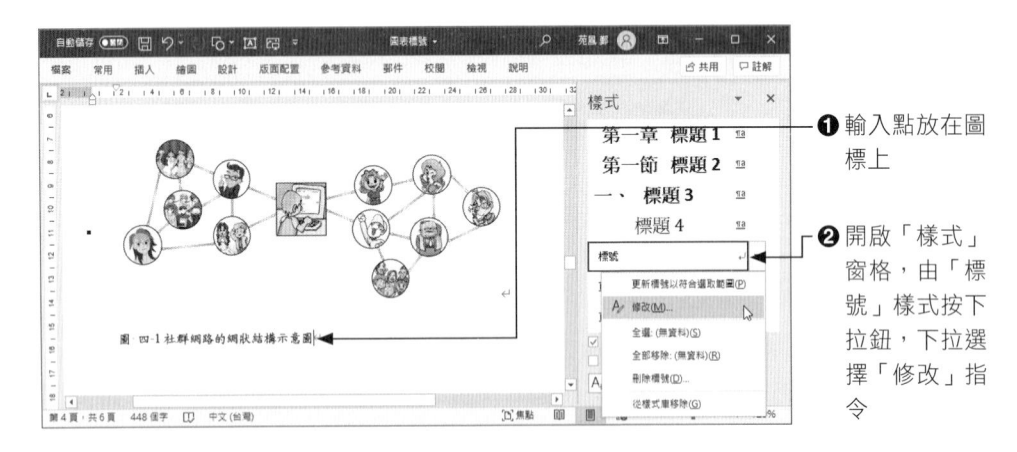

❶ 輸入點放在圖標上

❷ 開啟「樣式」窗格,由「標號」樣式按下拉鈕,下拉選擇「修改」指令

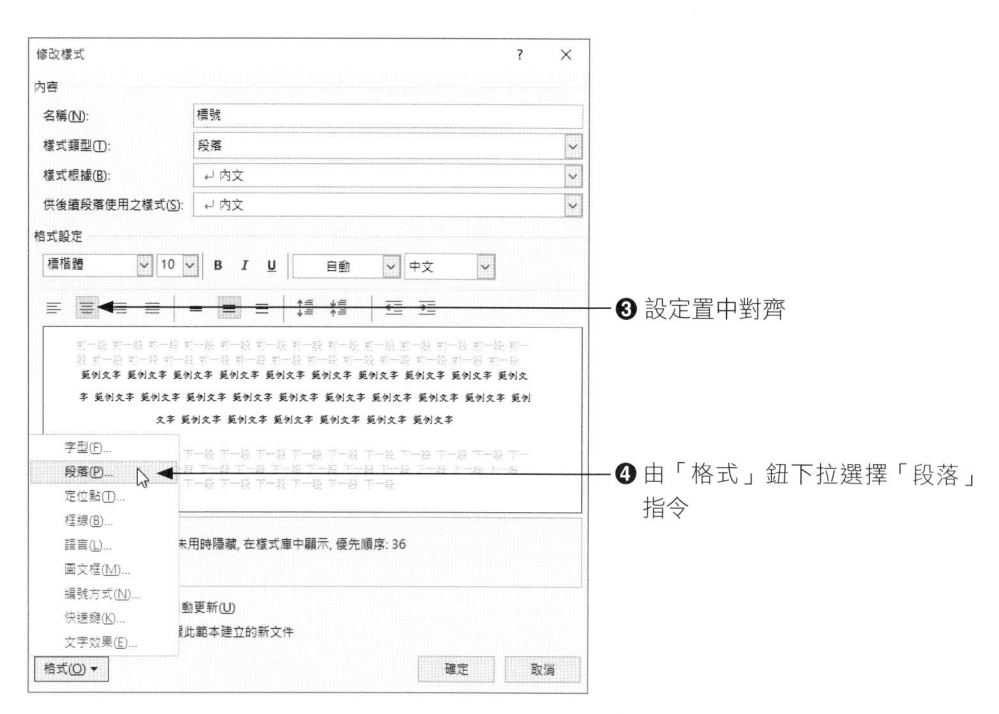

表與圖的應用 4

❸ 設定置中對齊

❹ 由「格式」鈕下拉選擇「段落」指令

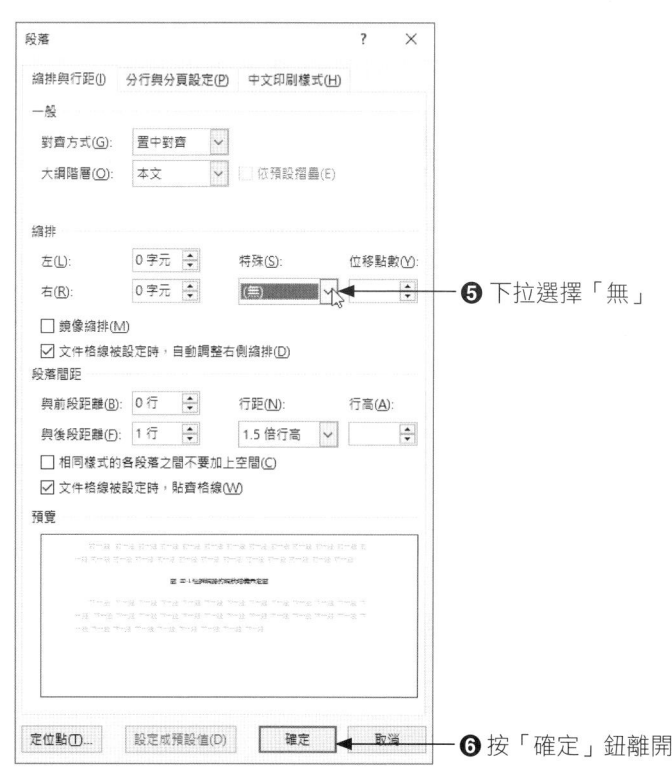

❺ 下拉選擇「無」

❻ 按「確定」鈕離開

4-9

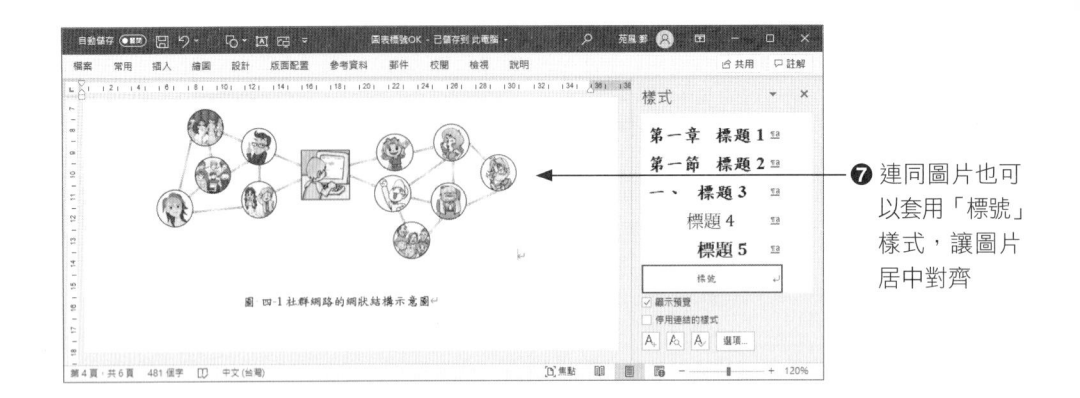

❼ 連同圖片也可以套用「標號」樣式，讓圖片居中對齊

4-1-7 以標號功能為表格自動編號

要為表格插入標號，一樣是點選表格後，按右鍵執行「插入標號」指令，標籤選擇「表格」，而「位置」設在「選取項目之上」即可。

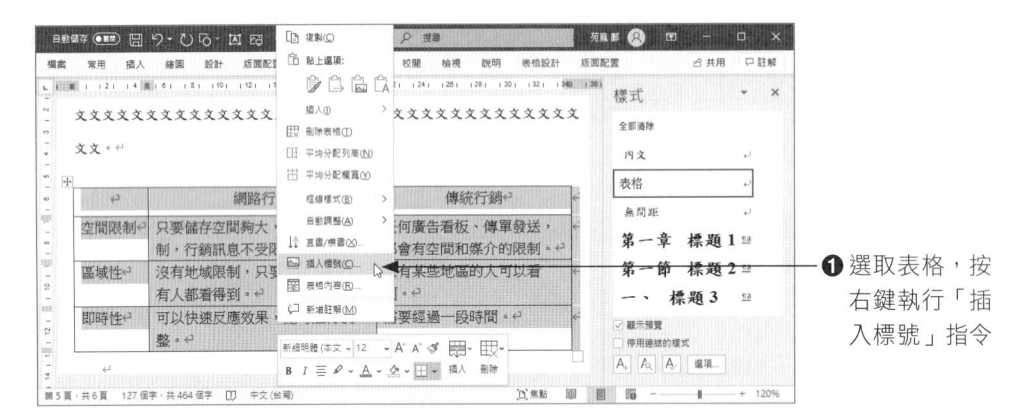

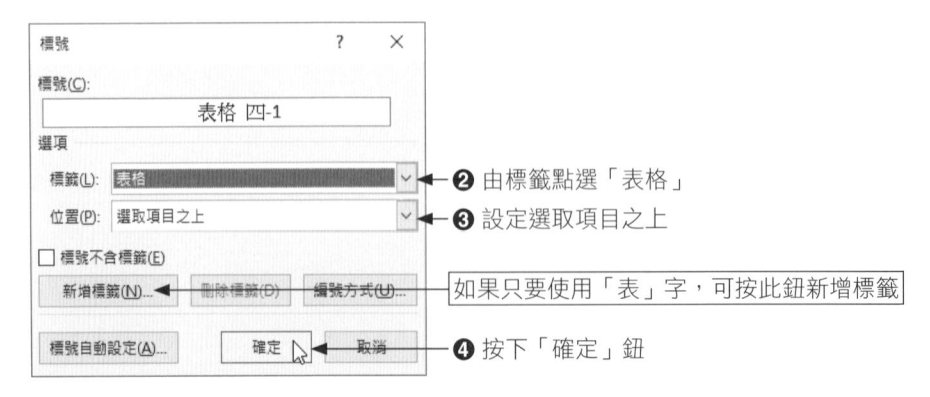

❶ 選取表格，按右鍵執行「插入標號」指令

❷ 由標籤點選「表格」
❸ 設定選取項目之上
如果只要使用「表」字，可按此鈕新增標籤
❹ 按下「確定」鈕

4-10

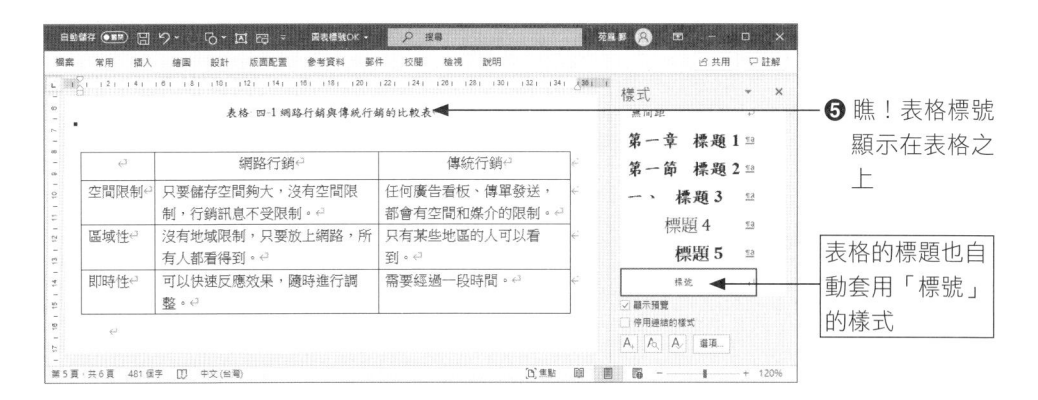

表與圖的應用 4

❺ 瞧!表格標號顯示在表格之上

表格的標題也自動套用「標號」的樣式

學會了「標號」功能的使用技巧,各位在製作圖表時就很輕鬆,一旦變更圖表位置時,系統就會自動幫你重新編號。

4-1-8 內文參照圖表

在前面的圖表規範中我們提到,圖表標題的說明需與文中引述的內容相同。在內文敘述時通常使用「如圖 1 所示」或「如表 1 所示」,而不用「如下表所示」。所以當你的內文中需要參照圖表時,可利用「參考資料」標籤的「交互參照」鈕來處理,而參照的類型包含表格、圖、圖表、方程式、註腳、章節附註、書籤、標題…等類型。

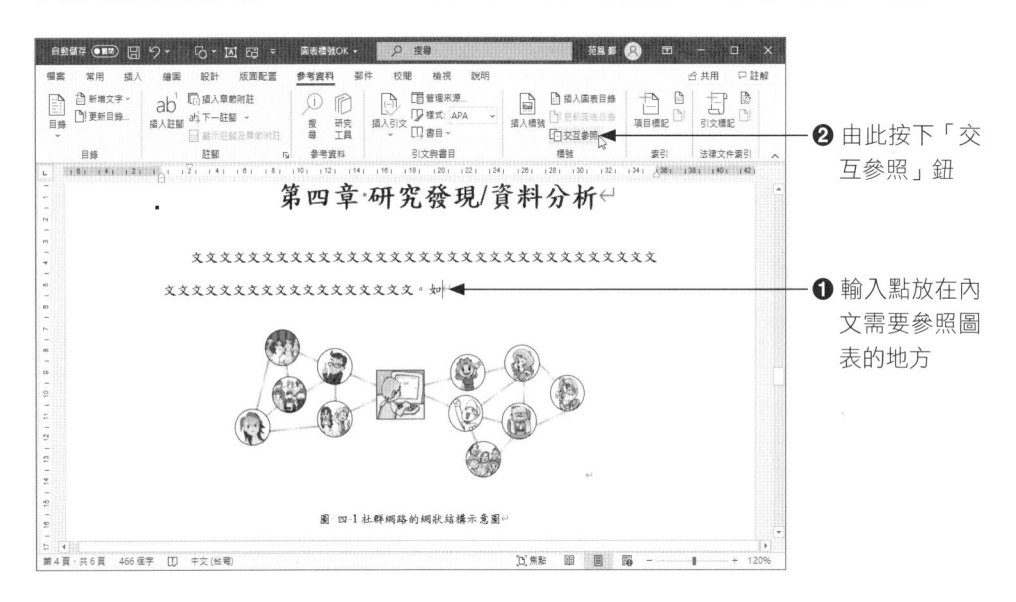

❷ 由此按下「交互參照」鈕

❶ 輸入點放在內文需要參照圖表的地方

4-11

精準駕馭 Word! 論文寫作絕非難事

❸ 下拉選擇參照的類型

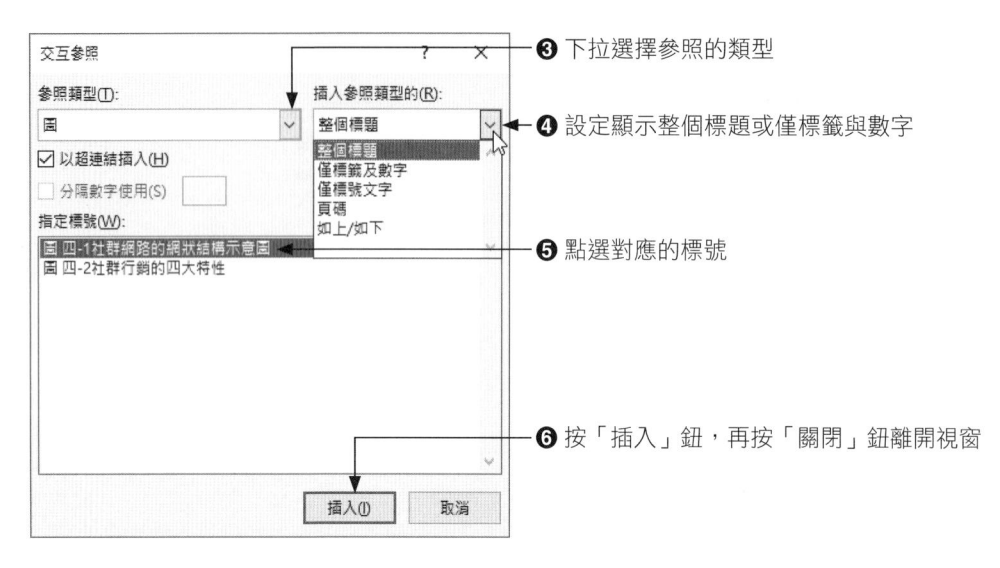

❹ 設定顯示整個標題或僅標籤與數字

❺ 點選對應的標號

❻ 按「插入」鈕，再按「關閉」鈕離開視窗

❼ 內文中已顯示參照的標號了！

利用「交互參照」功能在內文中加入圖表的標號後，一旦圖表的位置有所更動時，你只要全選文件，然後按右鍵在圖標文字上，執行「更新功能變數」指令，那麼全文中的圖表就會全部更新囉！

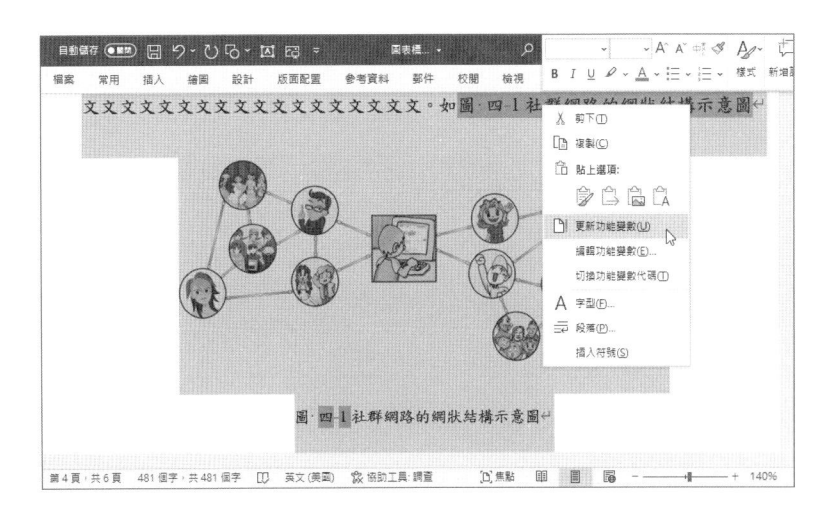

4-2 表格設定技巧

　　在前一小節當中,各位已經學會了圖表標號的設定要領,此小節則針對表格的美化與樣式設定加強說明。對於表格的插入、增／減欄列、分割／刪除儲存格…等基礎表格編輯技巧相信各位都知道,在此並不會做介紹,此處是針對各位會遇到的困難點做解說,讓各位可以輕鬆透過 Word 的「表格設計」和「版面配置」標籤來美化表格。首先要說明的是「表格樣式」。

4-2-1 設定與套用基礎表格樣式

　　在論文格式方面,一般要求中文撰寫時的行高應設為 1.5 倍,所以當各位在此前提下所插入的表格,會發現表格下方留空很多,即使做了垂直置中的設定也無法改變,很多人因為無法解決也就將就於此。如下圖所示:

精準駕馭 Word! 論文寫作絕非難事

月份	節慶
一月	元旦、跨年、尾牙
二月	農曆過年
三月	青年節、婦女節、櫻花祭

→ 儲存格下方留空很多，垂直置中對齊也無法改善

有鑑於此，各位可以新增一個「基礎表格」的樣式，讓表格回復至正常狀態，屆時就可以依照個人需求來美化表格。請開啟「表格樣式.docx」文件，我們進行表格樣式的設定。

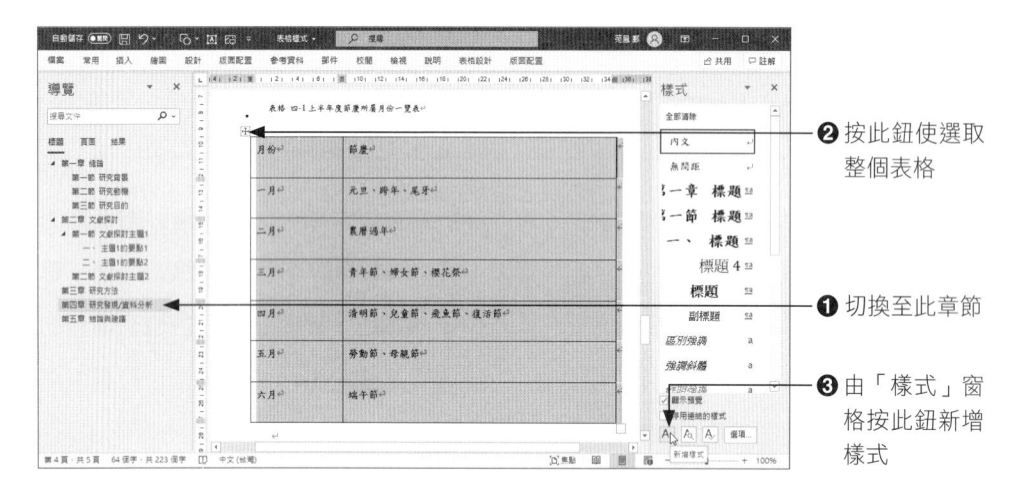

❶ 切換至此章節

❷ 按此鈕使選取整個表格

❸ 由「樣式」窗格按此鈕新增樣式

4-14

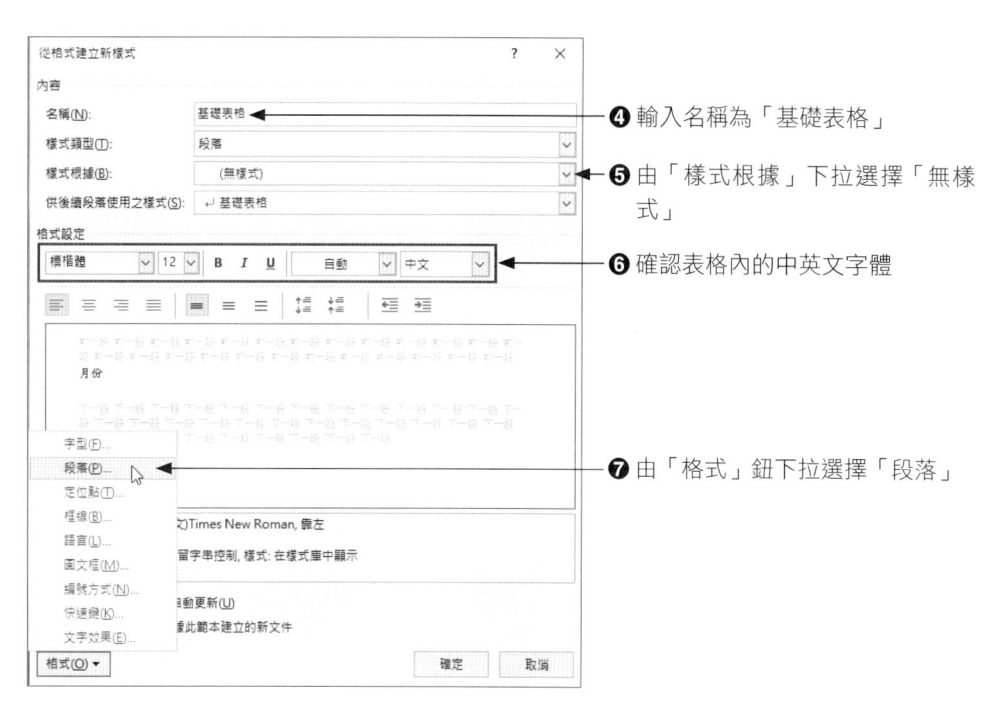

表與圖的應用

❹ 輸入名稱為「基礎表格」

❺ 由「樣式根據」下拉選擇「無樣式」

❻ 確認表格內的中英文字體

❼ 由「格式」鈕下拉選擇「段落」

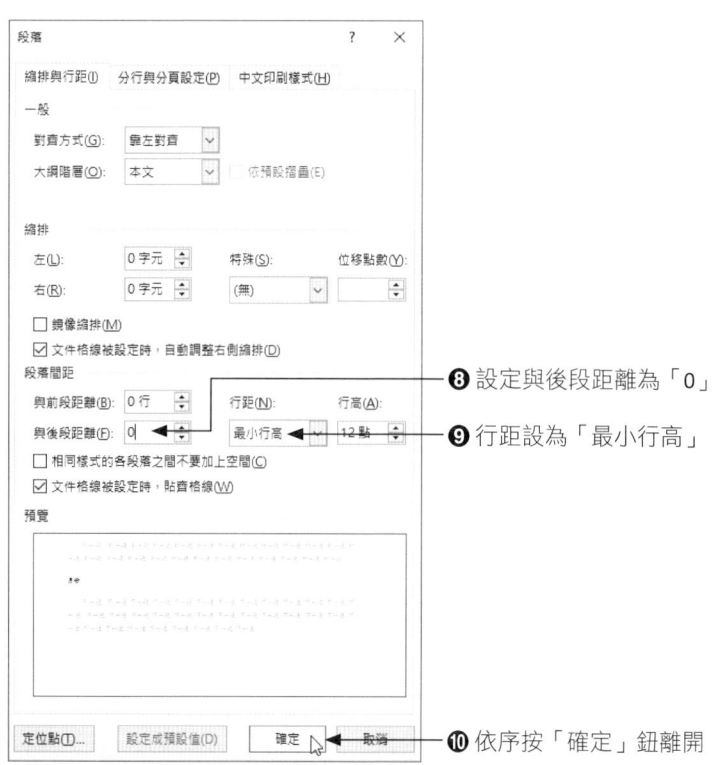

❽ 設定與後段距離為「0」

❾ 行距設為「最小行高」

❿ 依序按「確定」鈕離開

⓫ 表格顯示正常囉！

當各位在論文中設定了基礎表格的樣式後，下次再插入任何的表格，只要由樣式窗格點選「基礎表格」的樣式，就可以讓表格回復基礎狀態。

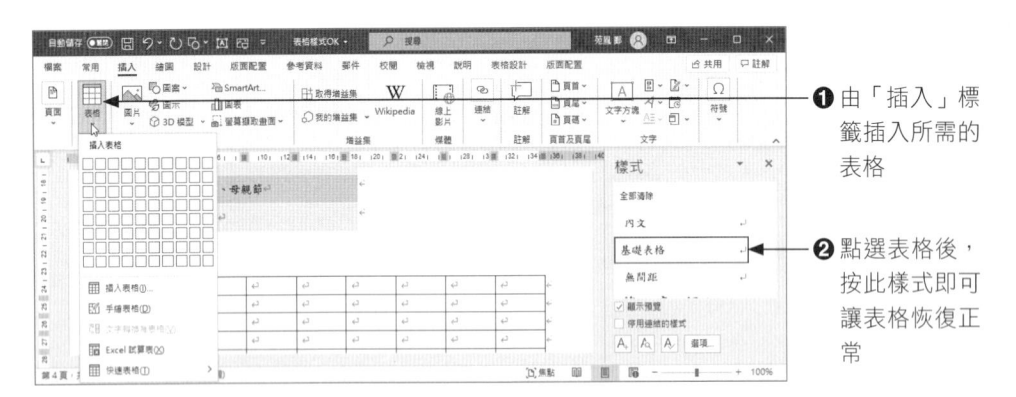

❶ 由「插入」標籤插入所需的表格

❷ 點選表格後，按此樣式即可讓表格恢復正常

4-2-2 表格的美化

表格回復正常後，接下來就可以透過「表格設計」標籤和「版面配置」標籤中的各項功能鈕來美化表格。

↘ 由「表格設計」標籤中勾選適合的表格樣式選項，再從「表格樣式」群組中選擇喜歡的色系與樣式。

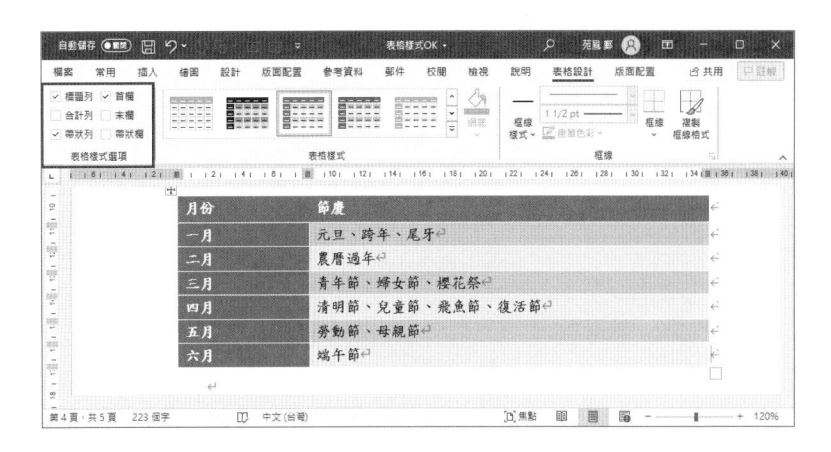

> 由「版面配置」標籤可依照該頁面剩餘的高度來調整表格的列高，垂直對齊方式、或進行自動調整。

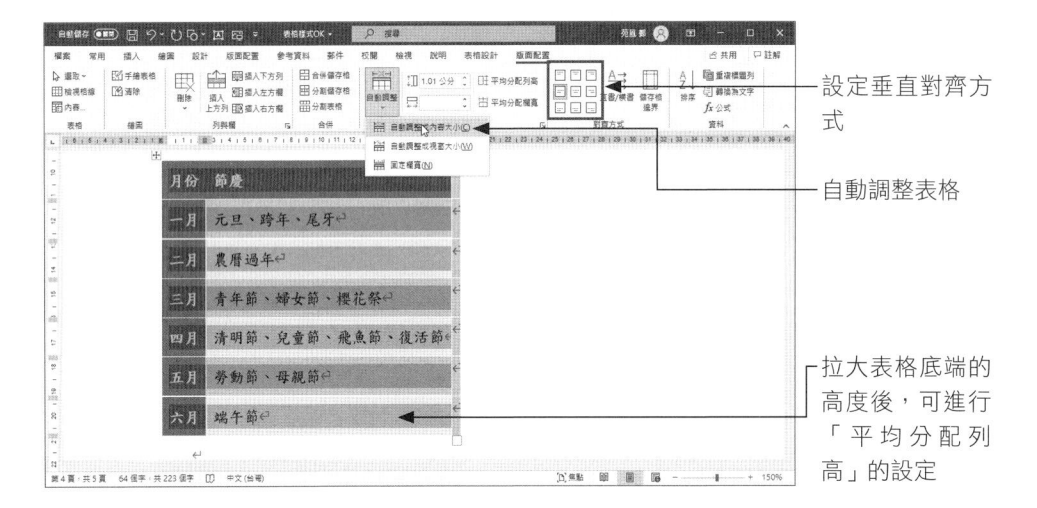

設定垂直對齊方式

自動調整表格

拉大表格底端的高度後，可進行「平均分配列高」的設定

4-2-3 表格內容自動編號

表格中如果需要輸入有順序編號的數字，可在選取範圍後，利用「常用」標籤的「編號」功能來快速插入。這裡我們以「表格.docx」文件來做介紹。

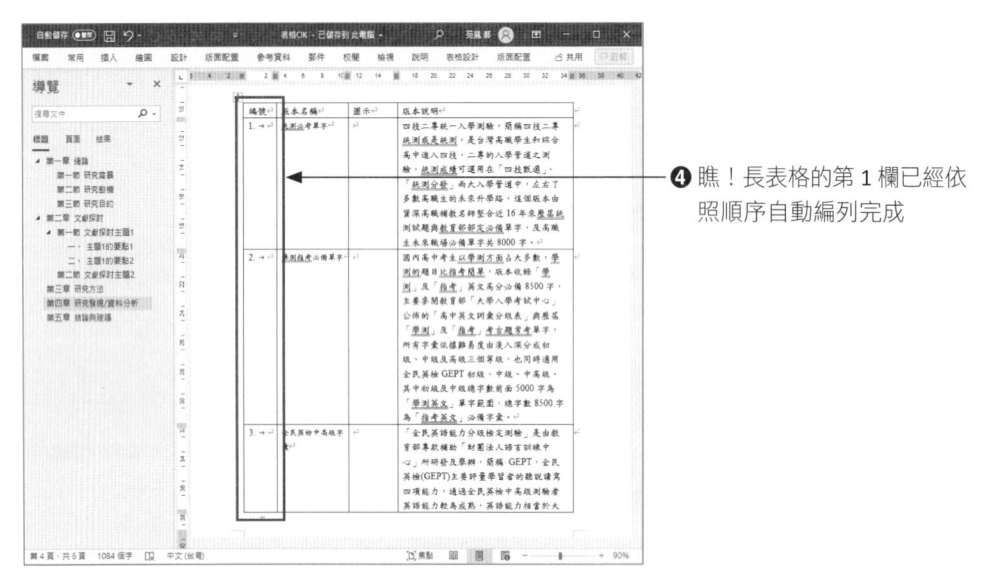

精準駕馭 Word! 論文寫作絕非難事

❸ 由「常用」標籤按下「編號」鈕，並下拉選擇「123」的編號格式

❷ 點選第 1 欄「編號」以下的儲存格

❶ 切換到此章節

❹ 瞧！長表格的第 1 欄已經依照順序自動編列完成

4-2-4 插入的圖片自動調成儲存格大小

儲存格中要插入圖片，由「插入」標籤按下「圖片」鈕，即可插入電腦中的圖檔。一般在插入較大張的圖片時，通常儲存格會自動被撐大，你可以利用「圖片格式」標籤中的「寬度」與「高度」來設定圖片大小。

表與圖的應用 4

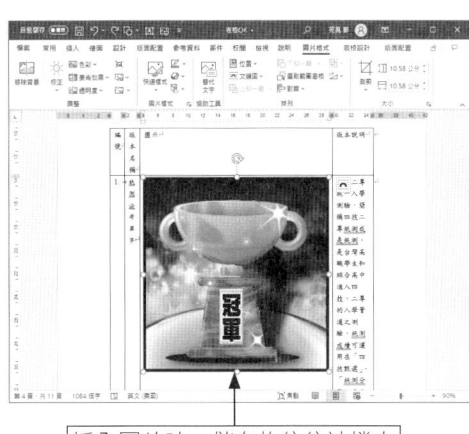

❶ 由此縮小圖片的寬度值

插入圖片時，儲存格往往被撐大

❷ 顯示合適的圖片大小

　　如果希望圖片在插入時能夠自動調整成以設定的儲存格大小，那麼可在「版面配置」的標籤中按下「內容」鈕，再進行以下的設定。

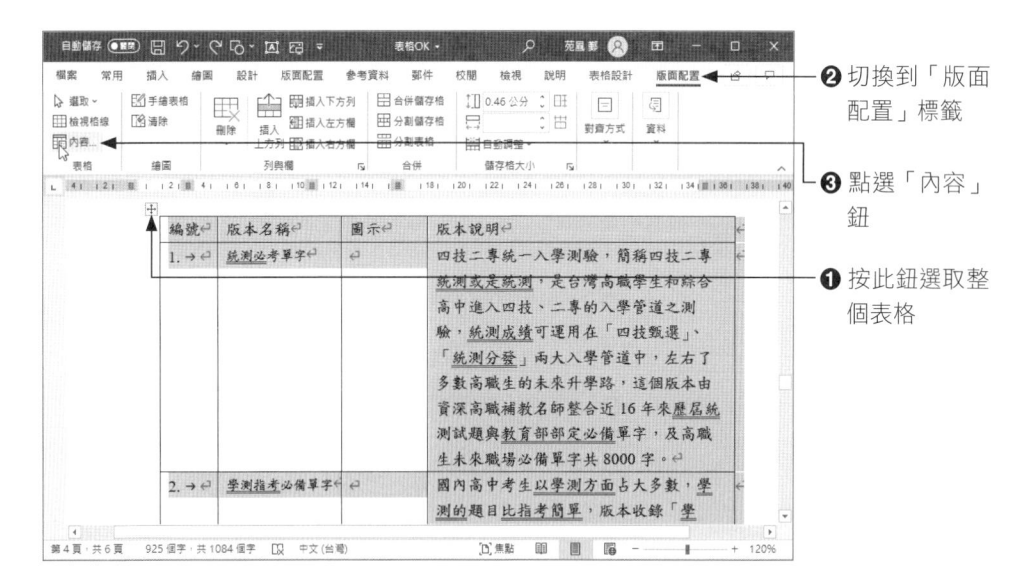

❷ 切換到「版面配置」標籤

❸ 點選「內容」鈕

❶ 按此鈕選取整個表格

4-19

❹ 「表格」標籤中按下「選項」鈕

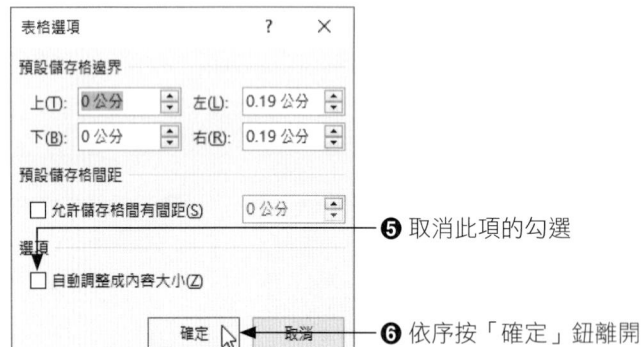

❺ 取消此項的勾選

❻ 依序按「確定」鈕離開

設定完成後,請由「插入」標籤插入「圖片」,就不用再調整圖片大小,圖片自動符合儲存格的寬度。

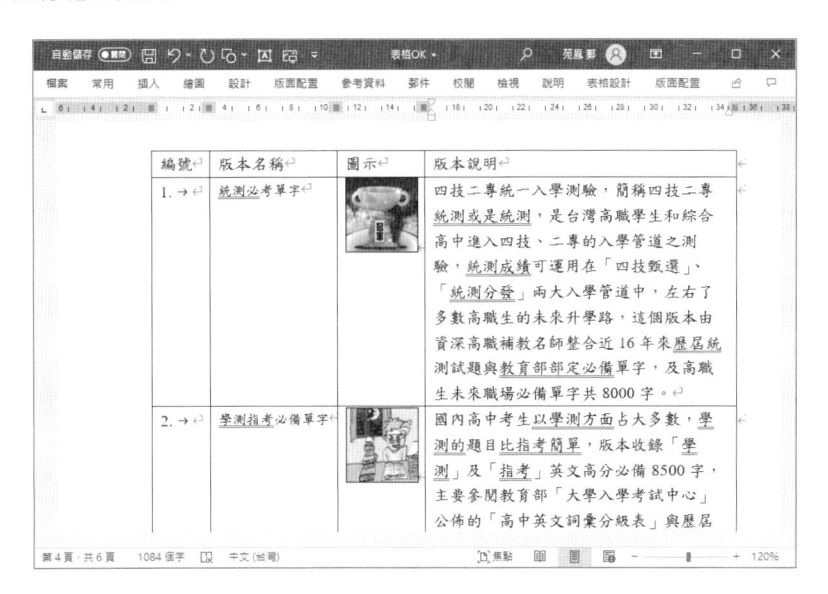

4-2-5 分割表格

有時候表格很長,如果表格需要一分為二時,可利用「版面配置」標籤中的「分割表格」鈕來處理,超過--頁須在後表表號之後註明(續)。例如:表 1(續)。也可以在前圖表的右下方註明「續後頁」,或在後圖表的左上方註明「接前頁」。

對於橫跨兩頁的表格,如果希望每列的內容都顯示在同一頁面上,可在「內容」鈕中取消「允許列超越頁分隔線」的勾選,如下所示:

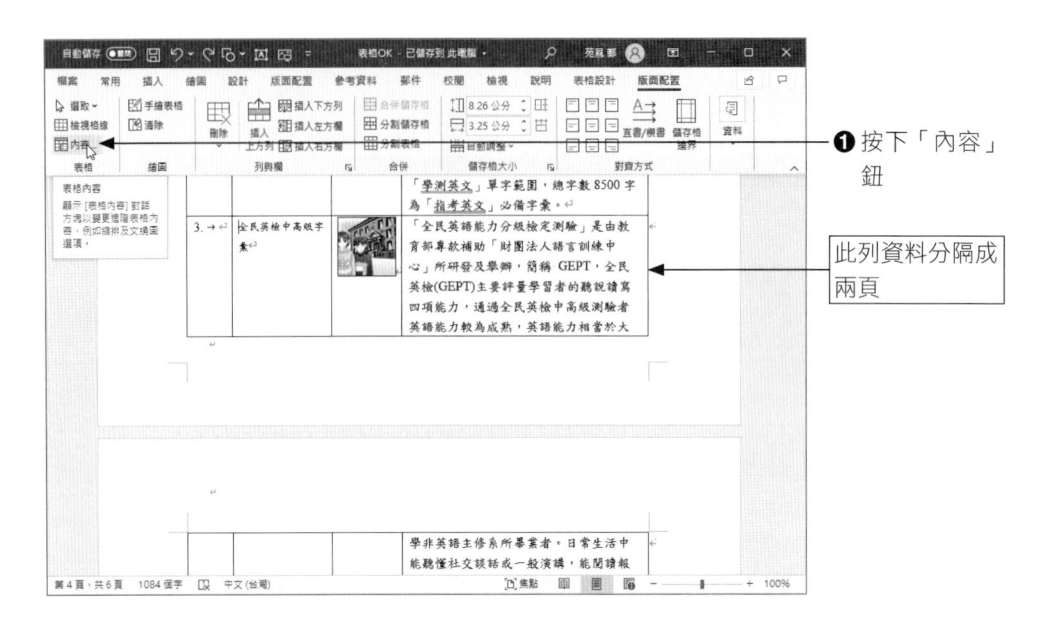

精準駕馭 Word! 論文寫作絕非難事

❶ 按下「內容」鈕

此列資料分隔成兩頁

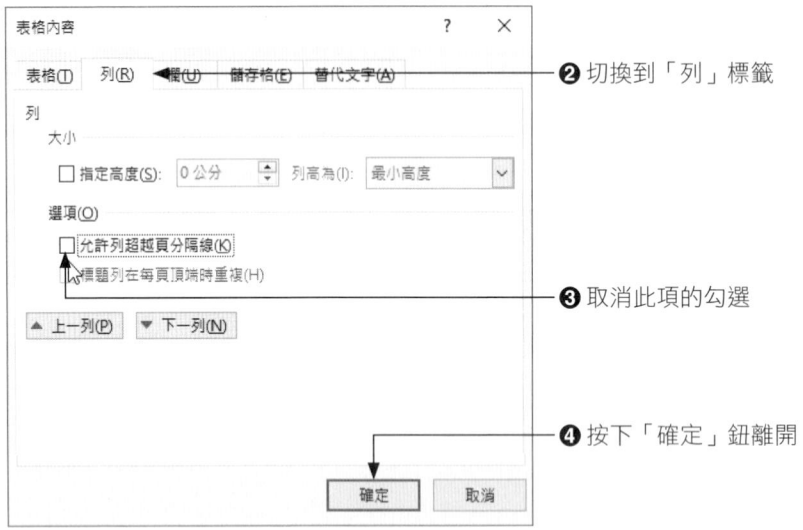

❷ 切換到「列」標籤

❸ 取消此項的勾選

❹ 按下「確定」鈕離開

4-22

❺ 瞧！此列內容完整顯示在下頁中

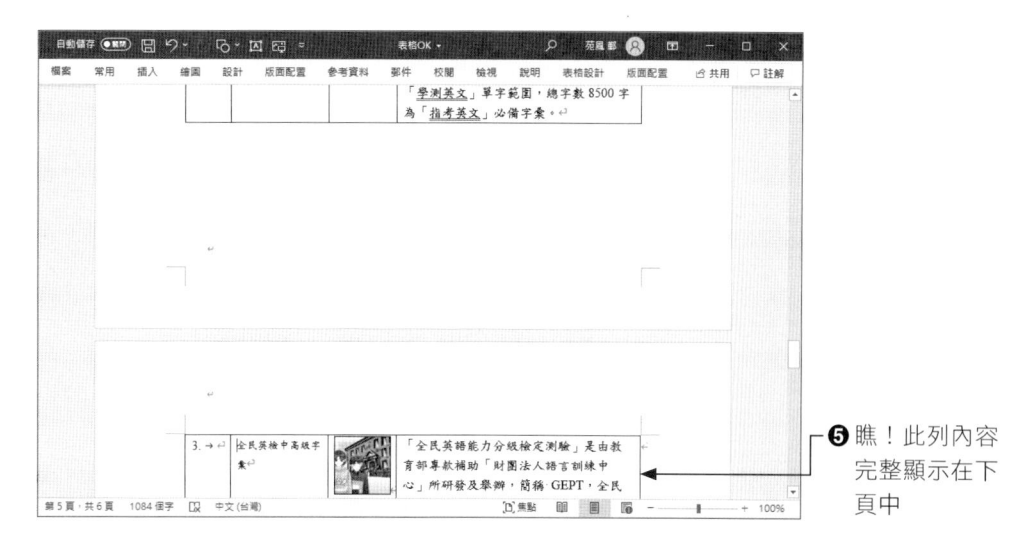

接下來我們延續上面的範例，將長表格一分為二表格。

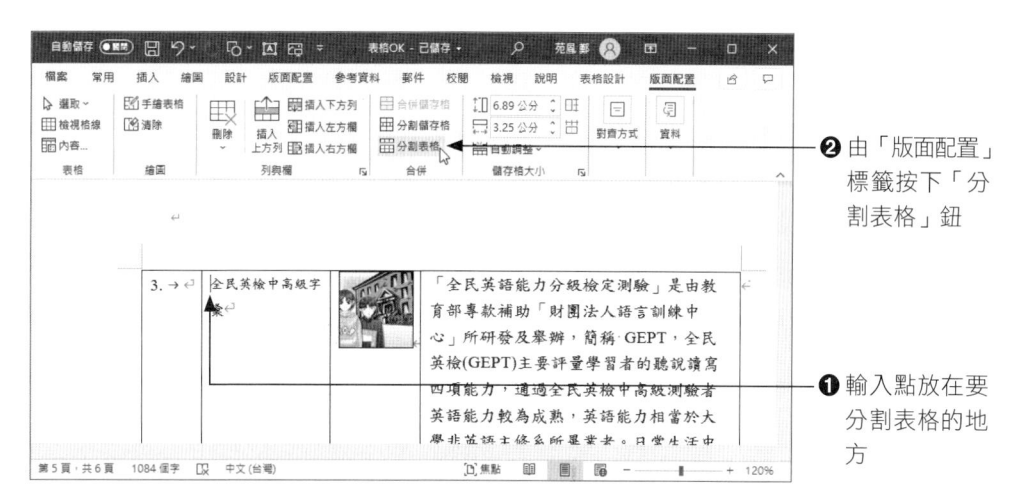

❷ 由「版面配置」標籤按下「分割表格」鈕

❶ 輸入點放在要分割表格的地方

4-23

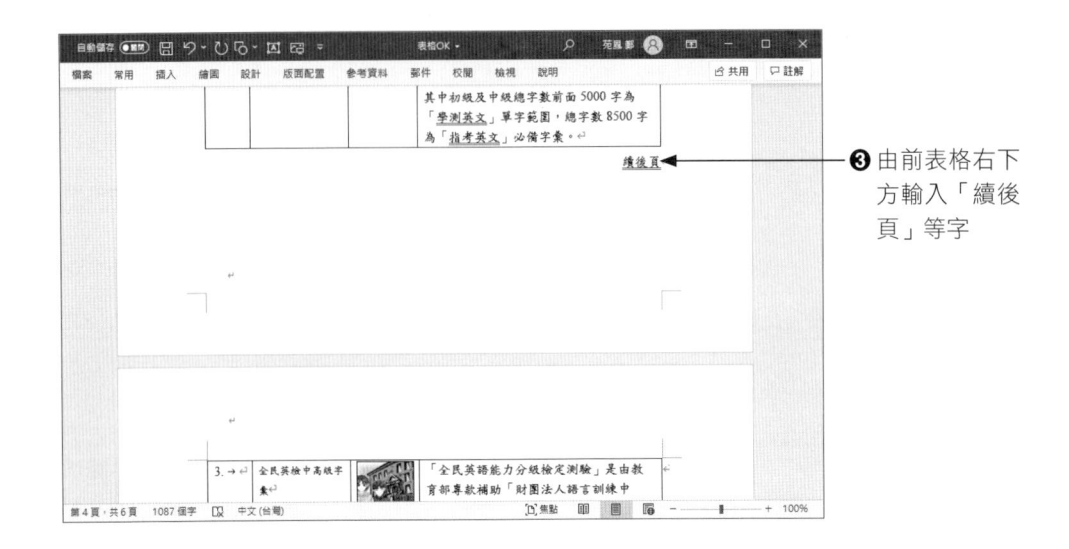

精準駕馭 Word! 論文寫作絕非難事

❸ 由前表格右下方輸入「續後頁」等字

4-3 圖片使用技巧

　　圖片的來源很廣,有可能是傳統的相片或書本上的圖片,這個部分可以使用掃描器掃描圖片,也可以透過智慧型手機直接在光線充足的地方,以俯拍的方式進行翻拍。等相片傳送到電腦上並插入至論文文件後,再透過「圖片格式」標籤來進行亮度與對比的校正、色彩飽和度的調整,如有必要還可進行畫面的旋轉和裁剪。如果圖片資料是來自於網站上,就可以直接利用 Word 的「螢幕擷取畫面」功能來進行圖片的擷取。

　　在圖檔格式方面,為避免轉檔時產生錯誤,建議使用 GIF 和 JPEG 的圖檔格式。盡量不要選用 BMP 格式,如果有其他格式,也最好轉換成 GIF 和 JPEG 格式,避免檔案量過大。

4-3-1 使用 Word 螢幕擷取畫面

Word 的「螢幕擷取畫面」功能，可讓使用者將想要擷取的畫面直接插入到目前的文件中。使用前先將想要擷取的畫面先行開啟，再由「插入」標籤的「螢幕擷取畫面」鈕進行擷取動作。

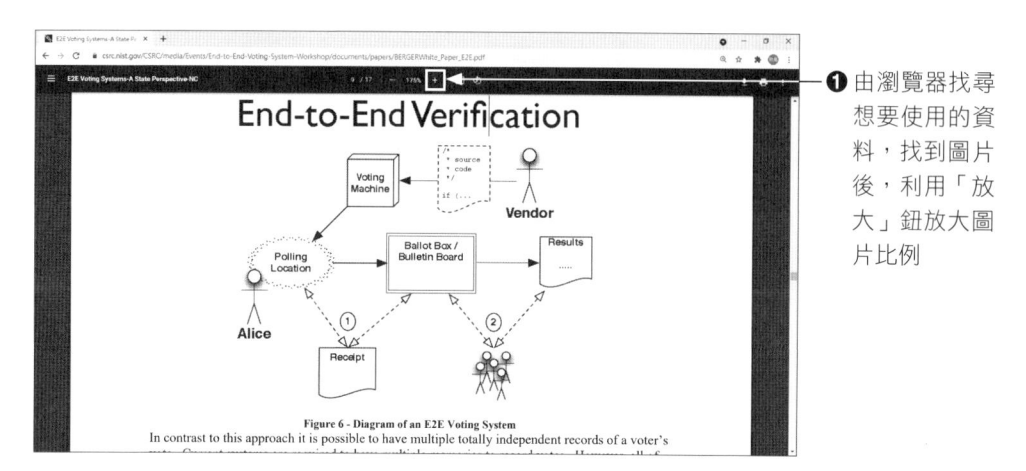

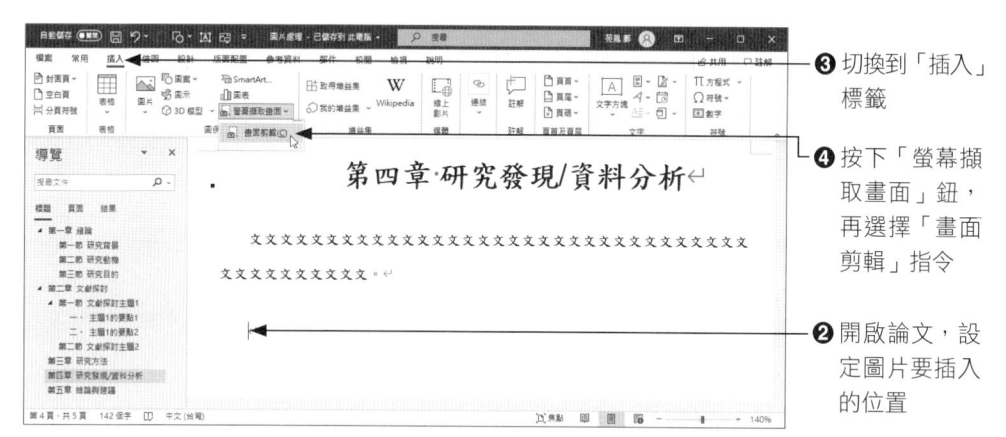

❶ 由瀏覽器找尋想要使用的資料，找到圖片後，利用「放大」鈕放大圖片比例

❸ 切換到「插入」標籤

❹ 按下「螢幕擷取畫面」鈕，再選擇「畫面剪輯」指令

❷ 開啟論文，設定圖片要插入的位置

4-25

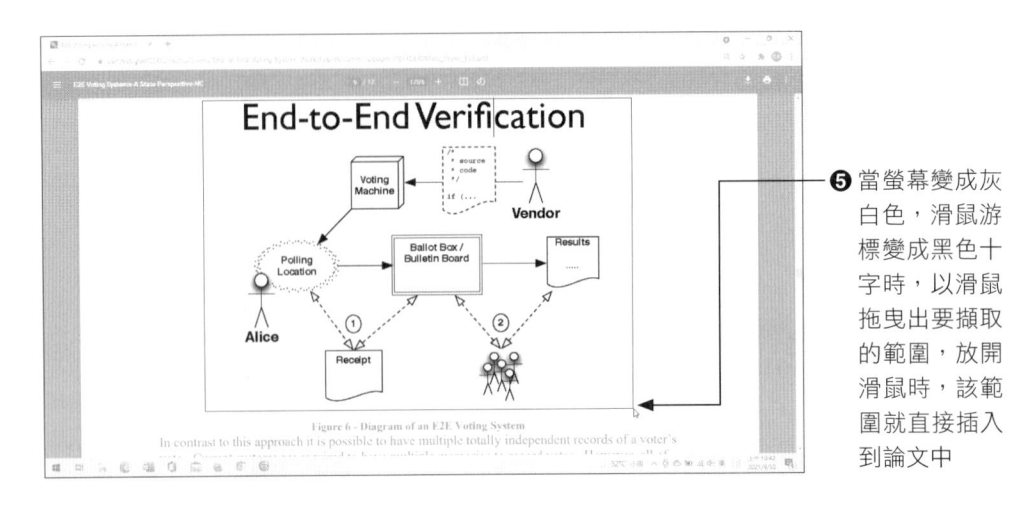

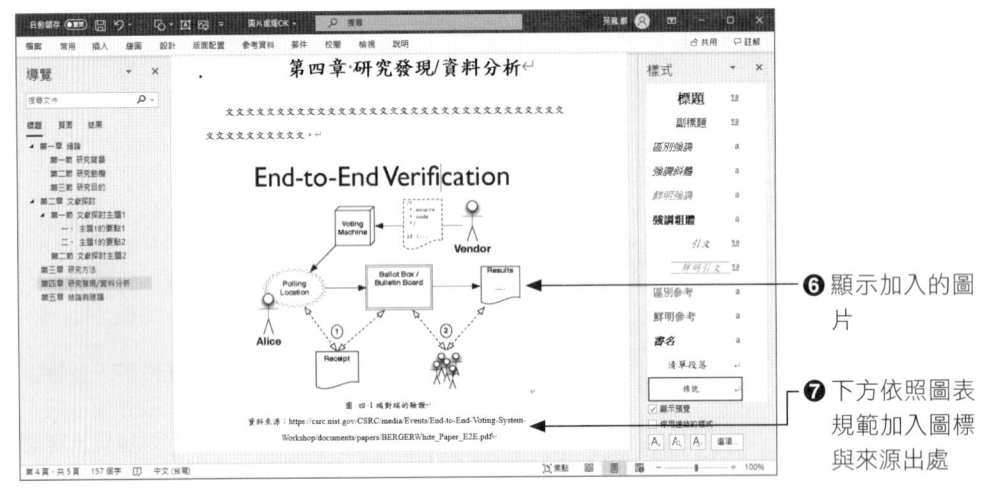

❺ 當螢幕變成灰白色，滑鼠游標變成黑色十字時，以滑鼠拖曳出要擷取的範圍，放開滑鼠時，該範圍就直接插入到論文中

❻ 顯示加入的圖片

❼ 下方依照圖表規範加入圖標與來源出處

　　由於利用「螢幕擷取畫面」功能是將擷取的圖直接插入至論文中，建議最好可以把圖片加以「另存成圖片」保存下來，以備不時之需。

4-26

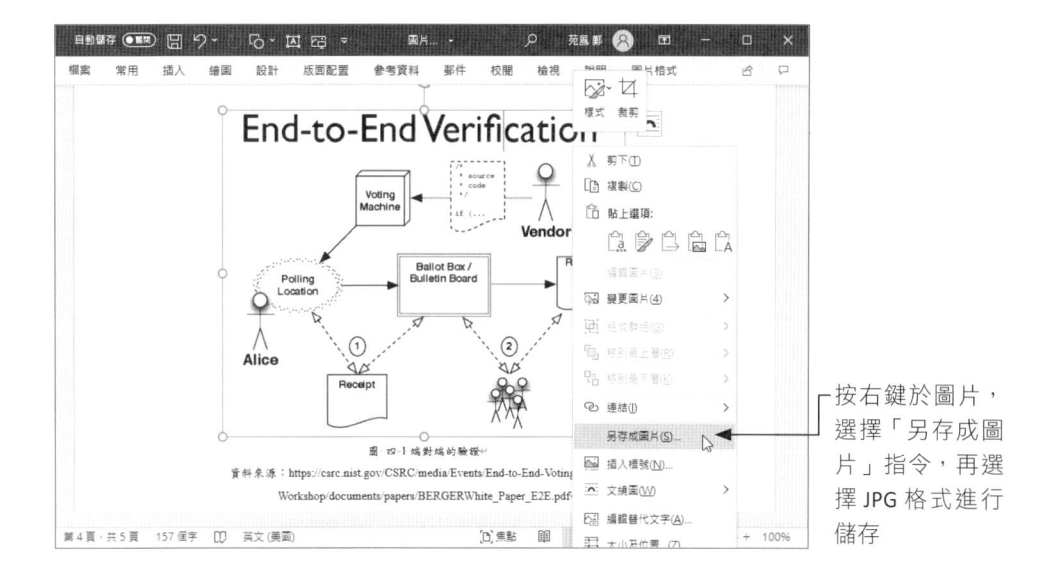

按右鍵於圖片，選擇「另存成圖片」指令，再選擇 JPG 格式進行儲存

4-3-2 剪裁與調整圖片

當論文中所要插入的圖片是利用相機翻拍下來的圖，或是使用掃描器掃描而成的圖，通常這樣的圖片資料還需要利用影像繪圖軟體加以修正。如果你沒有繪圖軟體也沒有關係，因為 Word 裡面也有提供旋轉、裁剪、及調整功能可供你使用。這裡就以智慧型手機的「相機」所翻拍的相片作為示範說明。

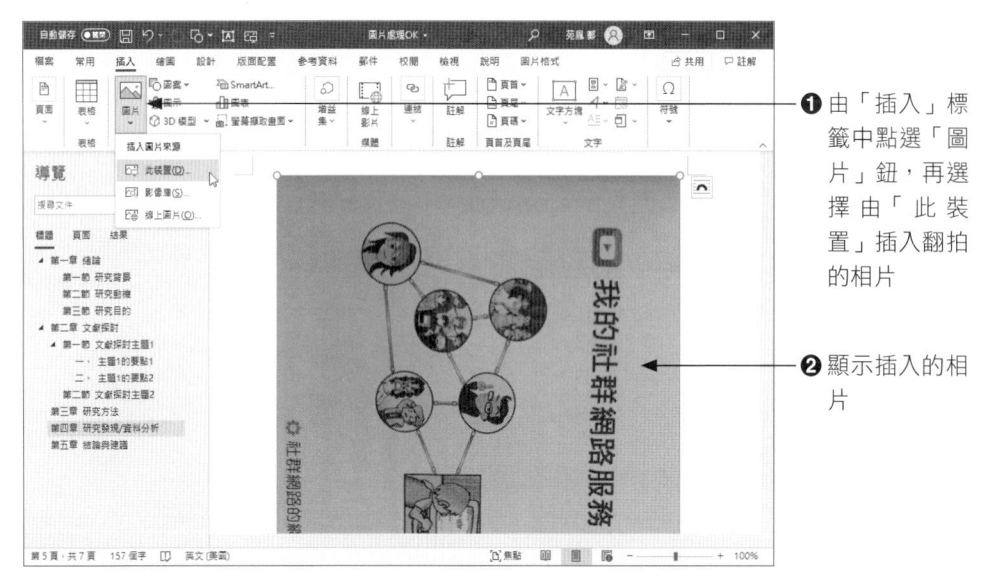

❶ 由「插入」標籤中點選「圖片」鈕，再選擇由「此裝置」插入翻拍的相片

❷ 顯示插入的相片

4-27

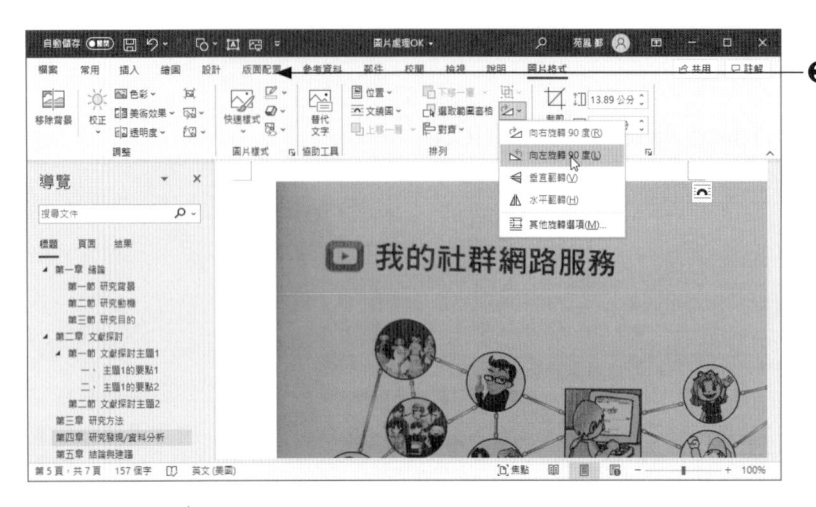

❸ 由「圖片格式」標籤按「旋轉」鈕，下拉選擇「向左旋轉 90 度」

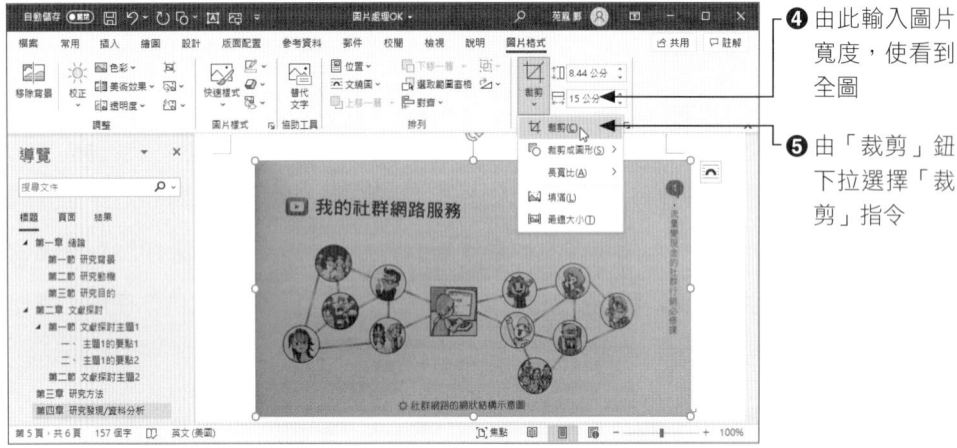

❹ 由此輸入圖片寬度，使看到全圖

❺ 由「裁剪」鈕下拉選擇「裁剪」指令

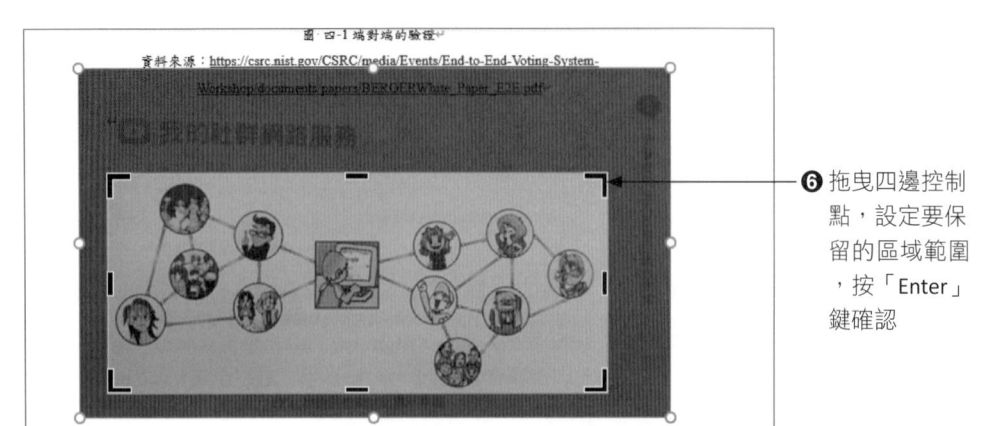

❻ 拖曳四邊控制點，設定要保留的區域範圍，按「Enter」鍵確認

4-28

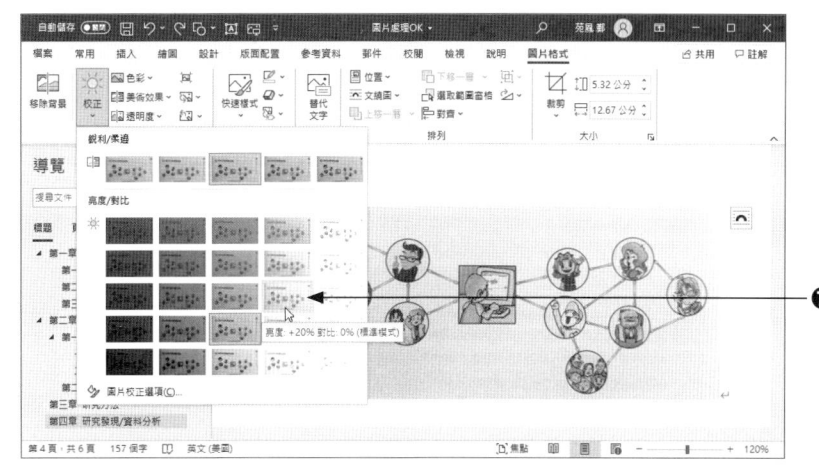

❼ 由「校正」下拉選擇要套用的亮度與對比值

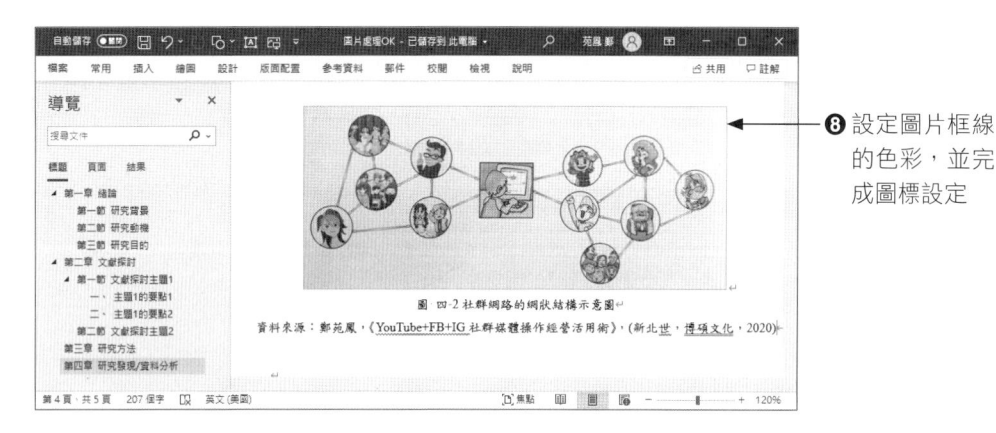

❽ 設定圖片框線的色彩,並完成圖標設定

4-3-3 壓縮圖片

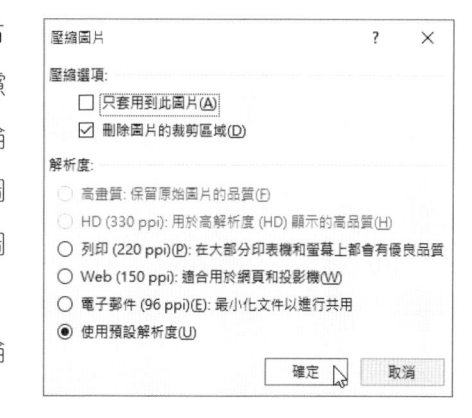

當論文中插入大量的圖片,且很多圖片都有經過剪裁,那麼不妨在論文結束前考慮壓縮圖片,讓那些被裁切掉的部分徹底從論文中刪除,而不是被隱藏起來。點選任一圖片後,由「圖片格式」標籤按下「壓縮圖片」鈕,勾選「刪除圖片的裁剪區域」的選項,才能真正將圖片裁切掉的地方從論文中刪除。

4-29

4-4 統計圖表的應用

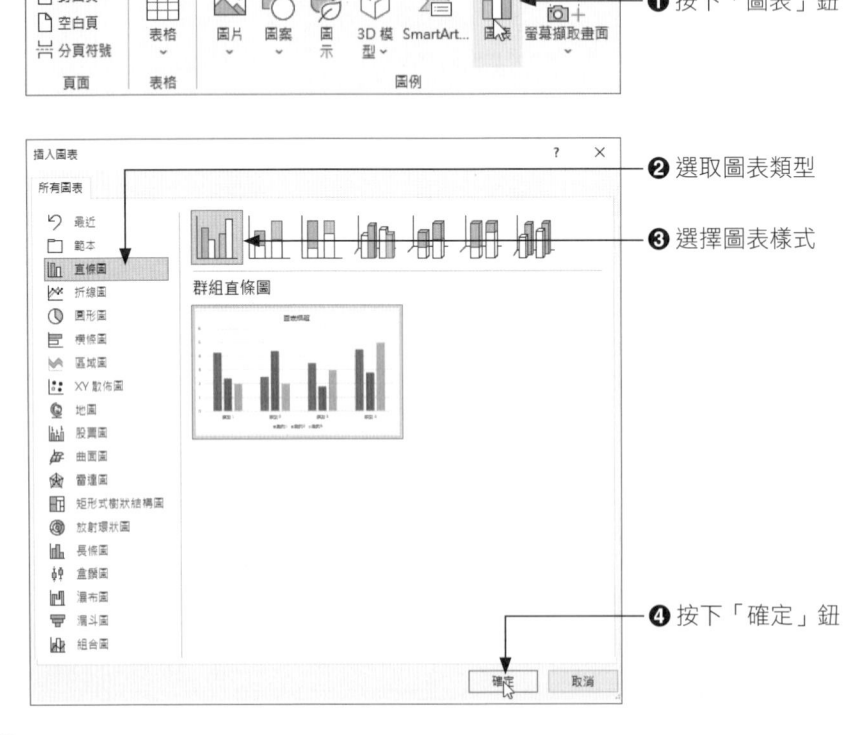

論文中需要加入與數據有關的資料,以便說明和比較,通常都是透過「插入」標籤的「圖表」功能來處理,因為將複雜的統計數據以簡單的圖表呈現,不但易於將抽象資料具體化,也能讓觀看者一目了然。

4-4-1 插入圖表

要在論文中插入圖表,請由「插入」標籤按下「圖表」鈕,接著根據圖表用途選擇適切的圖表類型與樣式,諸如:圓形圖、橫條圖、直線圖、折線圖…等,即可進入圖表的編輯狀態。

❶ 按下「圖表」鈕
❷ 選取圖表類型
❸ 選擇圖表樣式
❹ 按下「確定」鈕

❺ 進入圖表編輯狀態

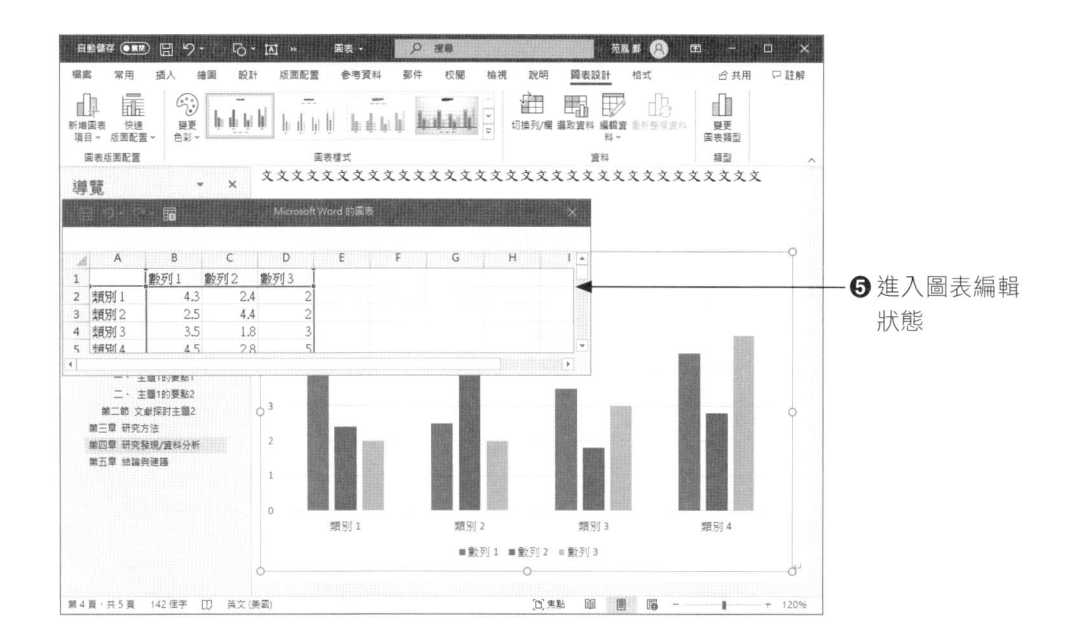

4-4-2 編修圖表資料

進入圖表編輯狀態後，請在顯現的工作表上輸入資料，就可以在後方看到變更後的圖表。

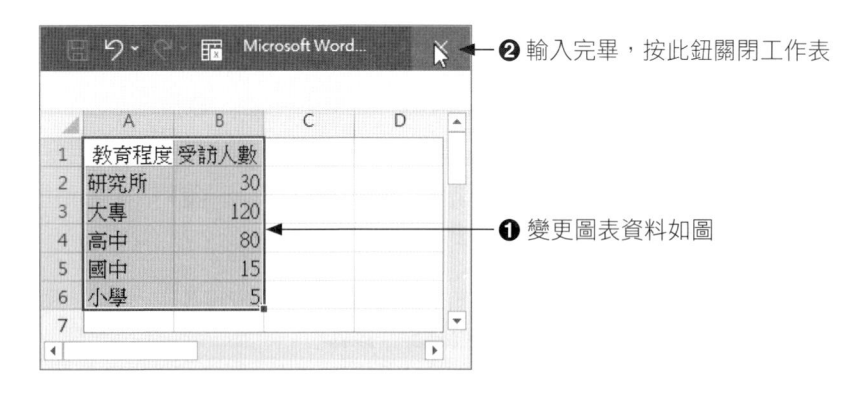

❷ 輸入完畢，按此鈕關閉工作表

❶ 變更圖表資料如圖

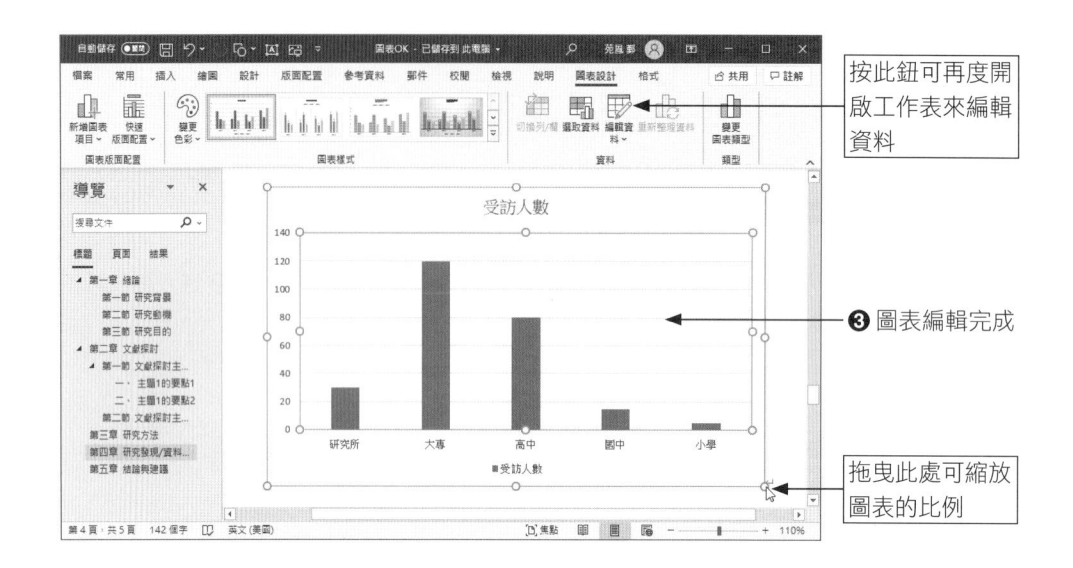

4-4-3 變更版面配置／樣式／色彩

對於預設的圖表版面配置如果不甚滿意，由「圖表設計」標籤的「圖表版面配置」群組，即可快速套用版面配置，也可以自行新增圖表項目。

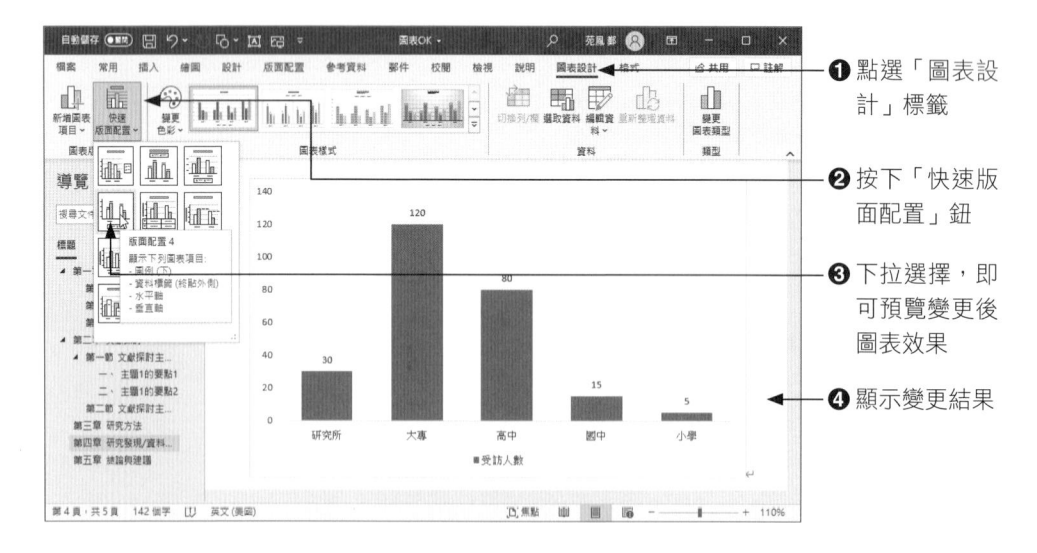

表與圖的應用

圖表建立後,「圖表設計」標籤提供各種的快速樣式可供套用,另外,按下「變更色彩」鈕也可以變更圖表顏色。

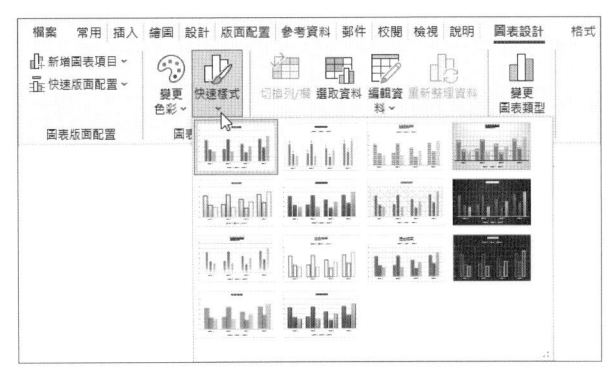

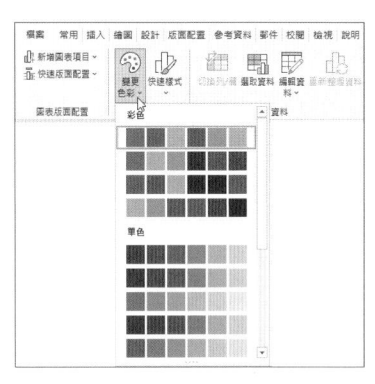

圖表樣式　　　　　　　　　　　變更圖表色彩

如果需要針對其中某一圖形作顏色的強調,只要在該圖形上按 2 次滑鼠左鍵,該圖形即可被選取,再由「格式」標籤的「圖案填滿」按鈕下拉變更顏色。

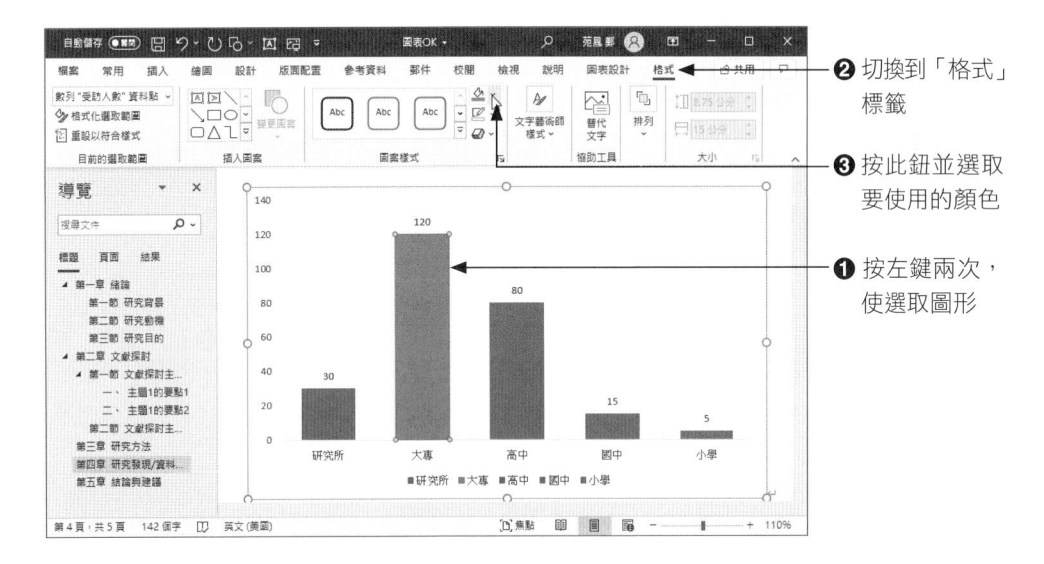

❶ 按左鍵兩次,使選取圖形

❷ 切換到「格式」標籤

❸ 按此鈕並選取要使用的顏色

4-33

4-4-4 變更圖表類型

雖然開始已經選定要使用的圖表類型,但是圖表資料製作完成後卻想要變更其他的圖表類型,那麼只要從「圖表設計」標籤中按下「變更圖表類型」鈕,就能在「變更圖表類型」的視窗中重新選擇圖表類型與樣式。

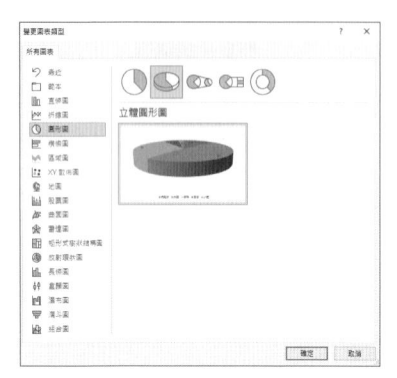

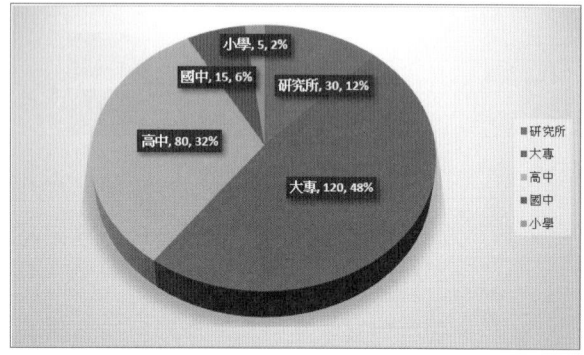

4-4-5 插入 Excel 工作表

在做市場調查時,經常會運用到 Excel 做資料處理和運算,如果你已經有現成的市調結果,想要將插入到 Word 論文當中,可以使用「插入/物件」的方式來處理。

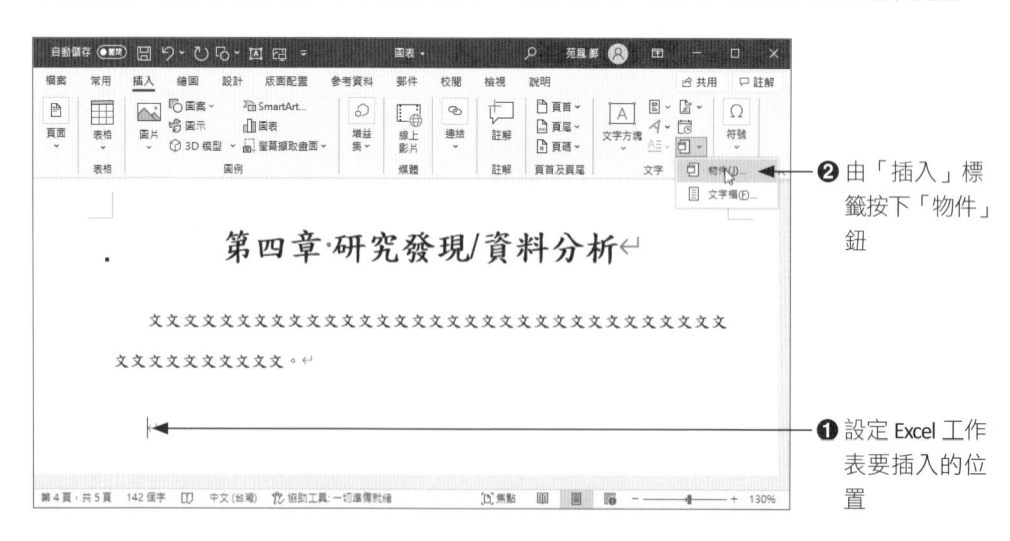

❶ 設定 Excel 工作表要插入的位置

❷ 由「插入」標籤按下「物件」鈕

4-34

表與圖的應用 4

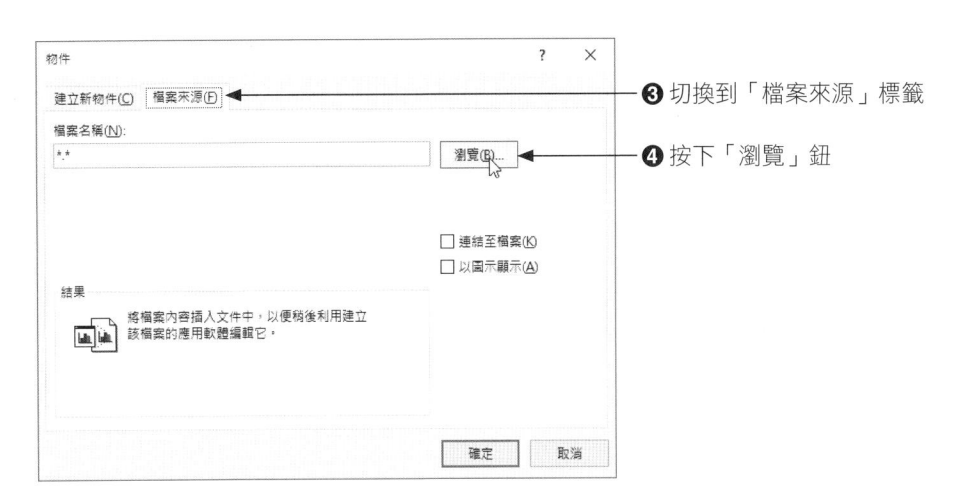

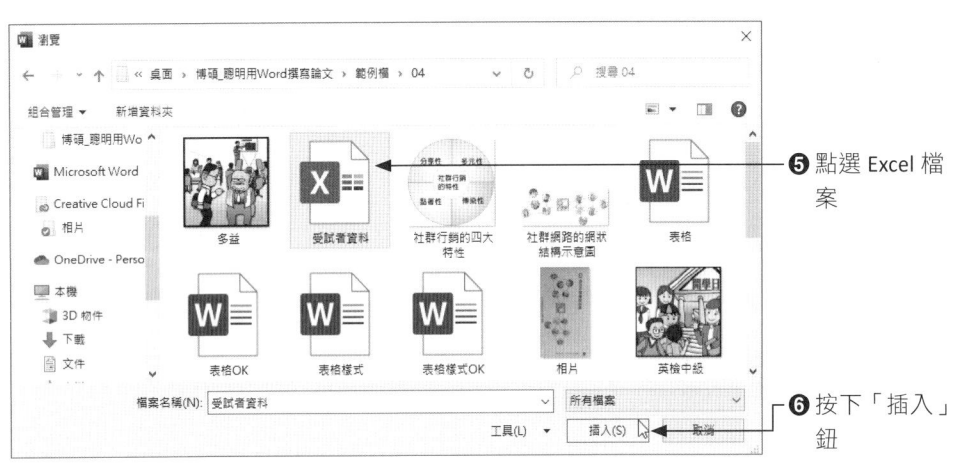

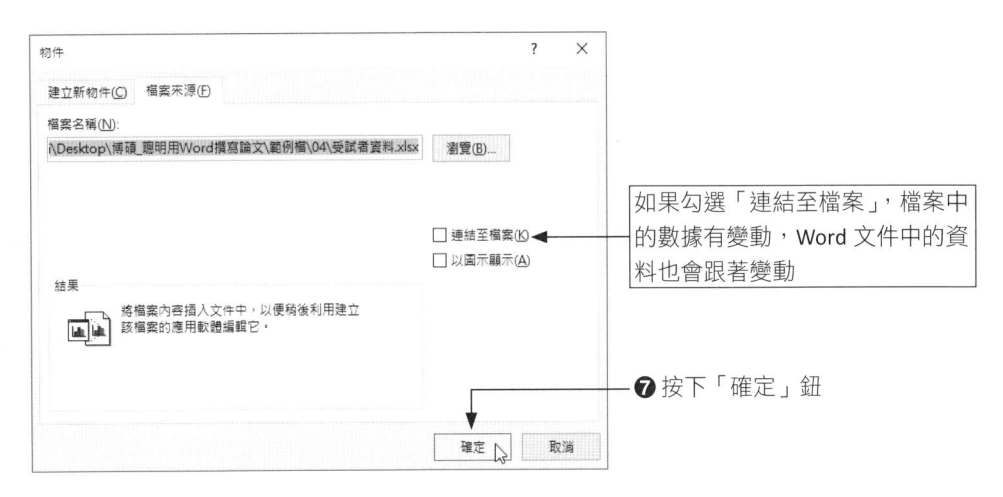

❸ 切換到「檔案來源」標籤

❹ 按下「瀏覽」鈕

❺ 點選 Excel 檔案

❻ 按下「插入」鈕

如果勾選「連結至檔案」，檔案中的數據有變動，Word 文件中的資料也會跟著變動

❼ 按下「確定」鈕

4-35

❽ 顯示插入進來的工作表

提醒各位注意的是，如果插入的 Excel 物件只有一張工作表，各位可以依照剛剛的插入方式插入工作表，如果插入的物件是在同一個 Excel 檔案內的多個工作表時，那麼請先將工作表切換到要使用的位置上，再重新執行一次插入 Excel 物件的動作就可以了。

同一個 Excel 檔案中包含的兩個工作表

4-5 插入 SmartArt 圖形與圖案

SmartArt 圖形是資訊和想法的視覺表示，Word 提供各種的版面配置，只要從版面配置中選擇想要表達的圖形類別，就可以快速建立 SmartArt 圖形。要注意的是，使用 SmartArt 圖形時，文字量應該要做簡化處理，也就是將文字內容摘要出重點，這樣圖形才能展現最佳的效果。

4-5-1 內容圖形化的使用時機

圖形是視覺溝通最佳的方式，冗長的文字一旦換成圖形的表現方式，就會讓內容變得簡單清晰。SmartArt 圖形在建立時並不需要包含數據資料，但是在使用圖形前必須先確認一下資訊的類型，因為不同圖形配置代表不同的內涵與意義，所以下面列出 SmartArt 圖形常用的類型與使用時機供各位參考。

- 清單：以條列方式顯示非循序性或群組區塊的資訊，所有文字的強調程度相同，不需指示方向。
- 流程圖：用來顯示工作流程、程序或時間表中的步驟。
- 循環圖：以循環流程來表示階段、工作或事件的連續順序，強調階段或步驟勝於箭號或流程的連接。
- 階層圖：用來建立有上下階層關係、順行次序的組織、或是群組間之的階層關聯。
- 關聯圖：用來比較、顯示項目之間的關聯性或重疊的資訊。
- 矩陣圖：顯示內容與整體之間的關聯性。
- 金字塔圖：用於顯示比例關係，或者顯示向上或向發展的關係。

4-5-2 插入 SmartArt 圖形

想要在文件中插入 SmartArt 圖形，由「插入」標籤按下「SmartArt」鈕，就可以由下面的視窗中選擇要插入的圖形類別與配置方式。

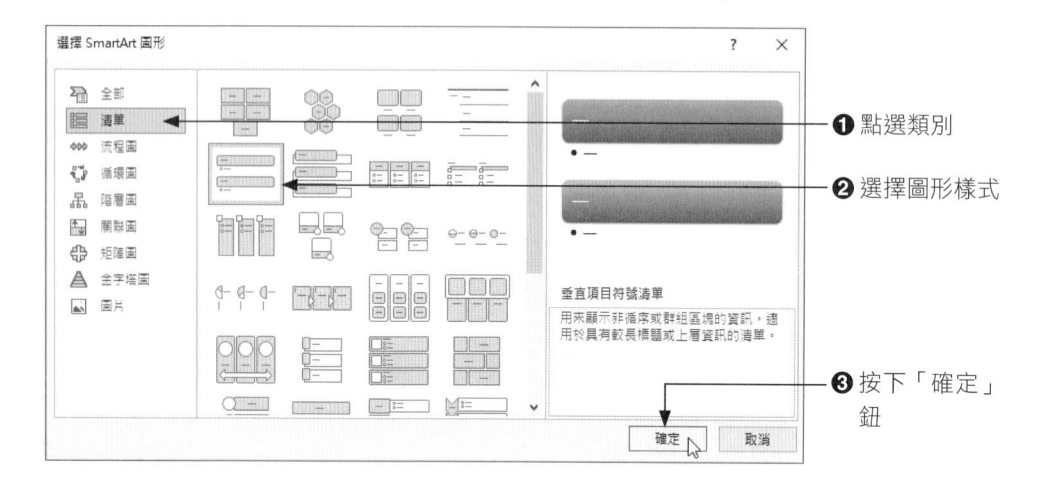

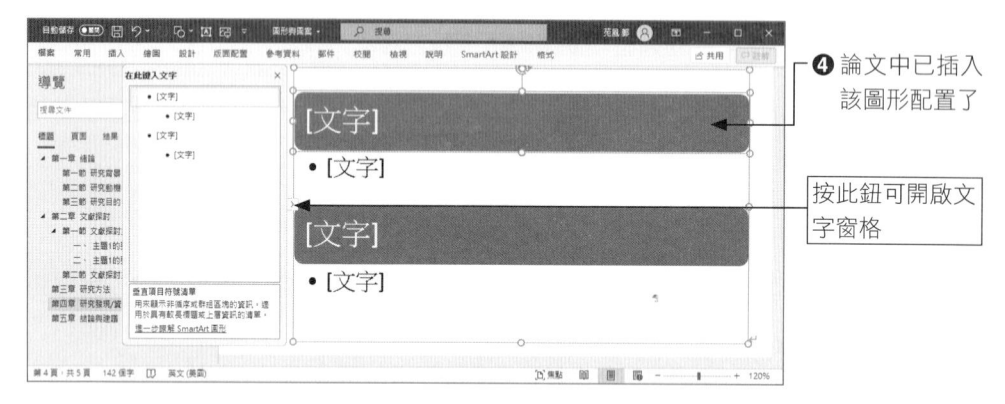

❶ 點選類別
❷ 選擇圖形樣式
❸ 按下「確定」鈕
❹ 論文中已插入該圖形配置了

按此鈕可開啟文字窗格

4-38

4-5-3 以文字窗格增 / 刪 SmartArt 結構

基本的圖形配置出現後，接下來由「SmartArt 設計」標籤按下「文字窗格」按鈕使顯示文字窗格，直接點選圖案或下層的項目符號即可輸入文字內容，若按下「Enter」鍵會自動新增同一層級的項目符號。

預設的圖形版面若不敷使用，可按下「SmartArt 設計」標籤的「新增圖案」鈕，再下拉選擇「新增後方圖案」指令，也可以在文字窗格裡利用「設計」標籤中的「升階」、「降階」鈕來控制層級。如此就可以完成。

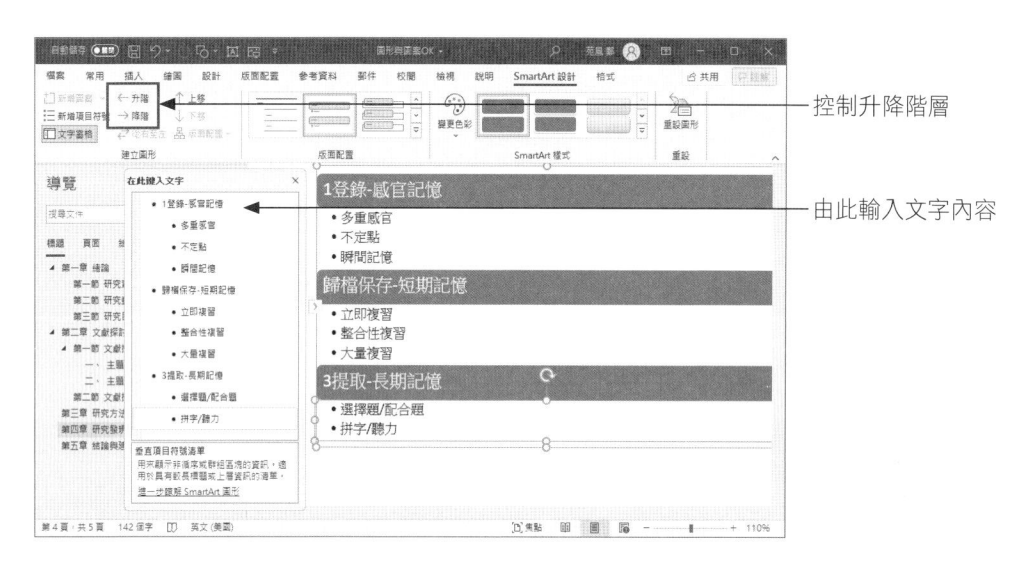

4-5-4 更改 SmartArt 版面配置

輸入文字內容後，如果因為版面編排的關係，想要更換其他類型的圖形配置，只要從「SmartArt 設計」標籤中按下「改變版面配置」鈕即可重新選擇，這樣原先輸入的文字內容就不需要再重新輸入了。

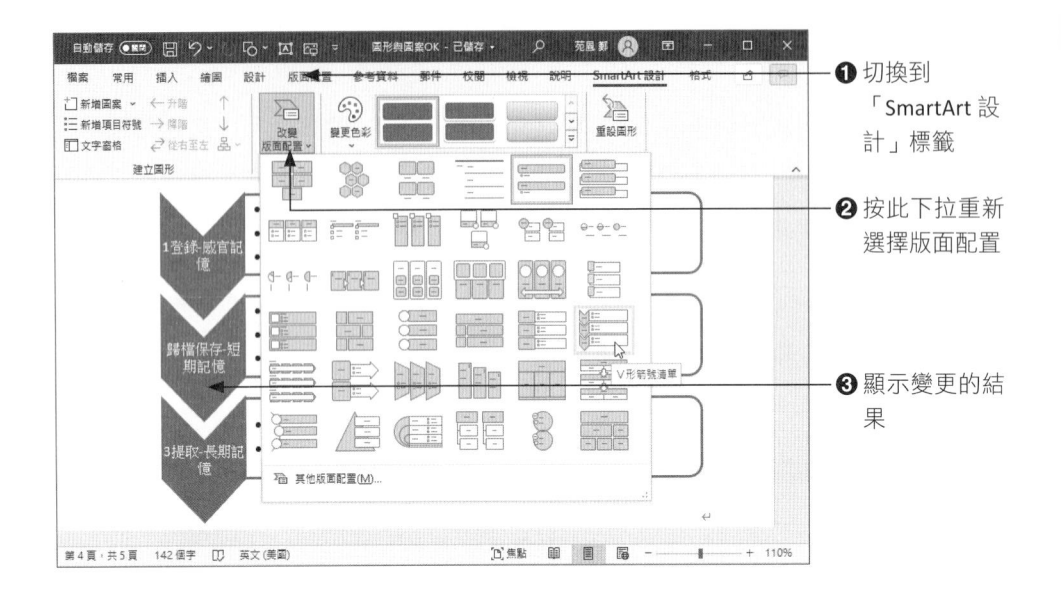

❶ 切換到「SmartArt 設計」標籤

❷ 按此下拉重新選擇版面配置

❸ 顯示變更的結果

4-5-5 SmartArt 樣式的美化

選定圖形的版面配置後,還可以由「SmartArt 設計」標籤針對 SmartArt 的樣式做選擇,也可以針對色彩做變更。

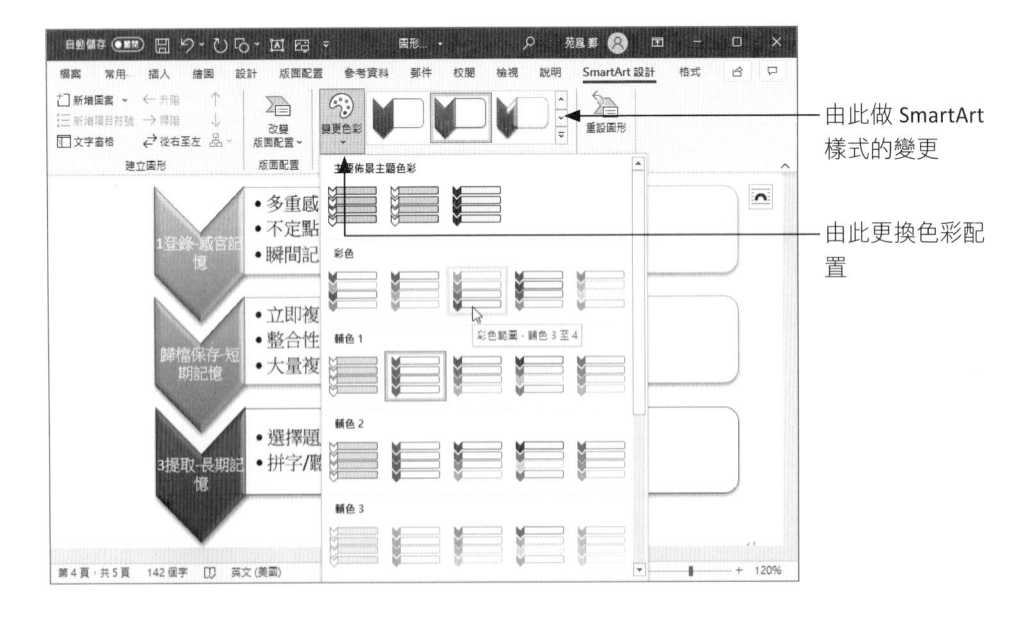

由此做 SmartArt 樣式的變更

由此更換色彩配置

上面介紹的是調整 SmartArt 的整體外觀，如果是要做局部的外觀修改，請切換到「格式」標籤，再針對選定的項目進行圖案的填滿、外框、效果，或是文字的填滿、外框、效果進行變更。

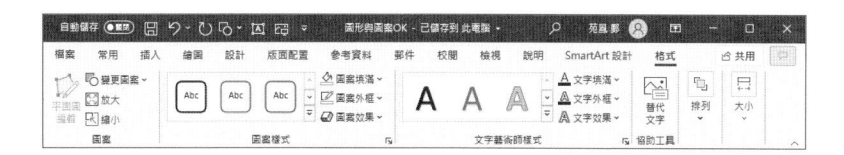

4-5-6 繪圖畫布的新增與應用

剛剛我們利用 Word 所提供的 SmartArt 功能可以加快你圖形繪製的速度，如果你要表現的邏輯概念或示意圖並不在 SmartArt 圖形所能呈現的範圍，那麼也可以利用「插入」標籤中的「圖案」功能來自行繪製。

利用「圖案」功能繪製圖形時，建議各位先考慮使用「新增繪圖畫布」的功能來處理，此功能可以將所有圖案直接繪製在一張畫布上，在處理圖形編排時，畫布只是一個物件，比較容易調整它的位置。

要新增繪圖畫布，請由「圖案」按鈕下拉選擇「新增繪圖畫布」指令，就會在文件上看到新畫布，接著在畫布中畫出所需的圖形即可。

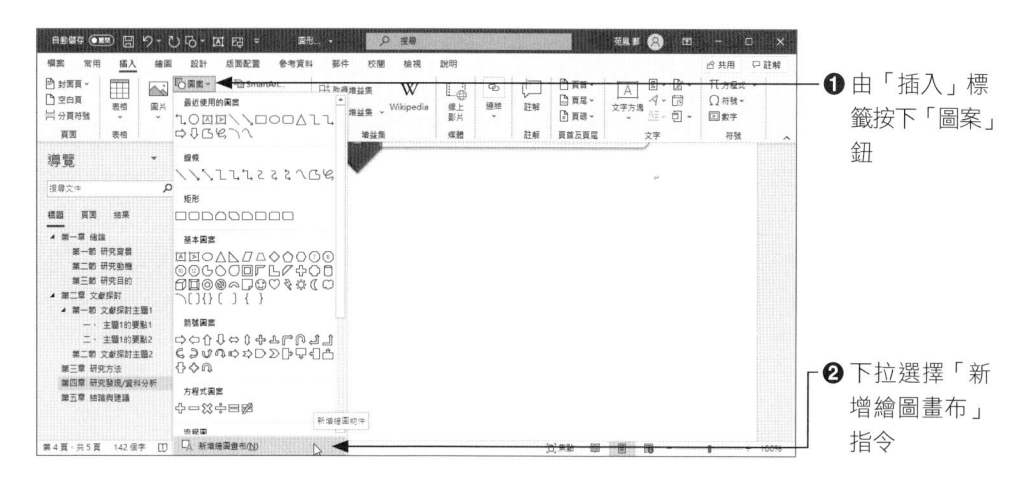

❶ 由「插入」標籤按下「圖案」鈕

❷ 下拉選擇「新增繪圖畫布」指令

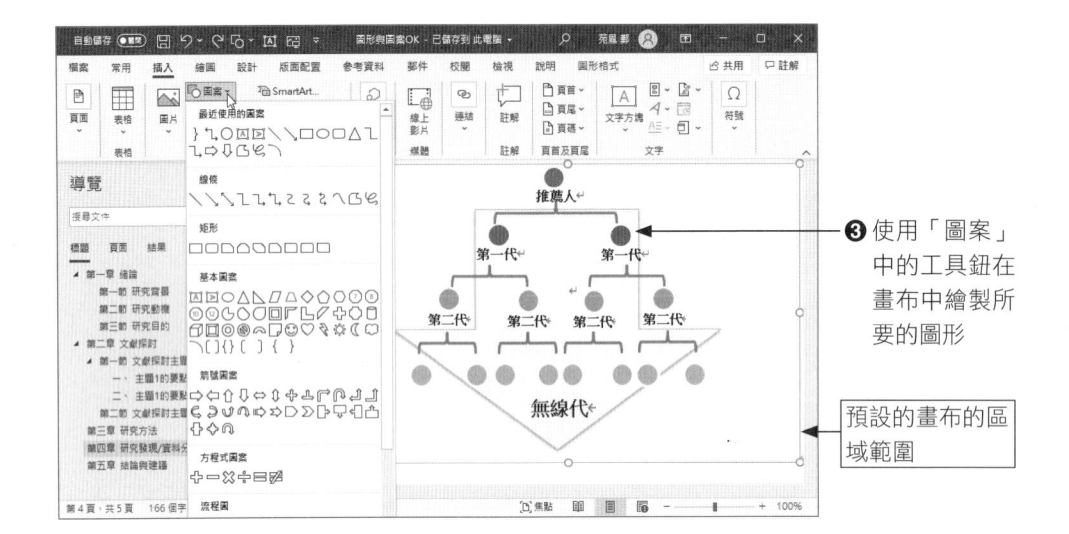

❸ 使用「圖案」中的工具鈕在畫布中繪製所要的圖形

預設的畫布的區域範圍

CHAPTER

5

篇前設定

5-1 製作論文範本

5-2 設定封面及標題頁（書名頁）

5-3 設定簽名頁

5-4 設定序言／謝誌

5-5 設定中／英文摘要

5-6 設定頁碼及頁首資訊

5-7 目錄設定

5-8 主控文件應用 - 論文合併

精準駕馭 **Word!** 論文寫作絕非難事

當論文撰寫的的差不多時，各位就要開始進行篇前的製作，篇前包含封面、標題頁、授權頁、序言或誌謝詞、中英文摘要、目錄等頁面，另外，頁碼的設定、範本檔的設定、論文合併的技巧，我們一併在此做解說。

5-1 製作論文範本

撰寫的論文如果包含數十頁或數百頁時，在編輯文件時會比較耗損時間。對於書冊的排版，如果懂得使用主控文件的功能，就可以將多個文件串接起來。所以編輯論文時，你可以篇前的標題頁至序言／謝誌儲存成一個文件檔，目錄、正文與篇後儲存為另一個文件，屆時再將兩份子文件合併到主控文件中。

特別注意的是：主控文件並不會包含各個獨立的文件內容，而是透過超連結來指向這些子文件。另外，必須確保主控文件的頁面配置與子文件相同，同時主控文件中所使用的樣式與子文件相同，這樣才能做合併的動作，所以這裡要先跟各位說明如何製作範本。

範本（Templates）又稱樣式庫，是一群樣式的集合，同時它也包含了版面的設定，諸如：紙張大小、邊界寬度、頁首頁尾等設定。如果在建立新文件時，能同時載入已設定好的範本，這樣就能加速長篇文章的編排速度，省去機械式的重複設定動作，而直接進入新章節的內容編排。

使用範本可以讓長篇文件的製作變得快速而有效率，在範本中可以儲存以下幾種內容：

- 版面設定：包含紙張大小、邊界、頁面方向、分欄、頁首頁尾等相關設定。
- 段落與字元樣式：包含使用者自訂的各種樣式，以及 Word 所內建的樣式。
- 版面編排內容：也可以儲存預先設定好的文字方塊、表格、圖片、或圖形，就如同各位在 Office 線上所下載的各種的線上範本。

所以只要是經常使用的表格、每月例行的報告、合約、告示、書冊排版…等，都可以考慮將它儲存為範本。同樣地，同一學院或同一系所所規定論文格式都相同，所以你可以將設定完成的頁面與格式轉存成為「範本」，這樣就可以提供給同學或學弟妹們共同使用。屆時開啟空白文件時，編修工作只剩下文字資料的處理，而不需要再耗費時間設定論文版面。

5-1-1 範本格式

Word 文件的附檔名為 *.doc 或 *.docx，Word 範本的附檔名則為 *.dotx 或 *.dot，二者都是 Word 檔案，所不同的是範本檔可以建立其他相類似的文件，讓新文件可以承襲範本原先的設定。

5-1-2 儲存文件為範本檔案

各位可以在論文的正文做得差不多時，將文件內容全部刪除後儲存為範本，請由「檔案」標籤執行「另存新檔」指令，由檔案類型下拉選擇「Word 範本」後，資料夾會自動切換到「文件 / 自訂 Office 範本」，輸入名稱後直接按下「儲存」鈕儲存範本就可以了。

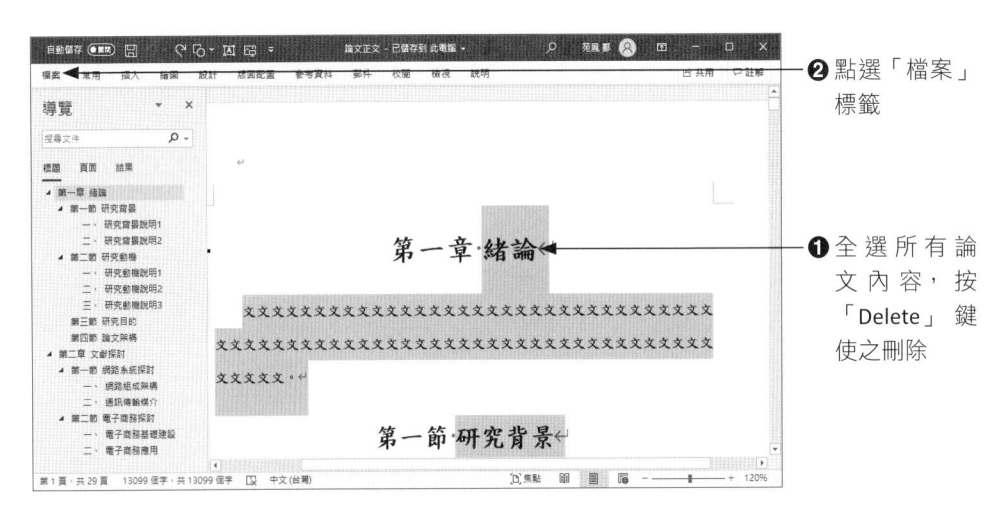

❷ 點選「檔案」標籤

❶ 全選所有論文內容，按「Delete」鍵使之刪除

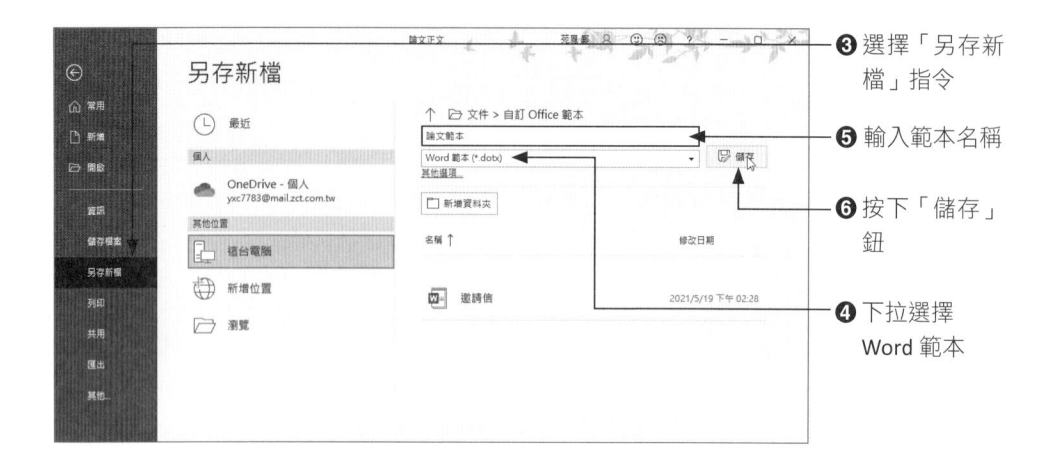

精準駕馭 Word! 論文寫作絕非難事

❸ 選擇「另存新檔」指令
❺ 輸入範本名稱
❻ 按下「儲存」鈕
❹ 下拉選擇 Word 範本

5-1-3 開啟自訂的論文範本

將論文的空白文件設定成範本後，論文範本就儲存在 Office 範本當中，下回要新增文件時，切換到「個人」標籤就可以選用論文範本。

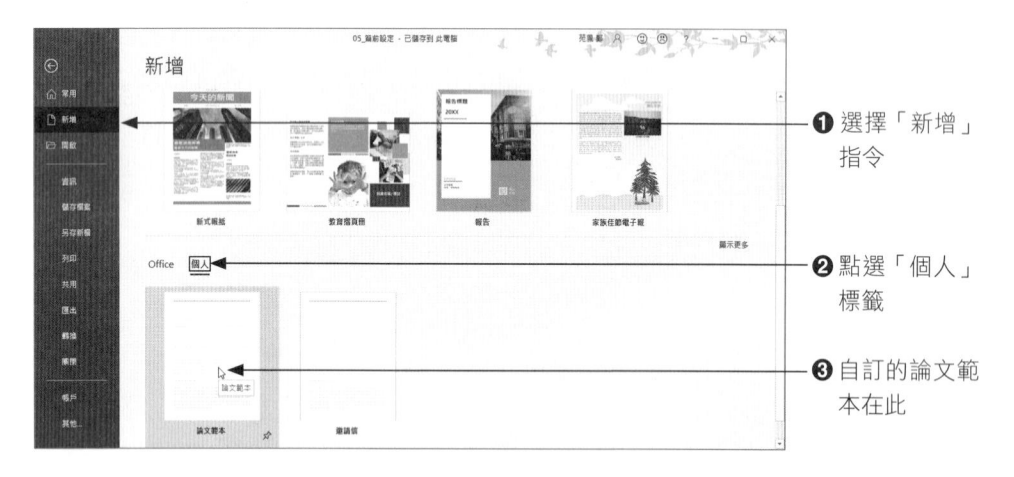

❶ 選擇「新增」指令
❷ 點選「個人」標籤
❸ 自訂的論文範本在此

5-4

5-1-4 預設個人範本存放位置

為了有效管理和使用個人所製作的範本，你也可以自行設定範本儲存的位置。請在選擇「另存新檔」指令後選擇「Word 範本」並設定名稱，經常用的範本可放置在桌面上或特定資料夾中，屆時只要在範本縮圖上按滑鼠兩下，就可以讓新文件承襲範本原先的設定。

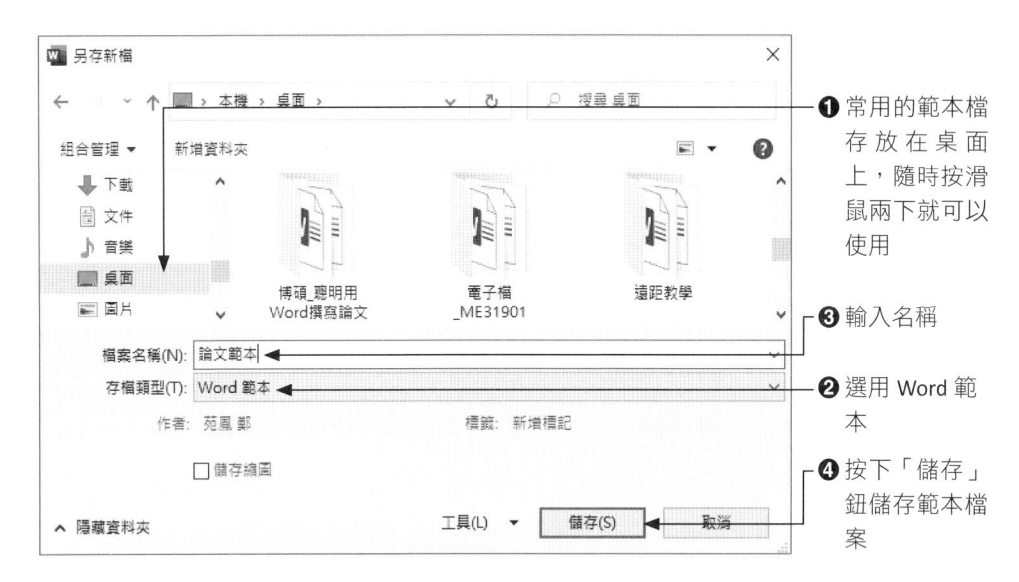

❶ 常用的範本檔存放在桌面上，隨時按滑鼠兩下就可以使用

❸ 輸入名稱

❷ 選用 Word 範本

❹ 按下「儲存」鈕儲存範本檔案

設定完成後，待會直接在桌面上按滑鼠兩下，就可以開啟空白文件，篇前的文件就以此進行設定。

5-2 設定封面及標題頁（書名頁）

論文封面各校都有一定的規範，不管是排列順序、字體大小、上下左右邊界值、間距…等，請參閱學校的規範，這裡主要針對一般性的設定作說明。

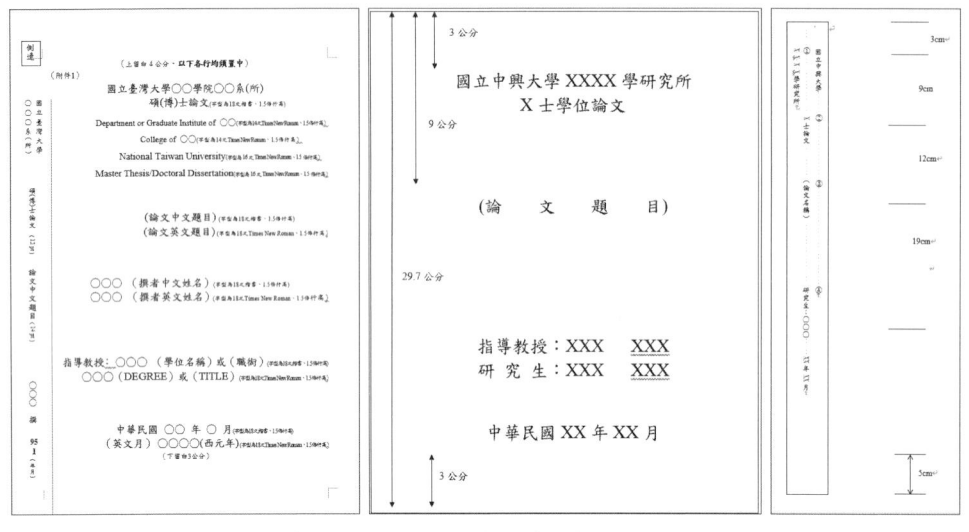

各大學對於封面及書脊的要求並不相同

5-2-1 封面規則

　　論文封面文字大都採用置中對齊，內容包含：中英文校名、院別／系所別、論文題目、指導教授、撰寫者姓名等資訊，而封面的出版年月，通常指論文完成的時間，也就是出版年月同口試月份或晚於口試的月份皆可，有的採用中式數字，有的規定以阿拉伯數字寫上年月日。上下左右邊界約留 3 公分左右，字體大多以標楷體為主，置中對齊。論文的題目如果較長，一行文字無法容納時，應以倒三角形方式排列。中文題目若有副標題者，可將副標題置於正標題之下，並以小一號字體呈現。如果有使用英文名字，最好與護照相同。一般封面不會加入頁碼、浮水印和 DOI 碼。

　　書籍的第一個印刷頁通常稱為「書名頁」，主要顯示書名、作者、編著者、出版社等資訊。而在論文翻開的第一頁通常稱為「書名頁」或「標題頁」，使用約 70 磅的白色 A4 紙進行列印，內容同封面，可視需要增加英文版的標題頁。有些會在封面與標題頁之間多留一頁空白頁，做為題贈之用。

精裝本的封面顏色多採用黑底或紅底燙金字體；平裝本封面顏色大多選用淺色系厚磅的西卡紙或雲彩紙為主，黑色字。側邊為書脊，需註明畢業年度、校院所名稱、學位、論文名稱、作者等資訊。

5-2-2　插入封面

　　請利用論文範本（.dotx）開啟空白的 doc 文件，在文件內輸入校名、系所、學位、論文題目、指導教授名字、研究生姓名、日期等資訊。各校要求的字體大小或編排順序並不相同，請依照學校要求進行設定。

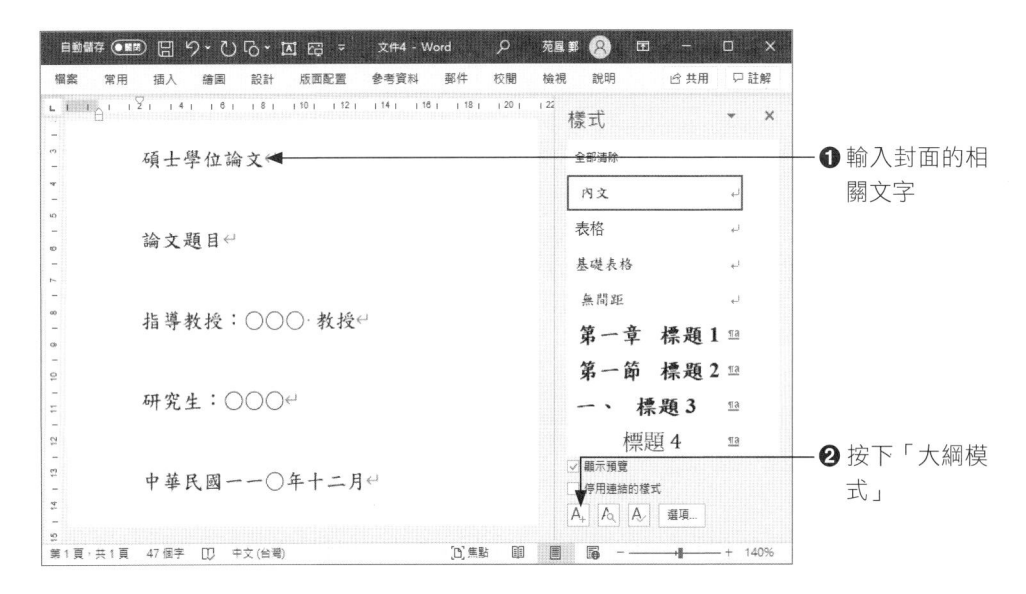

❶ 輸入封面的相關文字

❷ 按下「大綱模式」

　　輸入的文字會直接套用「內文」樣式，因此我們另外新增一個「封面標題」的樣式，方便在文件中加入封面與標題頁的頁面內容。請從「樣式」面板按下「新增樣式」鈕進行以下設定。

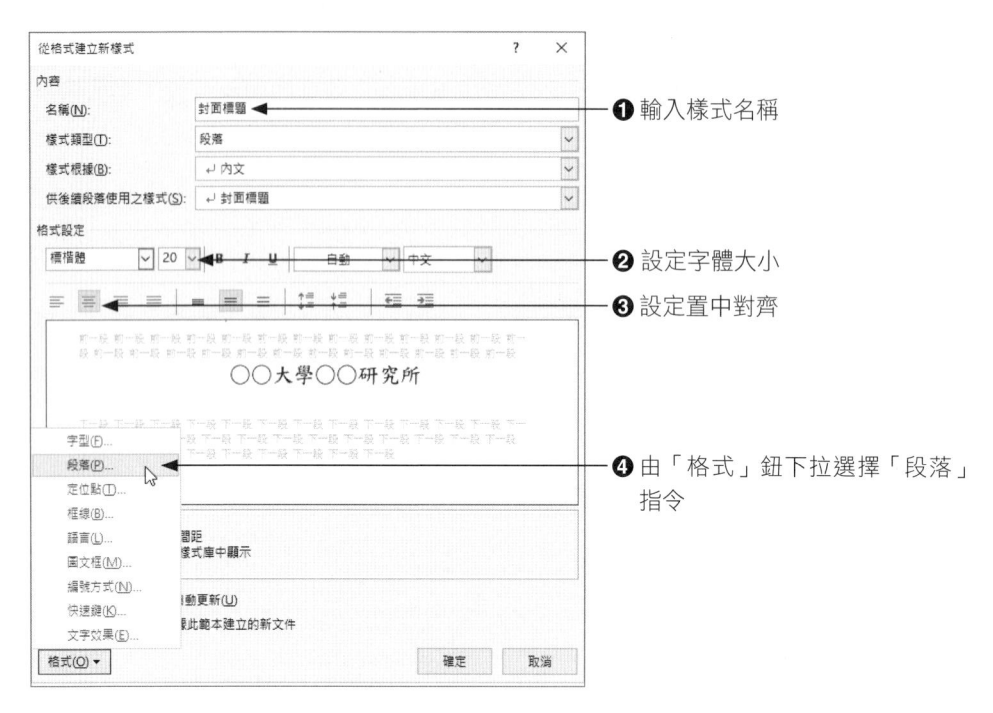

精準駕馭 Word! 論文寫作絕非難事

❶ 輸入樣式名稱
❷ 設定字體大小
❸ 設定置中對齊
❹ 由「格式」鈕下拉選擇「段落」指令
❺ 「縮排」與「段落間距」設定如圖
❻ 按下「確定」鈕離開

5-8

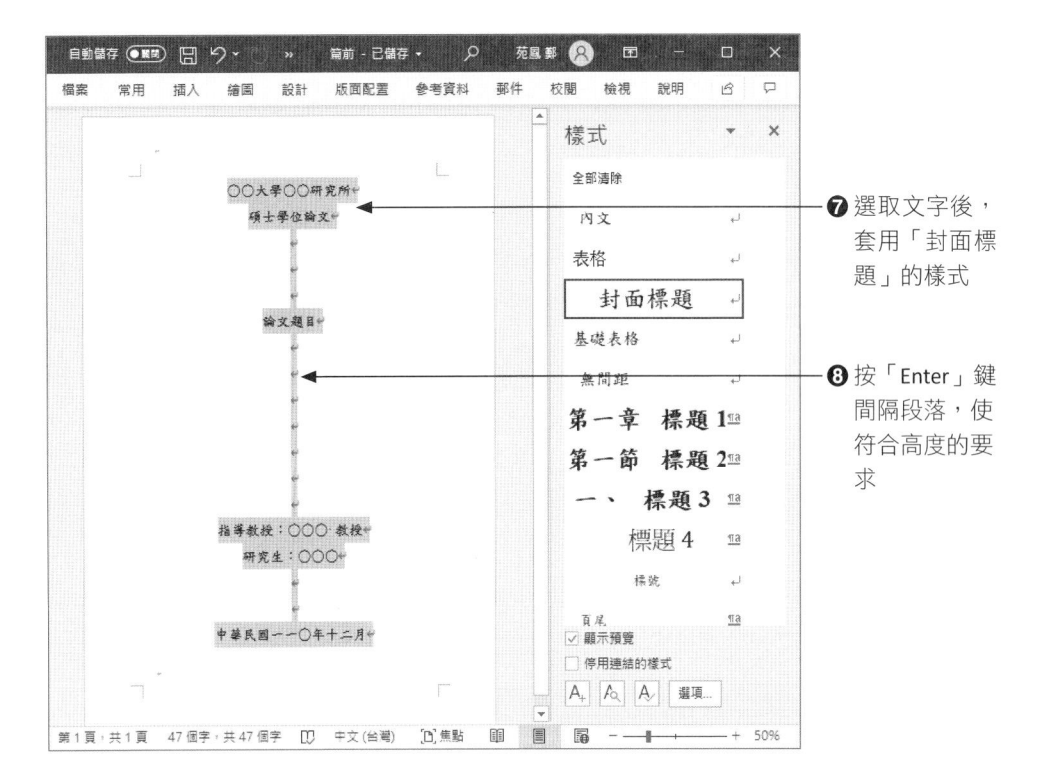

［圖示］❼ 選取文字後，套用「封面標題」的樣式

❽ 按「Enter」鍵間隔段落，使符合高度的要求

依照學校規格設定封面之後，各位可以先列印一張出來瞧瞧！看看寬高是否符合學校要求，確定 OK 後再進行「複製」與「貼上」的指令，使完成標題頁（書名頁）的設定。

5-2-3 插入空白頁或分頁符號

前面我們提到過，有些論文會在封面與標題頁（書名頁）之間多留一個空白頁做為題贈之用。如果要新增空白頁，可利用「插入」標籤中的「分頁符號」和「空白頁」來處理。

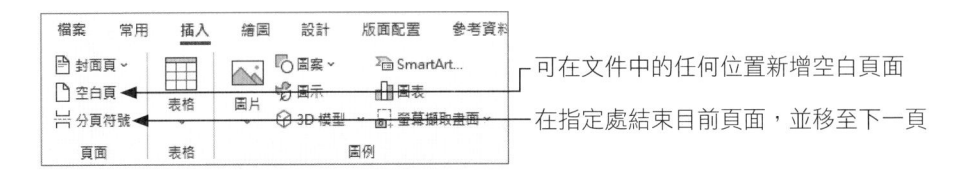

［圖示］
- 可在文件中的任何位置新增空白頁面
- 在指定處結束目前頁面，並移至下一頁

精準駕馭 Word! 論文寫作絕非難事

設定方式如下：

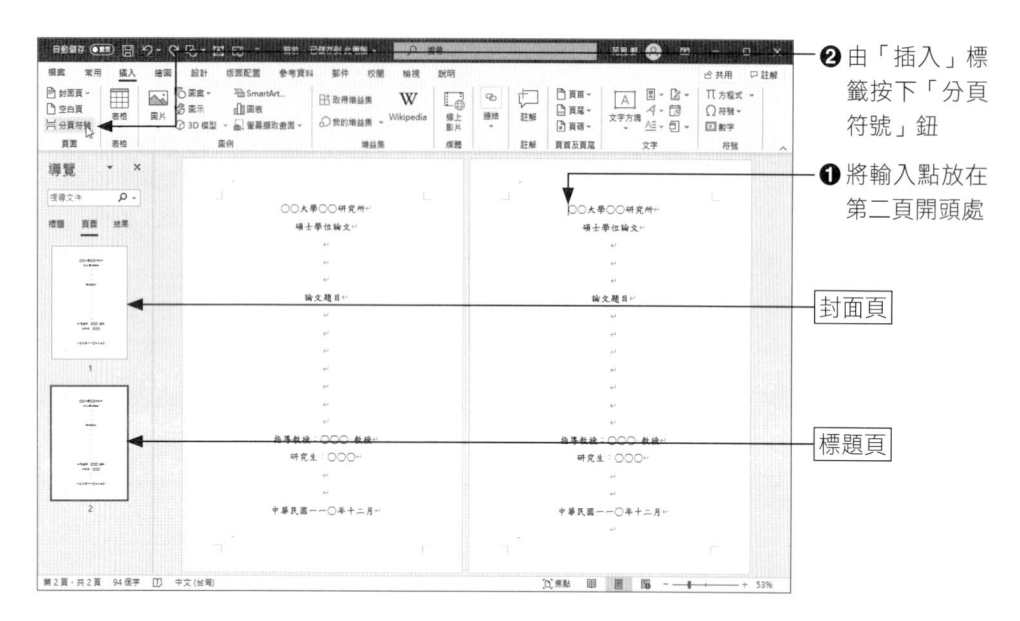

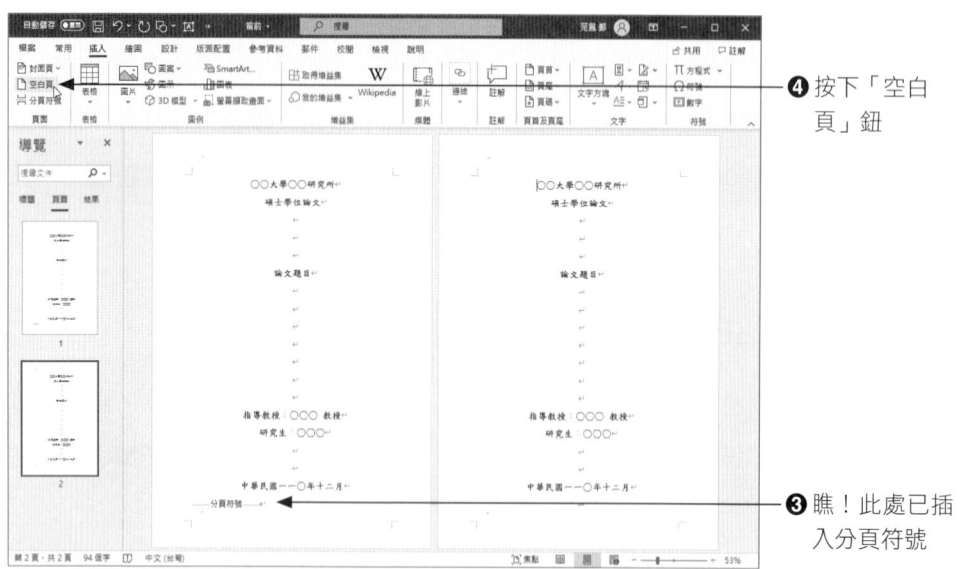

❷ 由「插入」標籤按下「分頁符號」鈕

❶ 將輸入點放在第二頁開頭處

封面頁

標題頁

❹ 按下「空白頁」鈕

❸ 瞧！此處已插入分頁符號

篇前設定 5

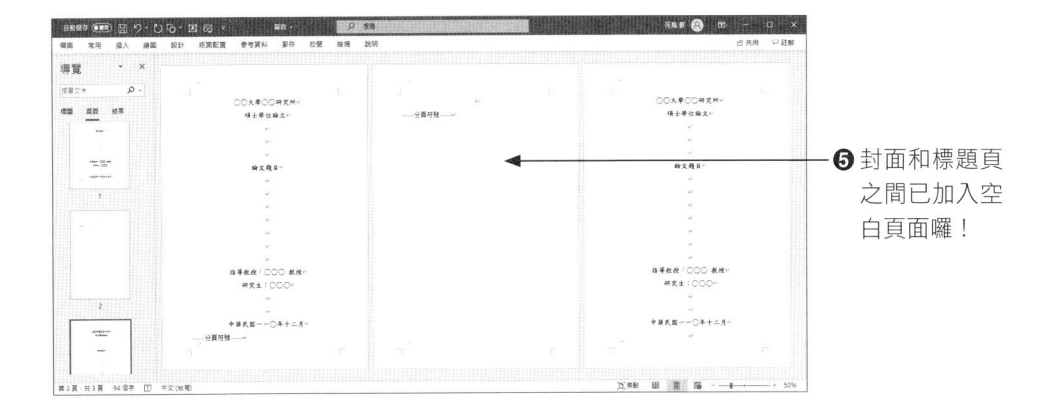

❺ 封面和標題頁之間已加入空白頁面囉！

5-3 設定簽名頁

　　簽名頁是指碩／博士學位論文口試委員會的審定書，內容主要列出系所名稱、論文的中／英文題目、口試委員簽名、系所長簽名，用以證明論文由何人於何時所完成學位論文考試，並經考試委員評定成績及格。紙本論文中的口試委員審定書，通常正本是作者自行留存，論文中只繳交影印本即可。有些學校有制式的審定書電子檔案可供下載，就不用自行設定。如下所示是口試委員會審定書的範本。

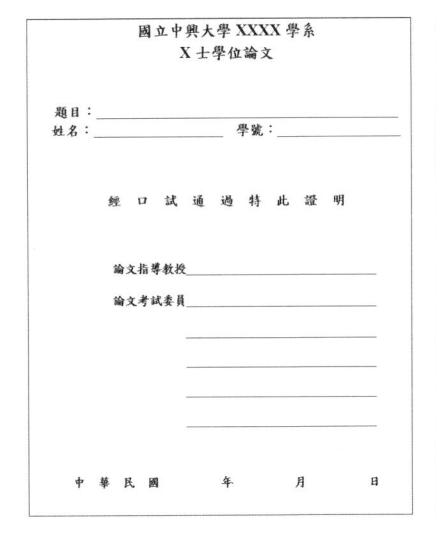

5-11

5-3-1 簽名頁規則

原則上包含系所名稱、研究生姓名、論文名稱、口試委員及研究所所長的簽名、口試合格日期，審定書通常都不標頁碼。

5-3-2 插入簽名頁

這裡我們延續前面的範例繼續進行設定。在文字部分我們仍可套用「封面標題」的樣式，至於口試委員的簽名欄位，可透過表格來處理。

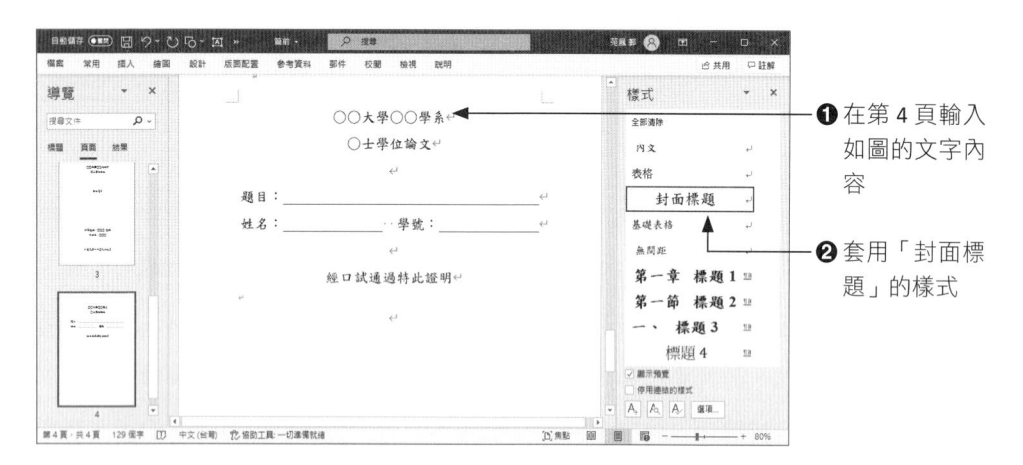

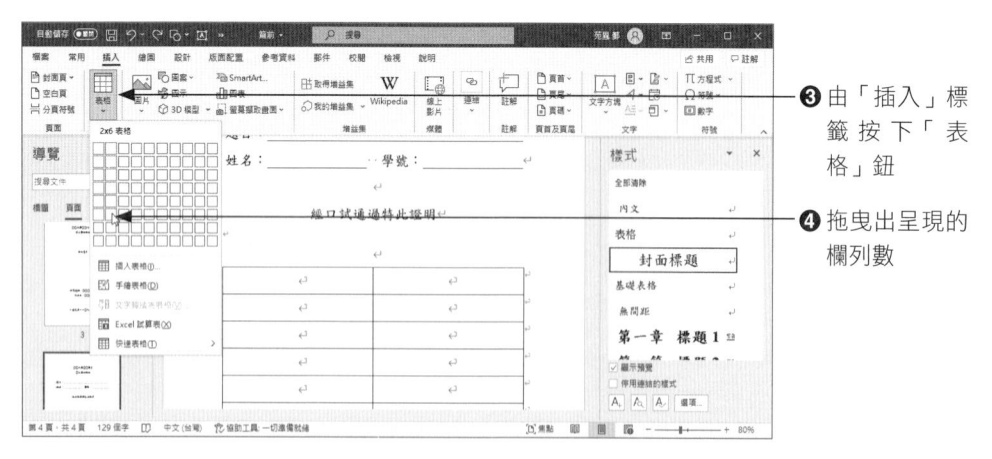

❶ 在第 4 頁輸入如圖的文字內容

❷ 套用「封面標題」的樣式

❸ 由「插入」標籤按下「表格」鈕

❹ 拖曳出呈現的欄列數

❻ 按此鈕，使選取整個表格

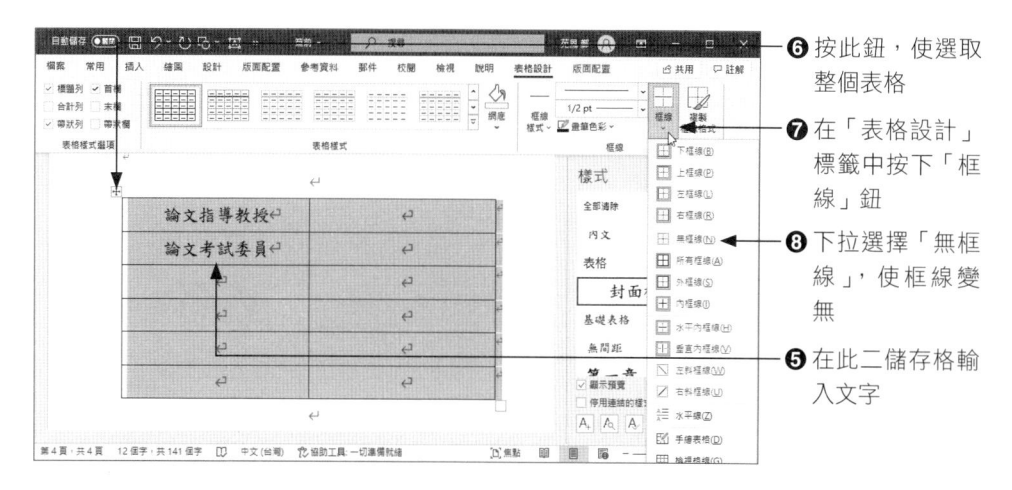

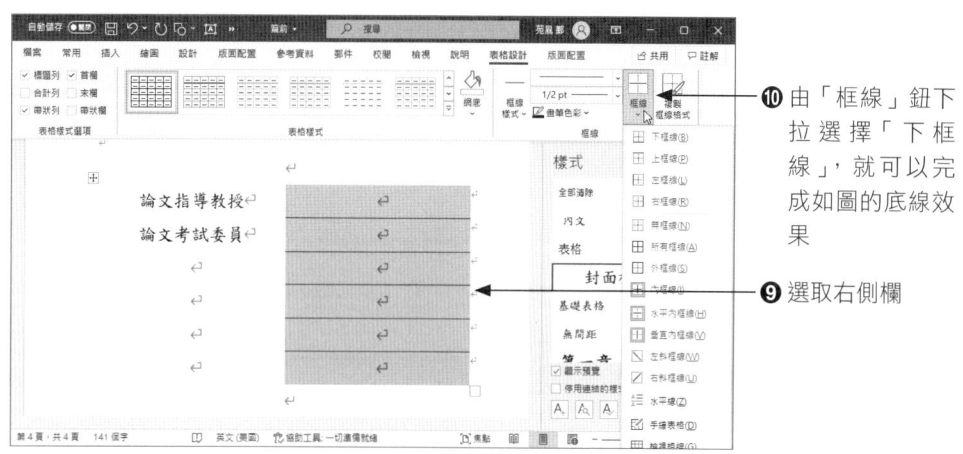

❼ 在「表格設計」標籤中按下「框線」鈕

❽ 下拉選擇「無框線」，使框線變無

❺ 在此二儲存格輸入文字

❿ 由「框線」鈕下拉選擇「下框線」，就可以完成如圖的底線效果

❾ 選取右側欄

　　由於教授的簽名欄是使用表格製作，所以選取表格後可以拉動框線來調整欄位的寬度。

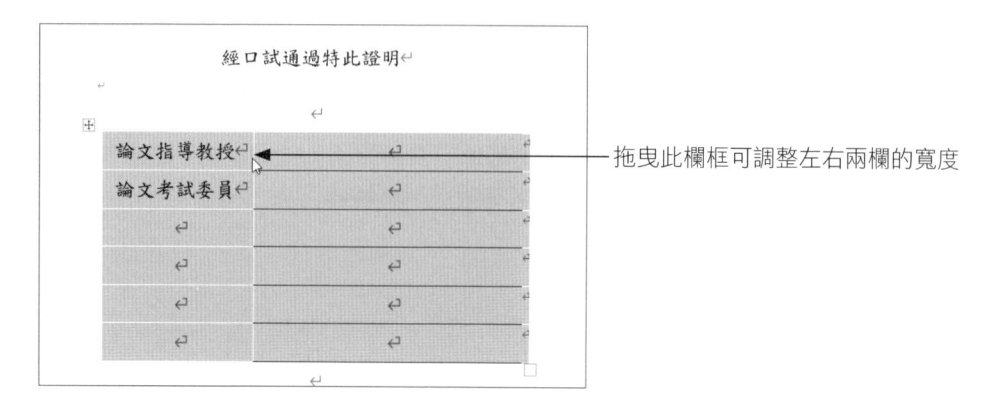

拖曳此欄框可調整左右兩欄的寬度

5-13

最後加入日期及插入分頁符號，即可完成簽名頁的設定。

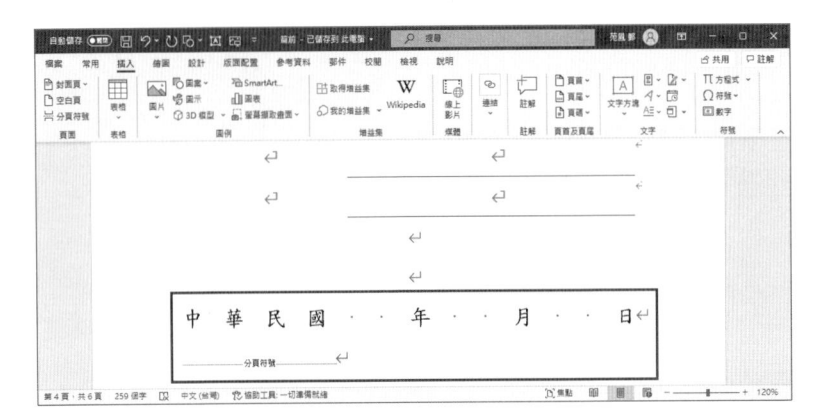

簽名頁在列印後並經過口試委員及研究所所長的簽名，可以透過掃描器掃描成圖檔再貼入 Word 文件中，屆時「文繞圖」方式設定為「文字在後」，再將圖檔拉大至整個頁面即可。

5-4 設定序言／謝誌

序言或謝誌可依個人意願來決定是否要撰寫。大多是研究生撰寫論文的感想，或是論文寫作過程中，獲得哪些教授的幫助或啟發，也可以感謝在論文寫作期間曾經給予幫助的貴人，都可列入謝誌當中。

5-4-1 序言／謝誌規則

謝誌通常以一頁為原則，內容盡量以簡單扼要為原則，誌謝辭並不需要編列頁碼。

5-4-2 插入謝誌

由於誌謝辭通常不需要編列頁碼,所以在「篇前.docx」檔案中,接續在簽名頁之後即可。

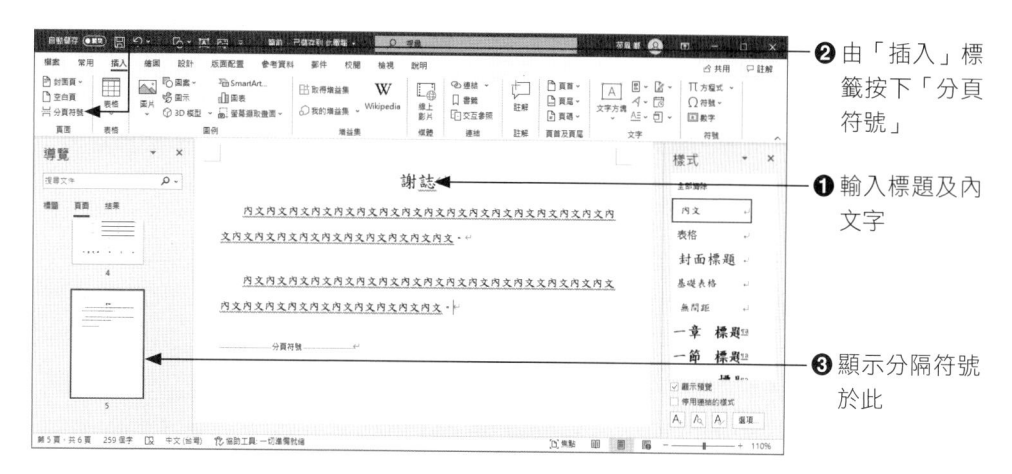

❷ 由「插入」標籤按下「分頁符號」

❶ 輸入標題及內文字

❸ 顯示分隔符號於此

行文至此,各位檢查一下每個頁面是否都加入了「分頁符號」,因為符號是標記一頁結束與下一頁開始的位置。加入分頁符號可避免下一頁的標題因為段落文字的刪減而上移到上一頁去。

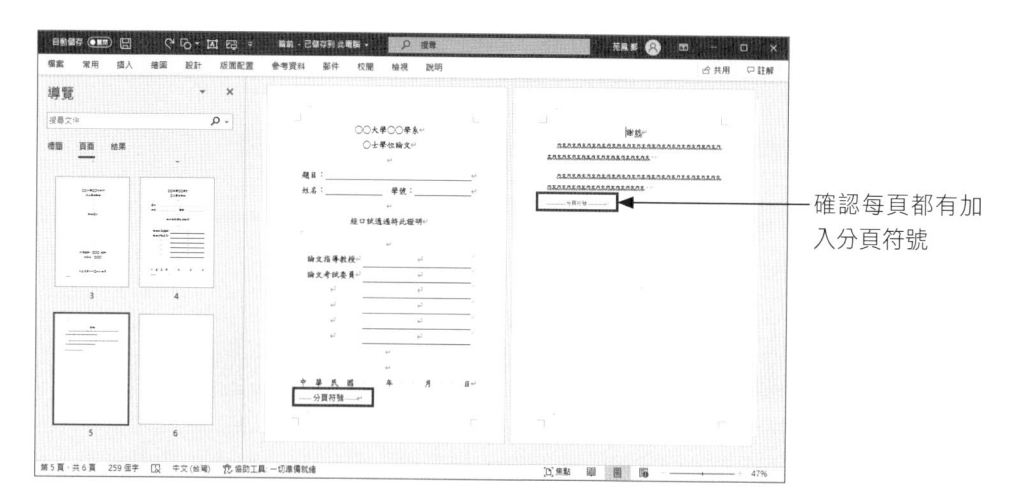

確認每頁都有加入分頁符號

5-5 設定中／英文摘要

摘要主要是以精簡的文字說明你的論述重點、方法、程序和結論，使讀者在最短時間內掌握重點，了解研究目的、研究方法與研究結果。不宜寫研究背景、動機或與研究沒有密切相關的事項。在中文摘要的下方可以列出 5-7 個左右的關鍵詞，英文摘要也是相同。

5-5-1 摘要規則

從「中文摘要」開始至圖目次的頁碼必須以羅馬數字，亦即 I、II、III、IV、V、…，或是以 i、ii、iii…等小寫羅馬數字連續編碼，頁碼則一律以 Times New Roman 字體列印，中文或英文摘要基本上只有一頁的內容。

5-5-2 插入中／英文摘要

由於從「摘要」開始需要編列頁碼，所以請各位開啟你的論文檔案進行編輯，或是由我們提供的「論文正文.docx」檔來進行練習。

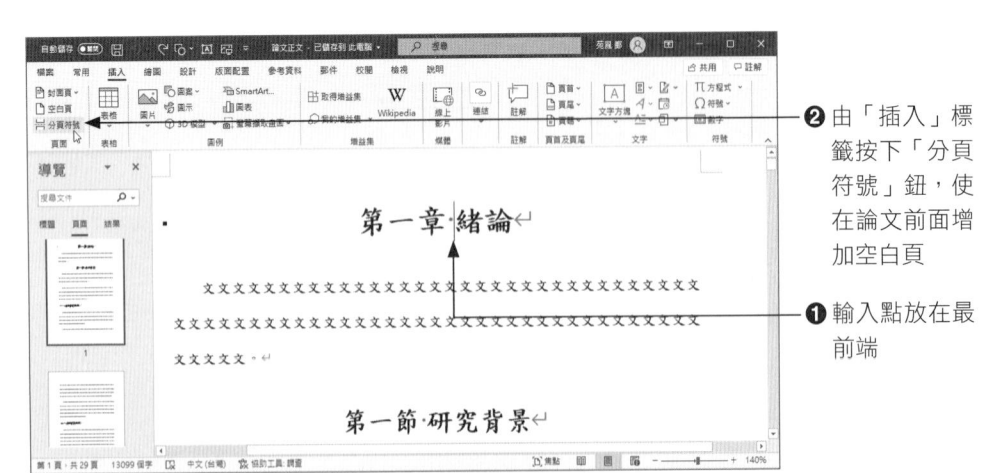

❷ 由「插入」標籤按下「分頁符號」鈕，使在論文前面增加空白頁

❶ 輸入點放在最前端

篇前設定 5

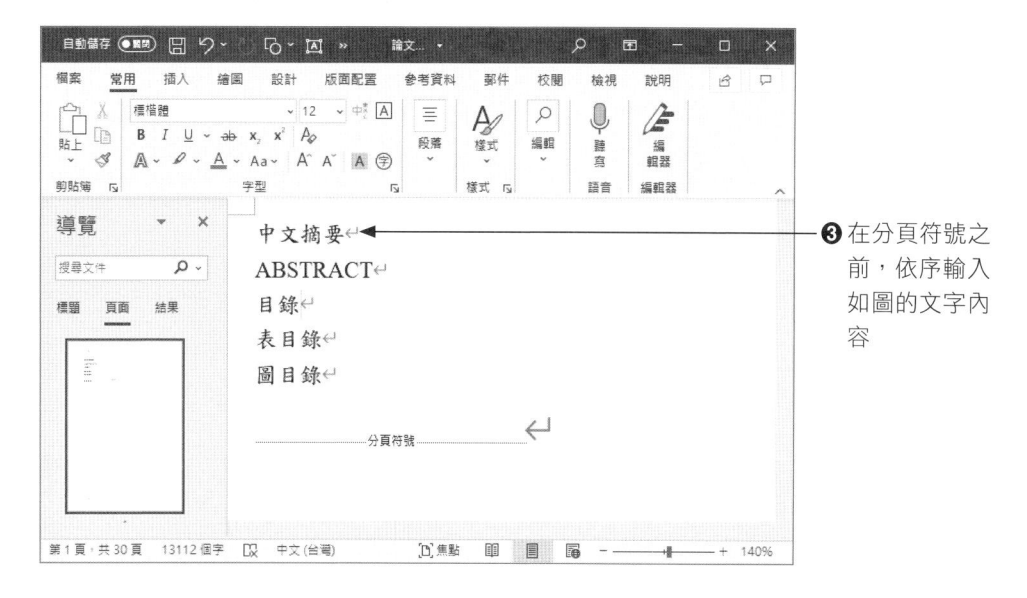

❸ 在分頁符號之前,依序輸入如圖的文字內容

這裡我們一併輸入目錄、表目錄、圖目錄等標題,由於前面的「謝誌」我們套用了「封面標題」的樣式,而正文裡面無此樣式,所以我們要使用「常用」標籤中的「複製格式」 鈕將其格式複製過來。

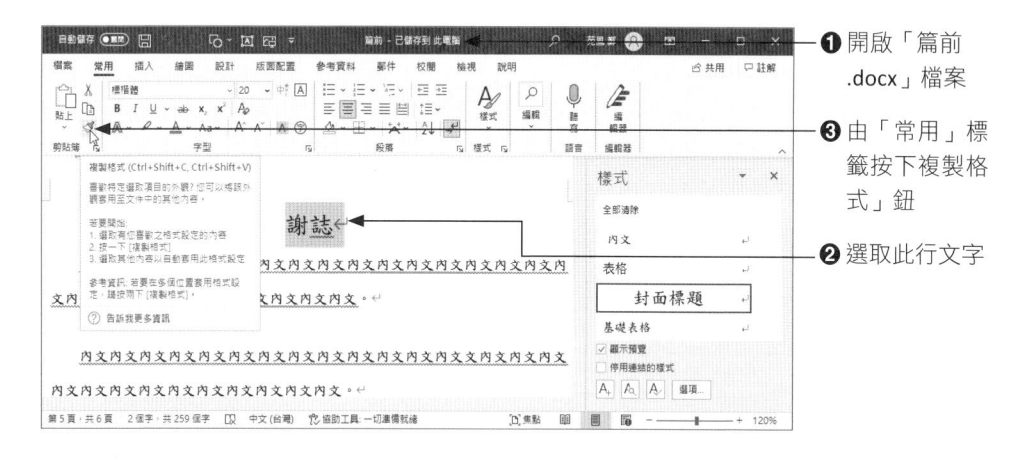

❶ 開啟「篇前.docx」檔案

❸ 由「常用」標籤按下複製格式」鈕

❷ 選取此行文字

5-17

❹ 回到論文正文的文件

❺ 拖曳文字即可套用相同的樣式

瞧！該樣式也複製過來囉！

接下來依序在標題前插入「分頁符號」，這樣每個標題都會各占一頁，利用空檔時再補上內文即可。

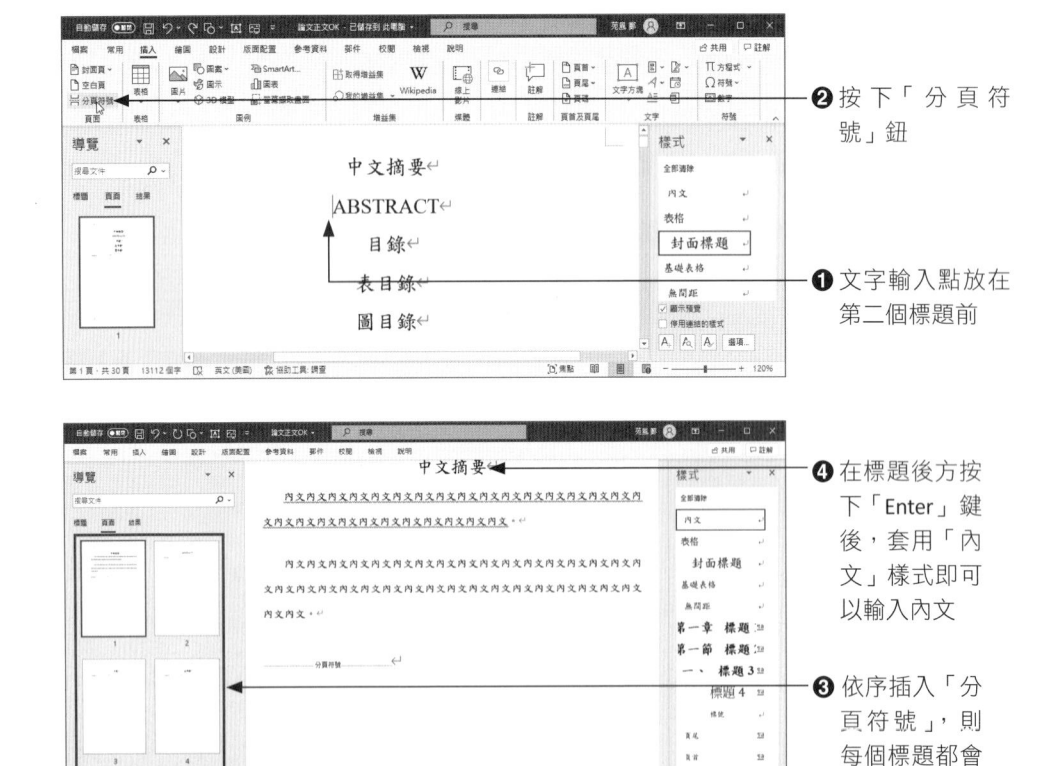

❷ 按下「分頁符號」鈕

❶ 文字輸入點放在第二個標題前

❹ 在標題後方按下「Enter」鍵後，套用「內文」樣式即可以輸入內文

❸ 依序插入「分頁符號」，則每個標題都會占用一頁

5-18

5-6 設定頁碼及頁首資訊

要在文件中插入頁首頁尾資訊，只要在文件的頁首或頁尾處按滑鼠兩下，就能進入編輯狀態。對於論文的撰寫，各學校都對頁尾的頁碼加以規範，頁首部分大多無規定，所以就不用特別設定頁首的資訊。

如果學校有特別規定頁首的資訊，諸如：論文本文的奇數頁頁首為「該章標題」，並靠右對齊，偶頁頁首為該論文之中文標題，並靠左對齊。這個部分很多研究生都不知如何處理，事實上你可以透過「頁首及頁尾」標籤的「奇偶頁不同」功能來進行設定，稍後我們再跟各位作探討。

5-6-1 頁碼使用規則

在頁碼編訂部分，從中文摘要起，至圖目次頁碼以羅馬數字（即 I、II、III、IV、V、…）或羅馬數字小寫標示；自正文第一章至附錄，均以阿拉伯數字（即 1，2，3，…）列印。頁碼應置於每頁的頁尾，對齊方式為置中，數字採用 Times New Roman 字體。至於最前面的「論文名稱」、「簽名頁」、「授權頁」及「謝誌」則不標頁。

5-6-2 同份文件的不同頁碼格式

在同一份文件裡，基本上頁碼的格式是相同且連續的，想要在同一份文件中套用不同的格式，最簡單的方式就是依照章節內容將文件劃分成不同的「節」，然後在不同的節中新增不同的頁碼格式即可。

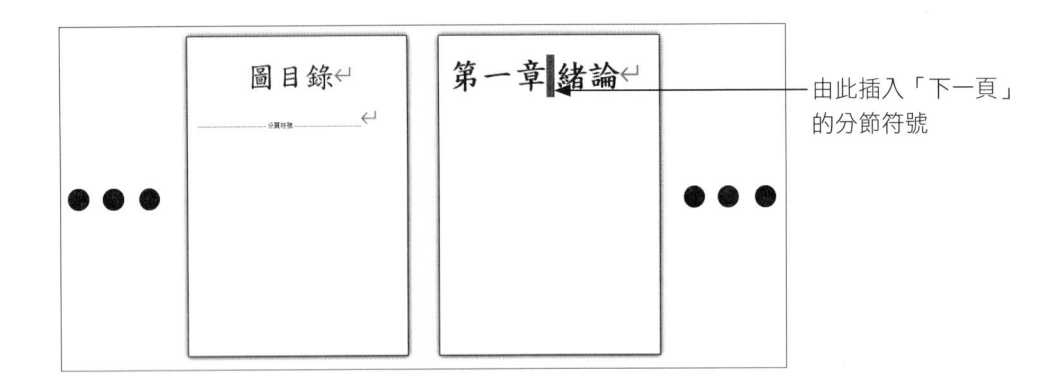

分節設定

以論文為例，摘要至圖目錄必須以羅馬數字顯現，正文第一章至附錄須以阿拉伯數字顯示，所以我們可以在論文正文一開始的地方先插入分節符號，讓論文在該處開始新的一節。

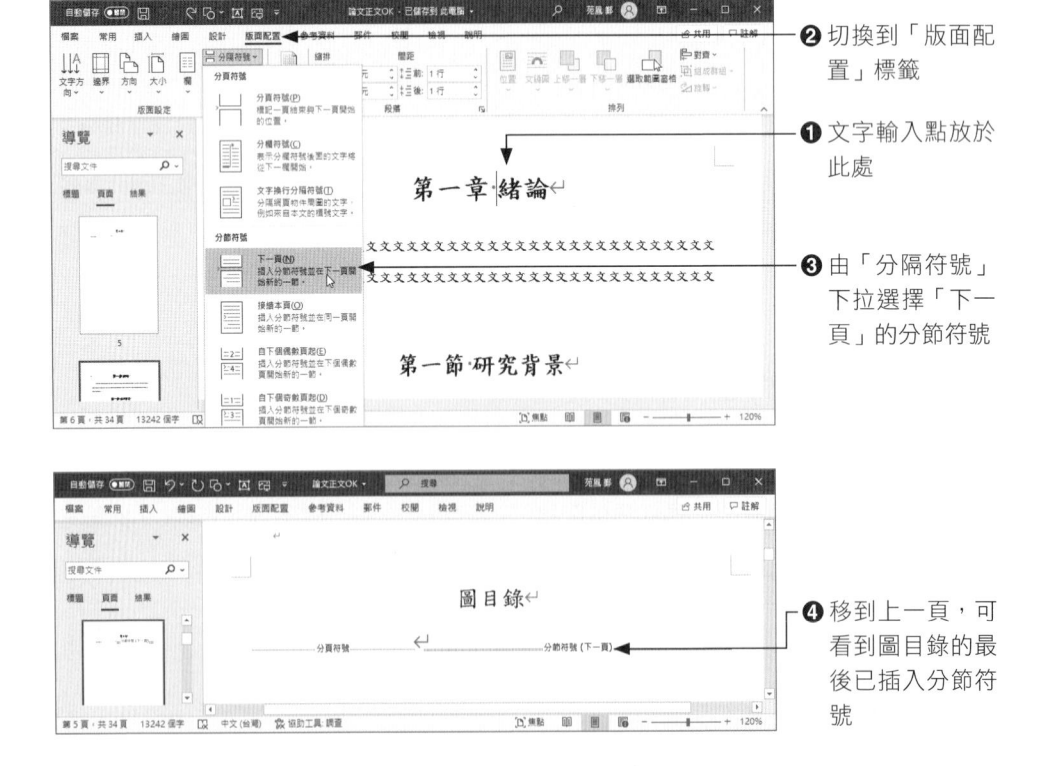

5-20

分節之後，如果你在頁尾處按滑鼠兩下可看到「圖目錄」是屬於「節 1」，而論文正文則為「節 2」。如圖示：

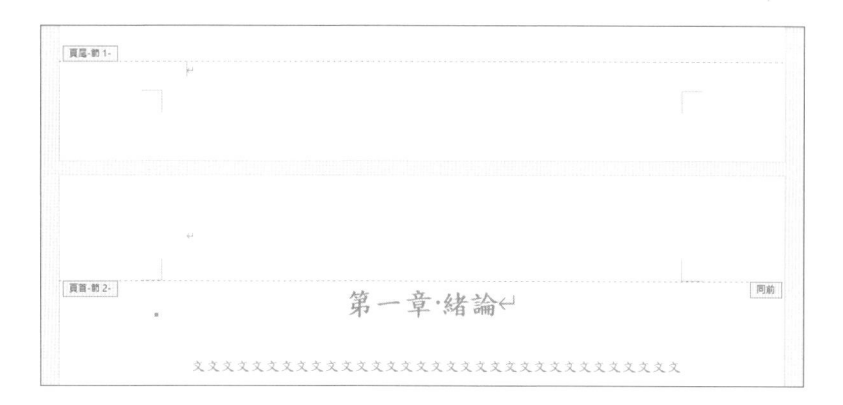

頁尾插入頁碼

分節之後，接著由「插入」標籤或是「頁首及頁尾」標籤插入頁碼，再設定頁碼格式即可。

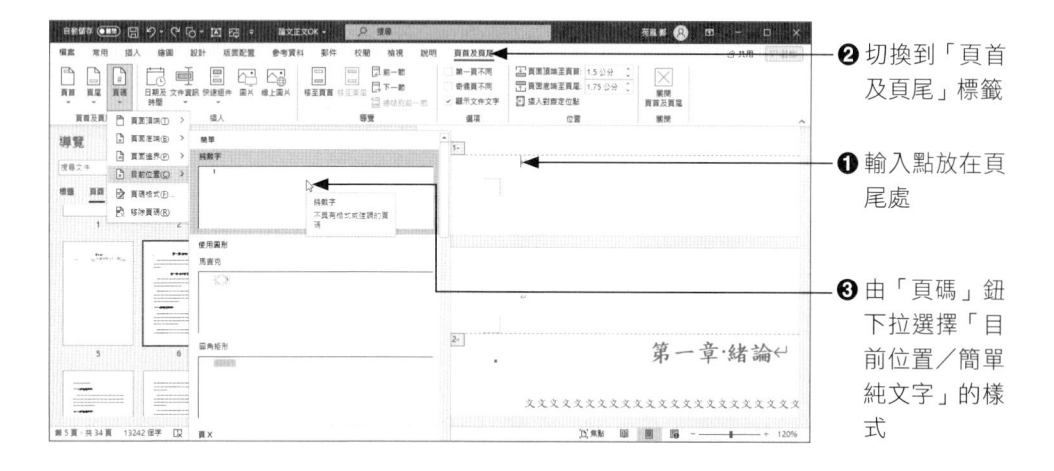

❶ 輸入點放在頁尾處

❷ 切換到「頁首及頁尾」標籤

❸ 由「頁碼」鈕下拉選擇「目前位置／簡單純文字」的樣式

❹ 加入頁碼囉！

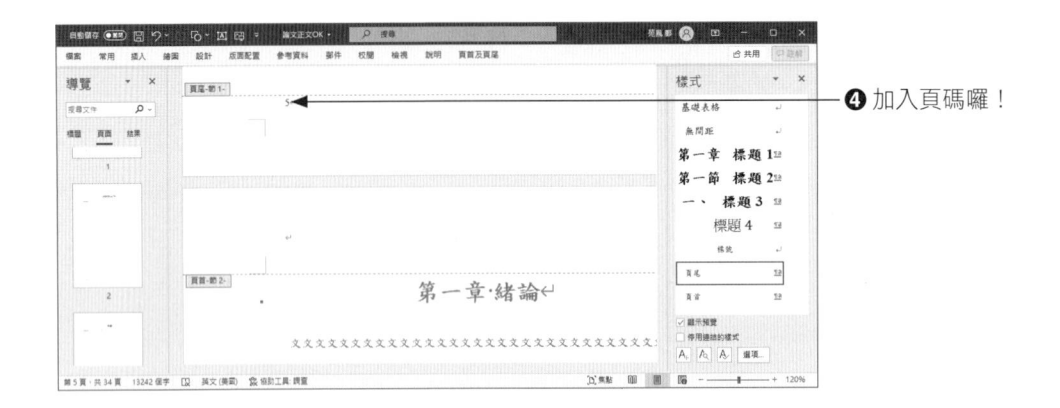

設定頁尾樣式

加入頁碼後，各位可能發現頁碼並非對齊左邊界，這是因為內文的首行有空 2 個字元，而頁尾的樣式是根據內文的樣式而來的。所以要設定頁碼格式時，應該從「頁尾」的樣式去進行修正，這樣頁碼才能真正置中對齊，字體才能符合規定。

❶ 由頁尾選取頁碼

❷ 由「頁尾」樣式下拉選擇「修改」指令

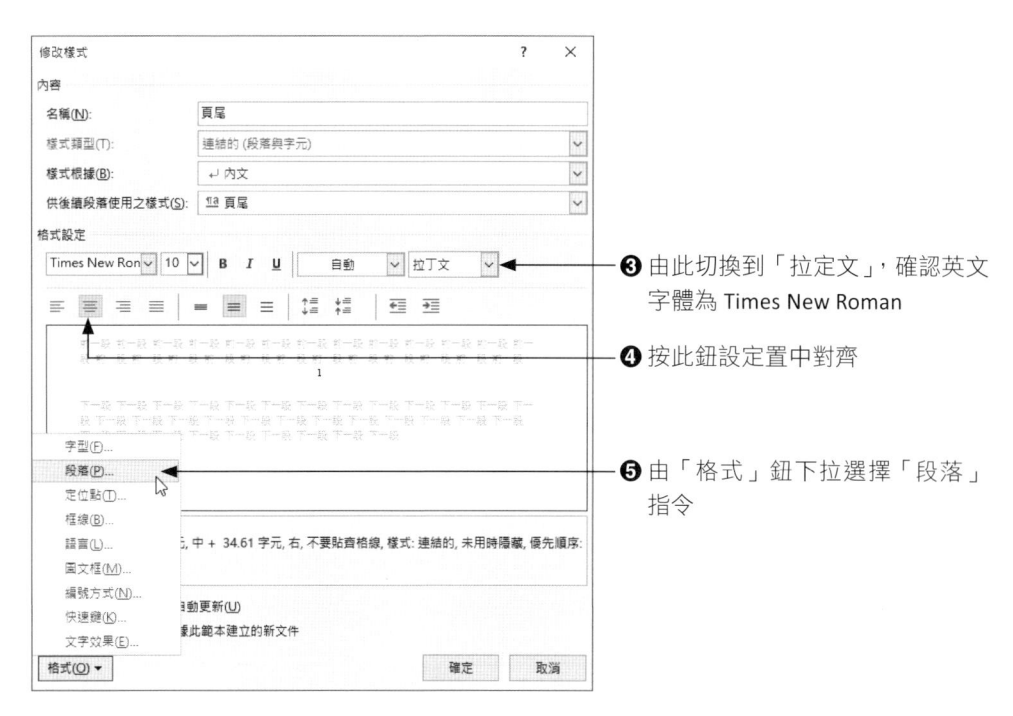

❸ 由此切換到「拉定文」，確認英文字體為 Times New Roman

❹ 按此鈕設定置中對齊

❺ 由「格式」鈕下拉選擇「段落」指令

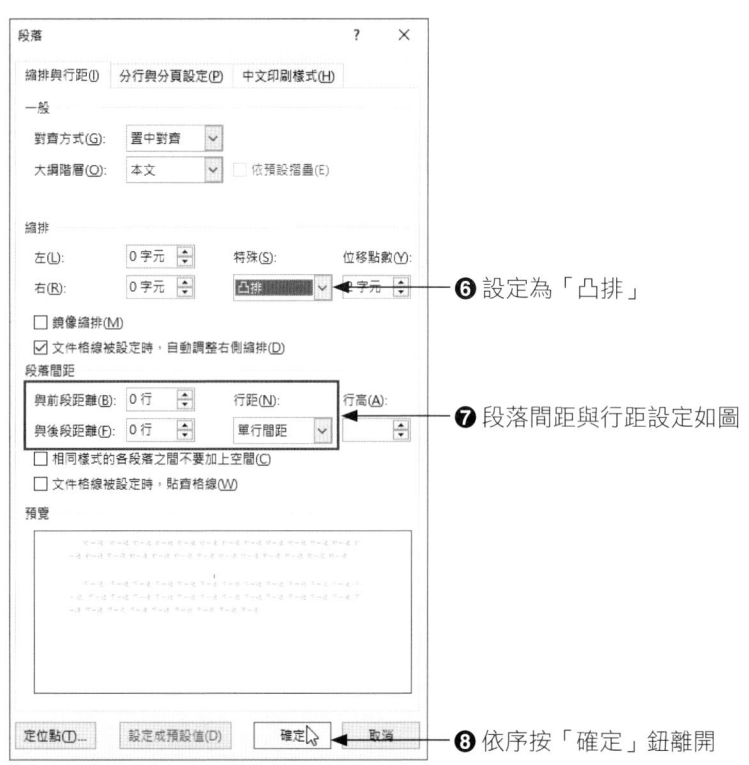

❻ 設定為「凸排」

❼ 段落間距與行距設定如圖

❽ 依序按「確定」鈕離開

精準駕馭 Word! 論文寫作絕非難事

❾ 頁尾樣式設定完成

產生前後不同型式的頁碼

完成頁碼的樣式設定後,接下來要利用「頁碼格式」的功能來設定數字格式與頁碼編排方式。請在正文第一章的頁尾處選取頁碼,然後進行以下設定。

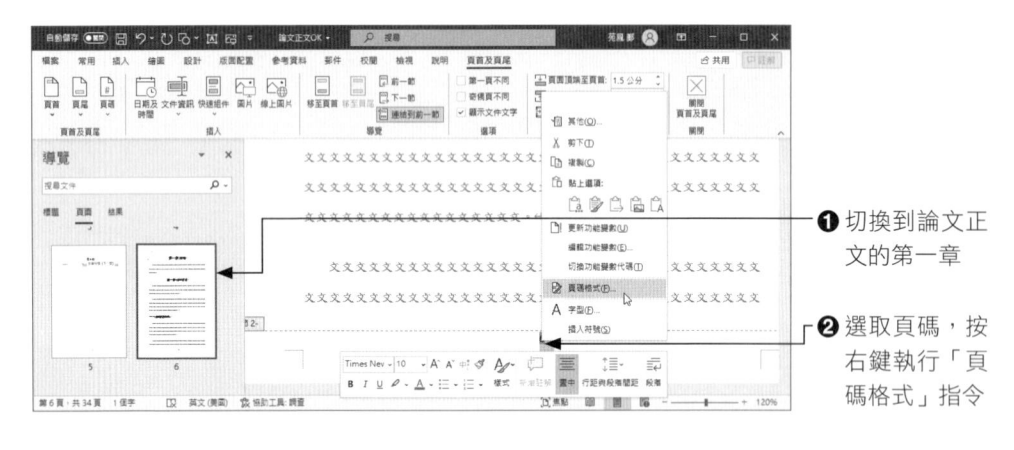

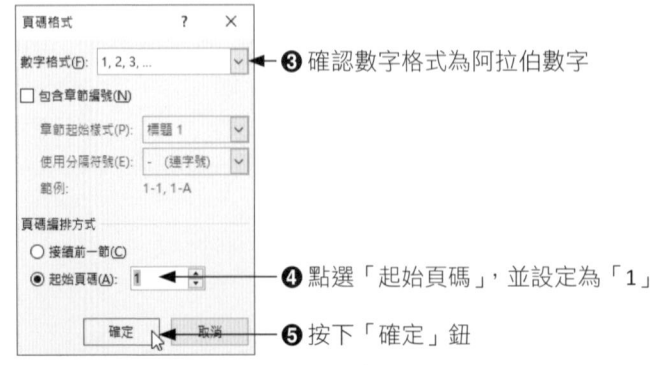

❶ 切換到論文正文的第一章

❷ 選取頁碼,按右鍵執行「頁碼格式」指令

❸ 確認數字格式為阿拉伯數字

❹ 點選「起始頁碼」,並設定為「1」

❺ 按下「確定」鈕

5-24

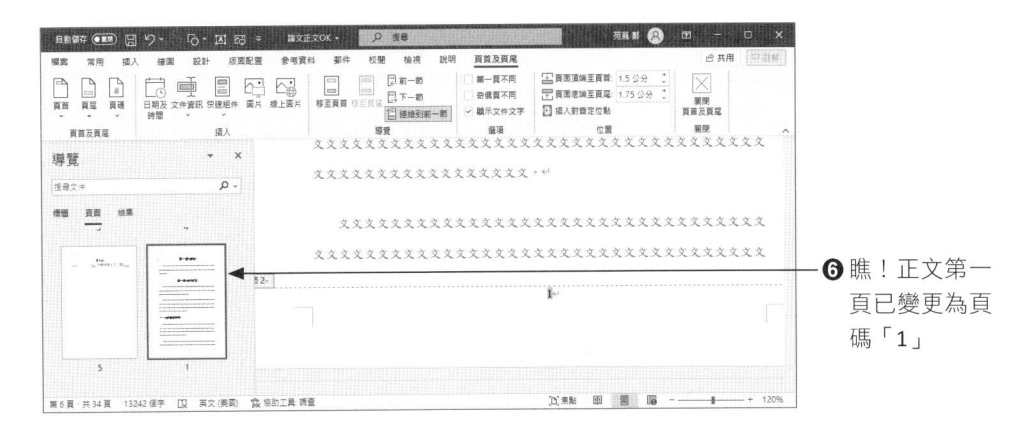

篇前設定

❻ 瞧！正文第一頁已變更為頁碼「1」

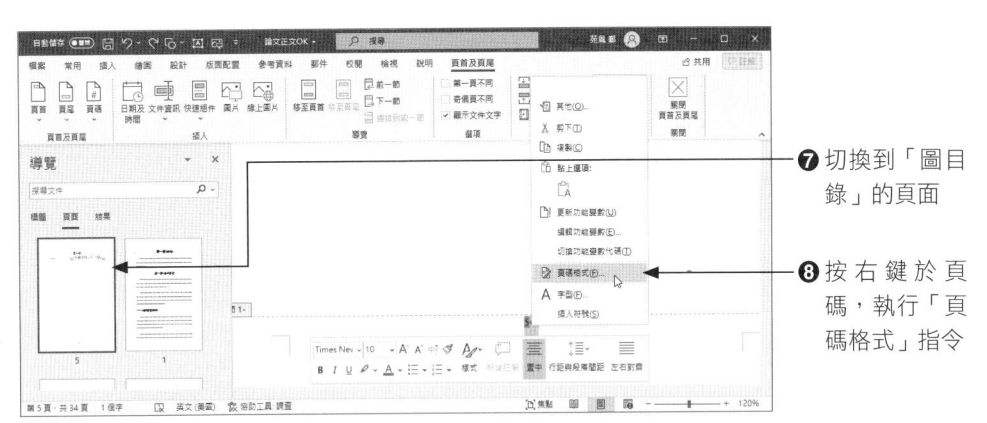

❼ 切換到「圖目錄」的頁面

❽ 按右鍵於頁碼，執行「頁碼格式」指令

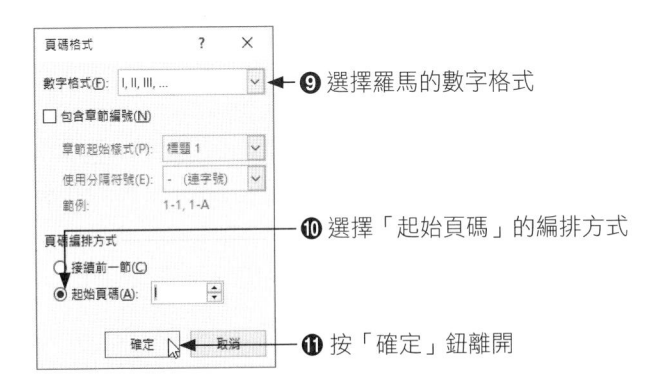

❾ 選擇羅馬的數字格式

❿ 選擇「起始頁碼」的編排方式

⓫ 按「確定」鈕離開

⓭ 按此鈕關閉頁首及頁尾的編輯

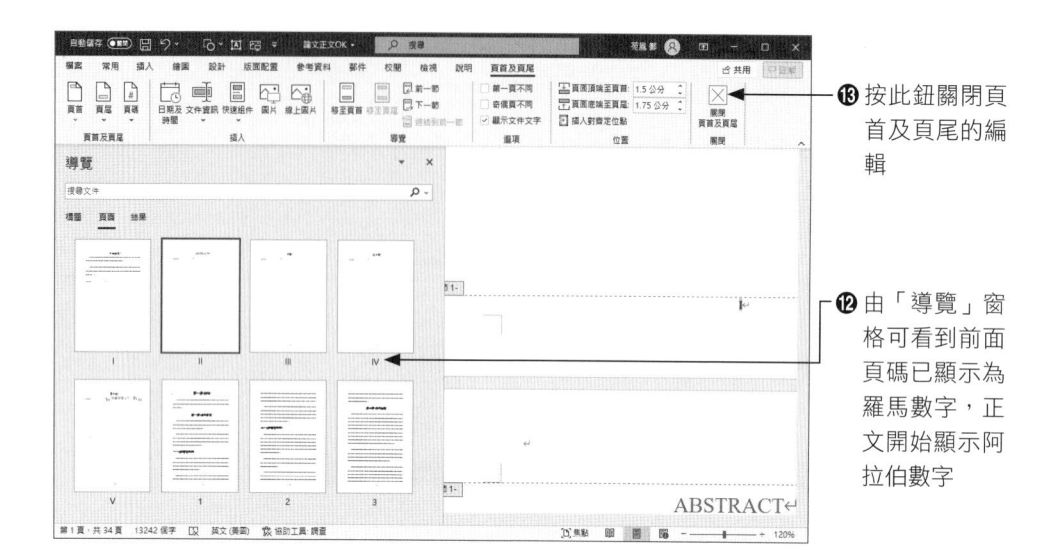

⓬ 由「導覽」窗格可看到前面頁碼已顯示為羅馬數字，正文開始顯示阿拉伯數字

5-6-3 設定頁首奇偶頁不同

市面上的書刊雜誌，因裝訂方向的不同大致上可分兩類：

◉ 由左至右的閱讀版面

這類型的書刊雜誌都是採用橫式的文字方向，電腦圖書或學位論文都屬於此類。它的特點是奇數頁碼會在右側，偶數頁碼會在左側，裝訂位置在左側。

◉ 由右向左的閱讀版面

這類型的書刊是採用直排的文字方向，奇數頁會在左側，偶數頁在右側，而裝訂的位置在右側。

篇前設定

如果各位搞不清楚的話，不妨隨手拿本書出來瞧瞧，就可以瞭然於心。

當論文採用雙面列印時，有些學校會規定頁首須顯現論文標題及章標題，針對頁首的部分我們將以下面的規範條件作示範說明。

- 論文本文的奇數頁頁首為「該章標題」，並靠右對齊。
- 偶數頁首為該論文之中文標題，並靠左對齊。
- 每一章的起始頁由奇數頁起頁。

請開啟「奇偶頁不同.docx」文件，此文件從「中文摘要」編排到「正文」，同時已加入不同的頁碼格式，如圖示：

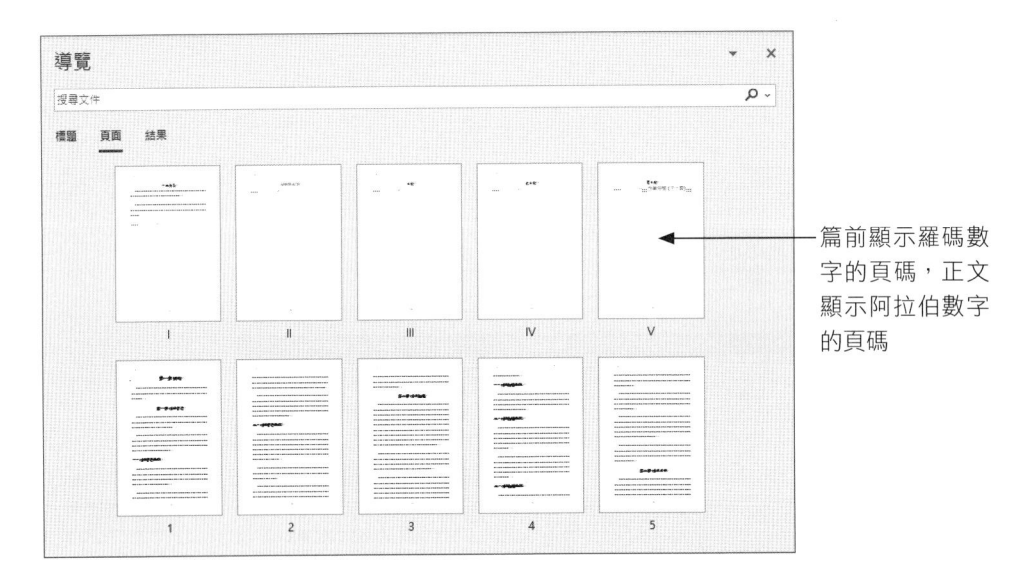

篇前顯示羅馬數字的頁碼，正文顯示阿拉伯數字的頁碼

5-27

接下來我們繼續作以下的設定：

步驟 1：第一章奇數頁頁首顯示章標題

第一章緒論的頁碼是從阿拉伯數字 1 開始啟算，我們之前已經做過分節的設定，所以現在只要按滑鼠兩下於頁首處，勾選「奇偶頁不同」，取消「連結到前一節」的選項，就可以輸入第一章的章標題，然後設定靠右對齊。

❶ 切換到「第一章」，按滑鼠兩下於此，使進入「頁首及頁尾」編輯狀態

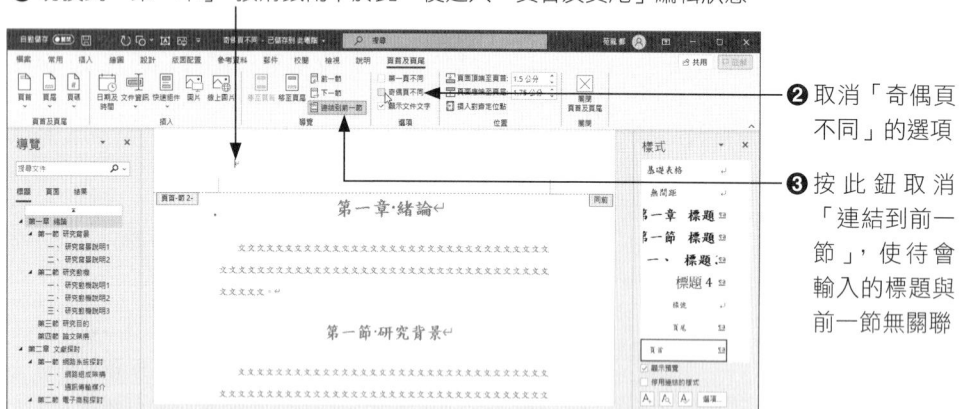

❷ 取消「奇偶頁不同」的選項

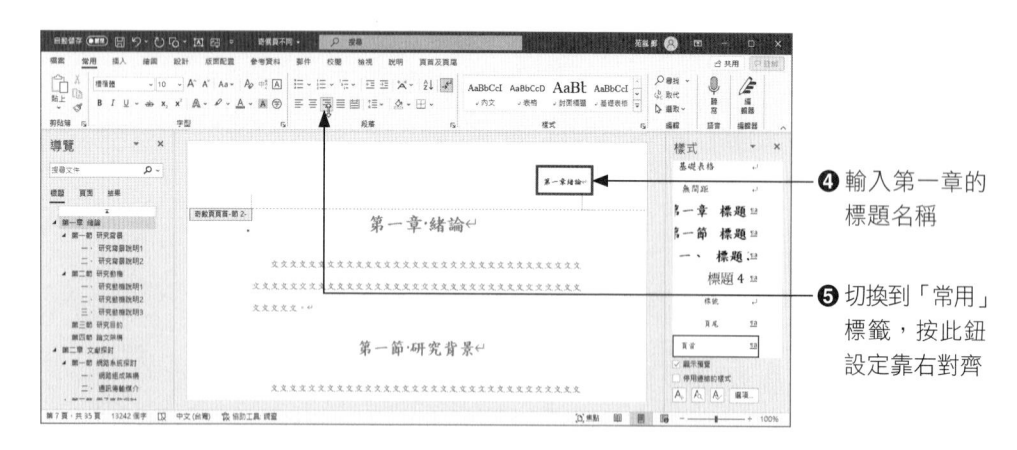

❸ 按此鈕取消「連結到前一節」，使待會輸入的標題與前一節無關聯

❹ 輸入第一章的標題名稱

❺ 切換到「常用」標籤，按此鈕設定靠右對齊

當你做完此設定後，檢查一下第一章的標題，可確定第一章的標題不會顯現在摘要或目錄的頁首處。但是我們剛剛勾選了「奇偶頁不同」的選項，所以目前只有奇數頁有頁碼，偶數頁的頁碼尚未加入。

步驟 2：偶數頁加入頁碼，頁首輸入論文名稱

我們先為偶數的頁尾插入頁碼，然後在偶數頁的頁首處輸入論文名稱，同時修改「頁首」的樣式，使對齊左側。

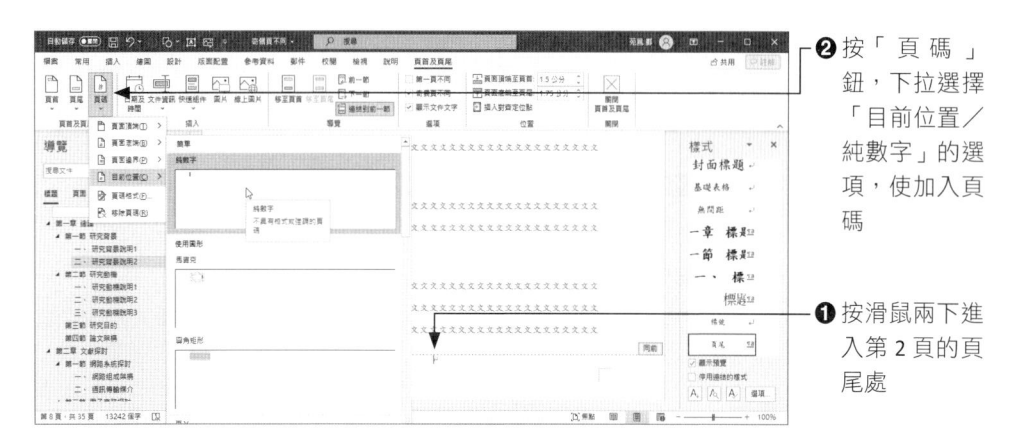

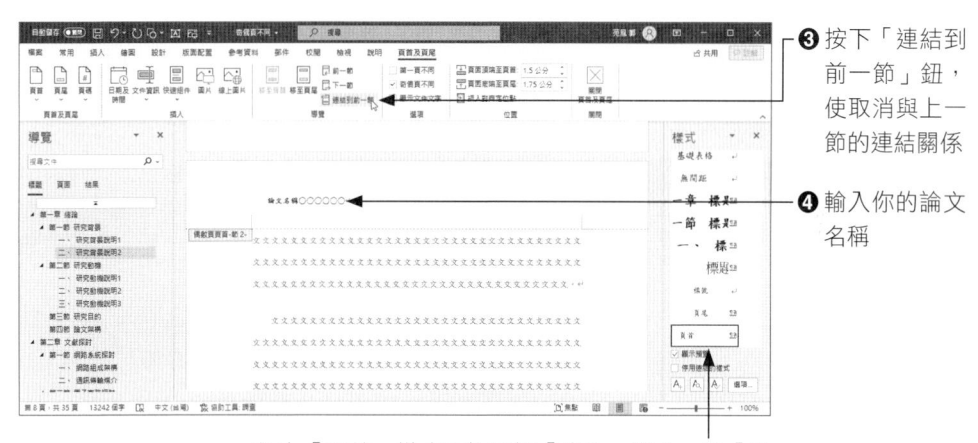

❷ 按「頁碼」鈕，下拉選擇「目前位置／純數字」的選項，使加入頁碼

❶ 按滑鼠兩下進入第 2 頁的頁尾處

❸ 按下「連結到前一節」鈕，使取消與上一節的連結關係

❹ 輸入你的論文名稱

❺ 由「頁首」樣式下拉選擇「修改」指令，將「段落」的縮排設為「凸排」，使文字靠左對齊

設定完成後檢查一下偶數頁的頁碼是否都補上，同時摘要到目錄的頁首並不會出現論文標題。

步驟 3：各章標題插入分節符號，頁碼接續前一節

行文至此，正文的頁首左側都顯示論文名稱，但右側則是顯示「第一章緒論」，所以我們要在 2 至 5 章的最前端加入分節符號，設定自下個奇數頁開始新的一節，然後變更章標題的名稱，頁碼格式則設定為「接續前一節」。

❷ 由「版面配置」標籤按下「分隔符號」鈕，再下拉選擇「自下個奇數頁起」，使章標題顯示在奇數頁

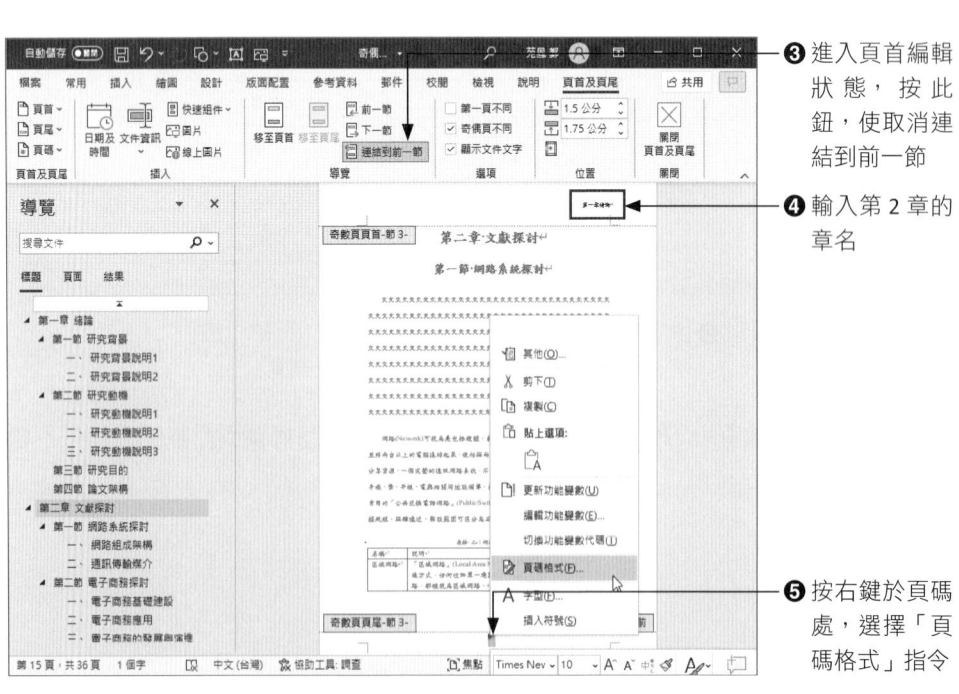

❶ 輸入點放在第二章開頭處，目前是第 8 頁（偶數頁）

❸ 進入頁首編輯狀態，按此鈕，使取消連結到前一節

❹ 輸入第 2 章的章名

❺ 按右鍵於頁碼處，選擇「頁碼格式」指令

5-30

❻ 點選「接續前一節」

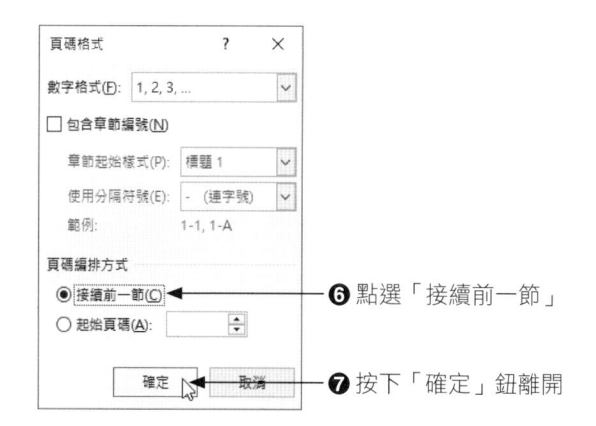

❼ 按下「確定」鈕離開

完成如上設定後，第一章和第二章各有自己的章名，且第二章開始於奇數頁了！接下來的 3 至 5 章只要執行「加入分隔符號」、「取消連結到前一節」、「變更章節標題」3 個步驟就可大功告成。

5-7 目錄設定

要製作目錄，最有效率的方式就是利用 Word 所提供的「目錄」製作功能，不但建立容易，更新也易如反掌。不像土法煉鋼的手動製作目錄，除了要不斷往返複製／貼上標題與頁碼外，一旦內容有所更動，要修正和確認標題、頁碼就得花費不少時間。不過，使用「目錄」功能得配合大綱的設定才能完成，這樣才能使用「參考資料」標籤下的「目錄」功能。

5-7-1 目錄／表目錄／圖目錄規則

目錄通常包括篇前的中英文摘要、目錄、表目錄、圖目錄、正文中的各章節標題、篇後的參考文獻、附錄及其所在的頁碼，方便觀看者查詢。有些學校的目錄要

求只需正文的章節依序排列及其所在之頁數，圖、表、參考文獻及附錄，則排列在結論之後。

章節標題到頁碼之間通常以「…」的符號顯示，使頁碼對齊於最右側。各章的標題會依階層高低進行內縮，如果章節的標題過長，則第二行要進行內縮。

表目錄包括各章節中所插入的表格及其所在的頁碼，如果表格擷取自參考文獻，必須標註在本文表中標註來源。同樣的，圖目錄包含各章節中所插入的圖片及其所在的頁碼，如果圖擷取自參考文件，則必須標註來源。

5-7-2 以大綱標題自動建立目錄

在論文一開始我們使用大綱模式建立架構，再對應至「樣式」窗格的標題，所以要建立目錄時，只要將輸入點放在要加入目錄的地方，由「參考資料」標籤按下「目錄」鈕，就可以進行目錄的建立。

請開啟「建立目錄.docx」文件檔，這是剛剛我們在論文正文前面已加入中／英文摘要、目錄、表目錄、圖目錄等頁面的文件。

從「導覽」窗格可看到目前已建立的大綱階層

篇前設定 5

各位可以從「導覽」窗格看到，目前文件中已建立的大綱結構只有包含論文的正文，前面的摘要到目錄的部分卻沒有顯示出來，如果需要將摘要至目錄的部分也顯示在目錄中，可利用「大綱模式」進行階層的調整。請切換到「檢視」標籤並按下「大綱模式」鈕，然後進行以下的步驟。

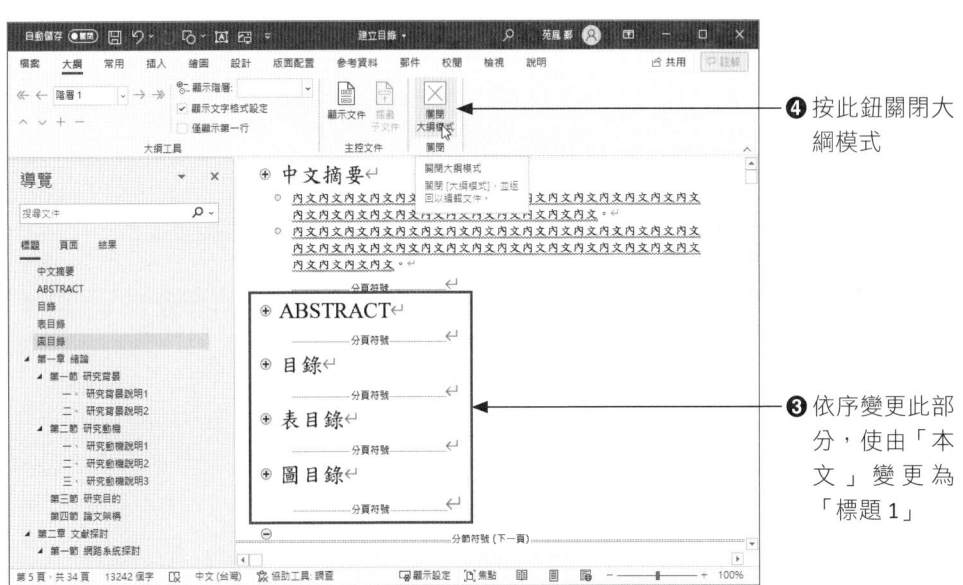

❷ 由此下拉使「本文」變更為「階層 1」

❶ 將輸入點放在「中文摘要」處

❹ 按此鈕關閉大綱模式

❸ 依序變更此部分，使由「本文」變更為「標題 1」

5-33

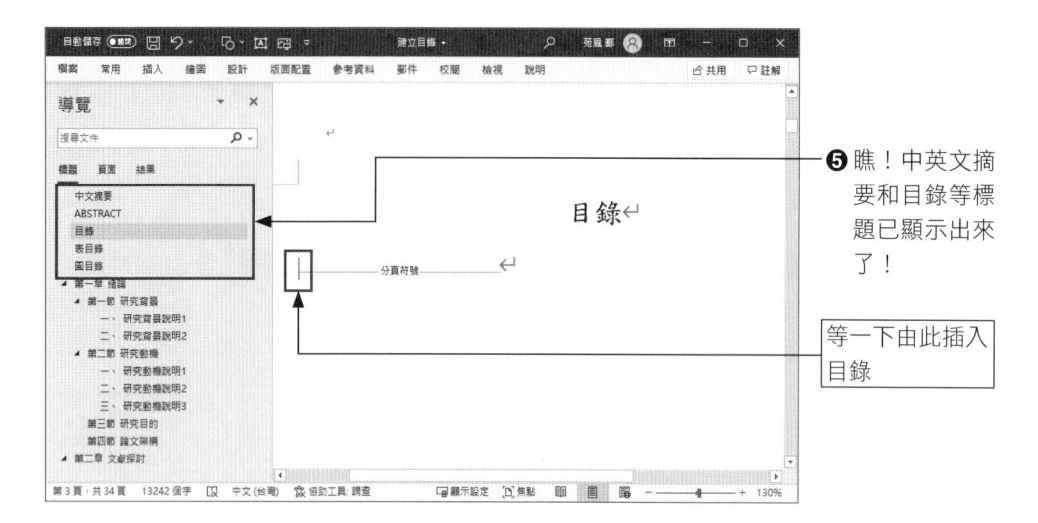

精準駕馭 Word! 論文寫作絕非難事

❺ 瞧！中英文摘要和目錄等標題已顯示出來了！

等一下由此插入目錄

確認大綱階層後，請將輸入點放在「目錄」的頁面上，切換到「參考資料」標籤，按下「目錄」鈕並下拉選擇「自訂目錄」指令，即可插入目錄。

❶ 輸入點放於此

❷ 執行「自訂目錄」指令

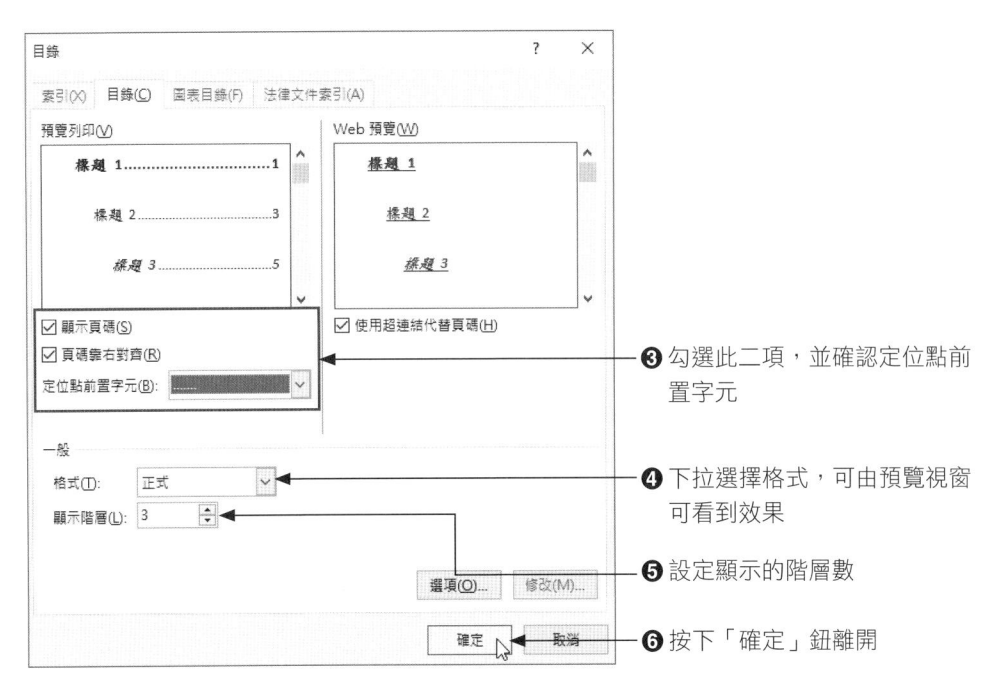

❸ 勾選此二項，並確認定位點前置字元

❹ 下拉選擇格式，可由預覽視窗可看到效果

❺ 設定顯示的階層數

❻ 按下「確定」鈕離開

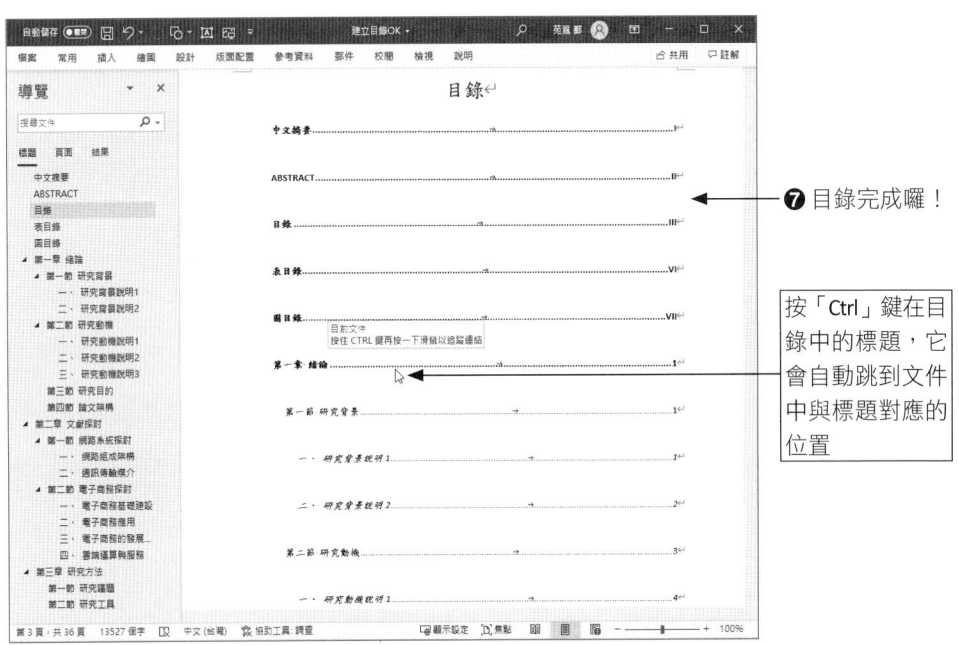

❼ 目錄完成囉！

按「Ctrl」鍵在目錄中的標題，它會自動跳到文件中與標題對應的位置

在「目錄」的視窗中，如果選用「取自範本」的格式，那麼在右側你會看到「修改」鈕呈現可用的狀態，按下「修改」鈕將進入右下圖的視窗，可在此修改各目錄的樣式。其作用同你從「樣式」窗格修改樣式是一樣的。

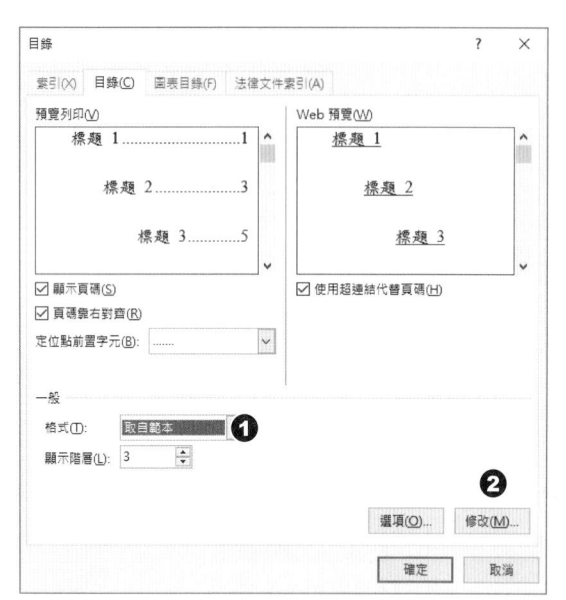

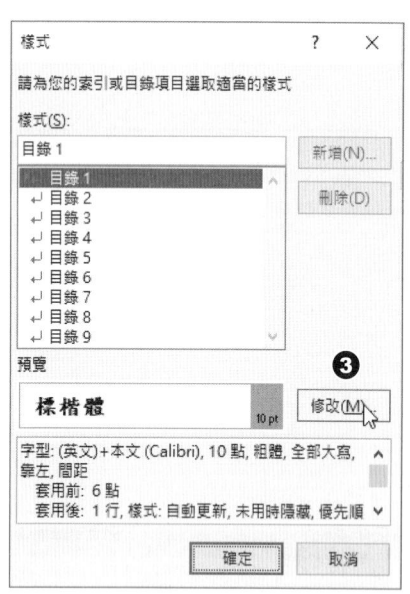

另外，「顯示階層」的數目多寡，主要是根據論文的長度及需求而定，當「顯示階層」數設定為「3」，表示文件中有套用到「標題1」、「標題2」、「標題3」的樣式，就會自動被 Word 抓取到並成為目錄。

5-7-3 自訂目錄項目來源

在「建立目錄.docx」文件裡，雖然篇前的「摘要」到「目錄」的標題並沒有顯示在「導覽」窗格中，我們仍然可以透過自訂方式選擇目錄要顯示的樣式。設定技巧如下：

篇前設定 5

❶ 輸入點放於此

❷ 執行「自訂目錄」指令

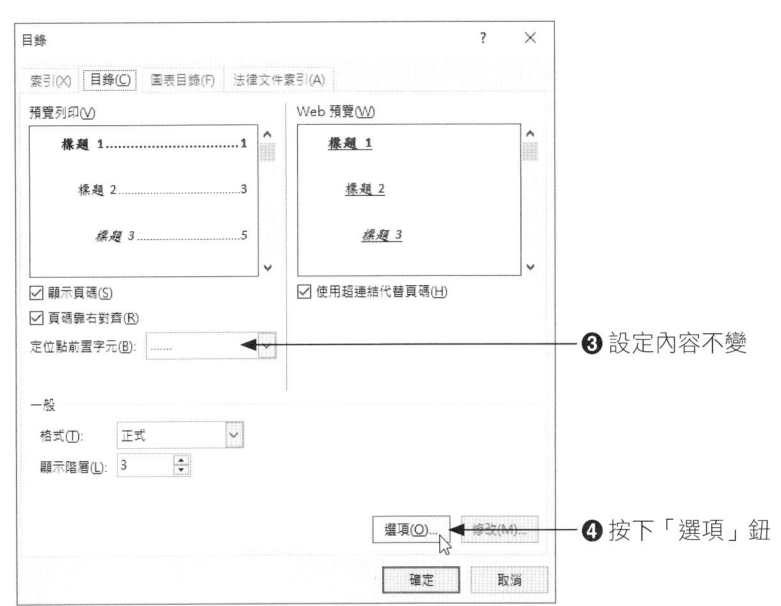

❸ 設定內容不變

❹ 按下「選項」鈕

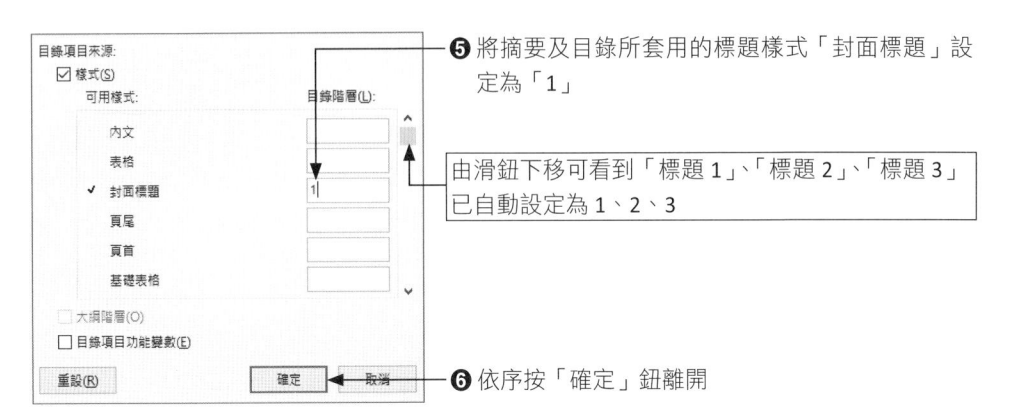

❺ 將摘要及目錄所套用的標題樣式「封面標題」設定為「1」

由滑鈕下移可看到「標題 1」、「標題 2」、「標題 3」已自動設定為 1、2、3

❻ 依序按「確定」鈕離開

5-37

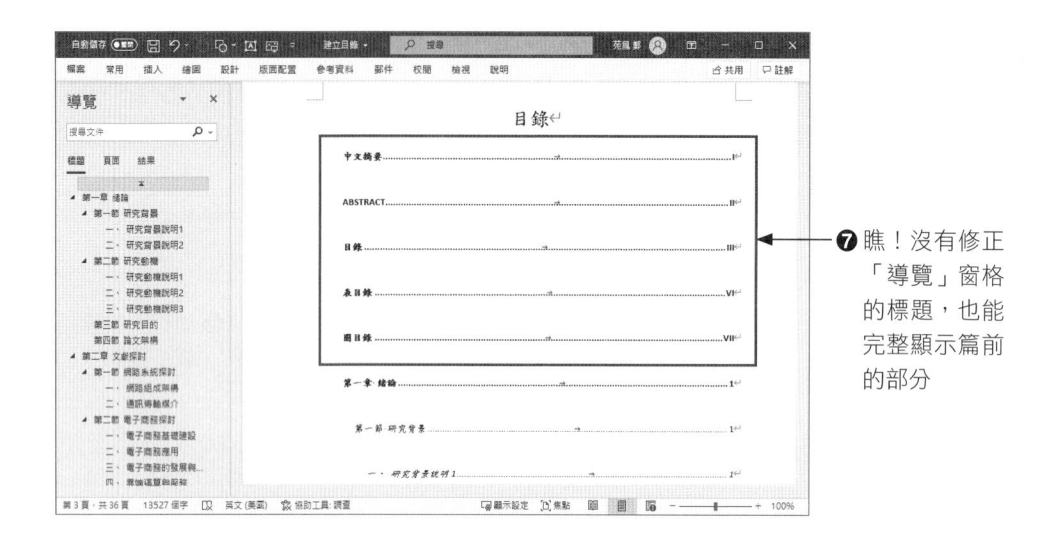

精準駕馭 Word! 論文寫作絕非難事

❼ 瞧！沒有修正「導覽」窗格的標題，也能完整顯示篇前的部分

5-7-4 更新目錄

文件在加入目錄後，如果內容有更動或進行增刪，需要更新目錄時，只要從「參考資料」標籤按下「更新目錄」鈕，就可以選擇更新頁碼或整個目錄。

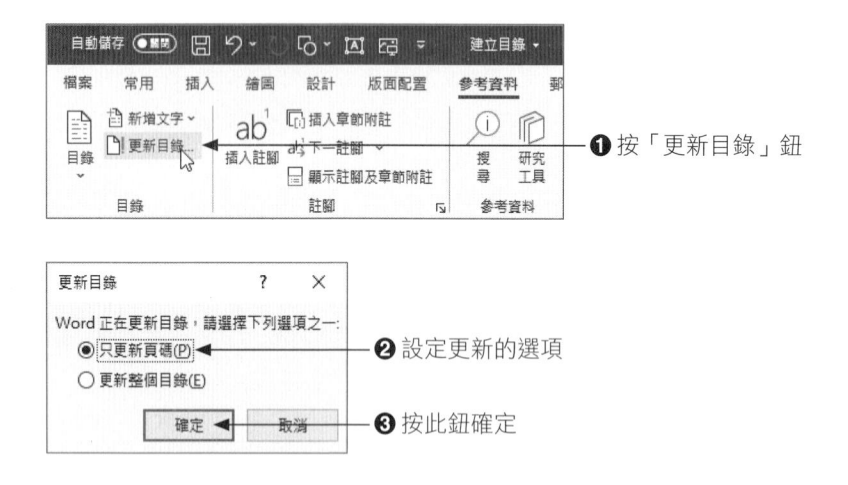

❶ 按「更新目錄」鈕

❷ 設定更新的選項

❸ 按此鈕確定

5-7-5 修改目錄樣式

有些學校對於目錄的字體、大小與行高有特別的規定，如需修正目錄樣式，請由「樣式」窗格依序點選「目錄 1」、「目錄 2」…等名稱，再下拉執行「修改」指令即可。

5-38

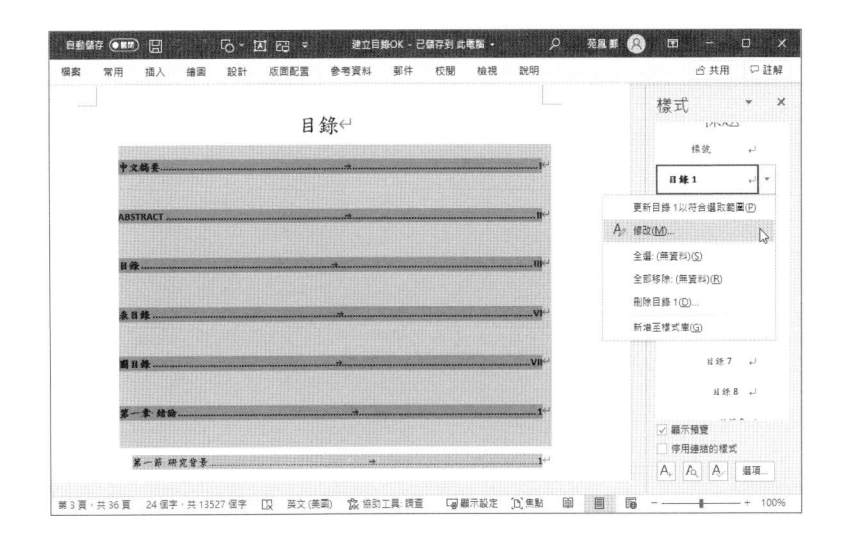

5-7-6 插入表目錄和圖目錄

　　表目錄是用來標示論文中所有表格的標題及其所在的頁碼，圖目錄則是標示圖片的標題及其所在的頁碼，二者都可以利用 Word 的「插入圖表目錄」功能來完成，只要選定要加入的標號類型，接著按下「選項」鈕，勾選「樣式」後並下拉選擇圖表，依序離開後就完成圖表目錄的加入。

插入表目錄

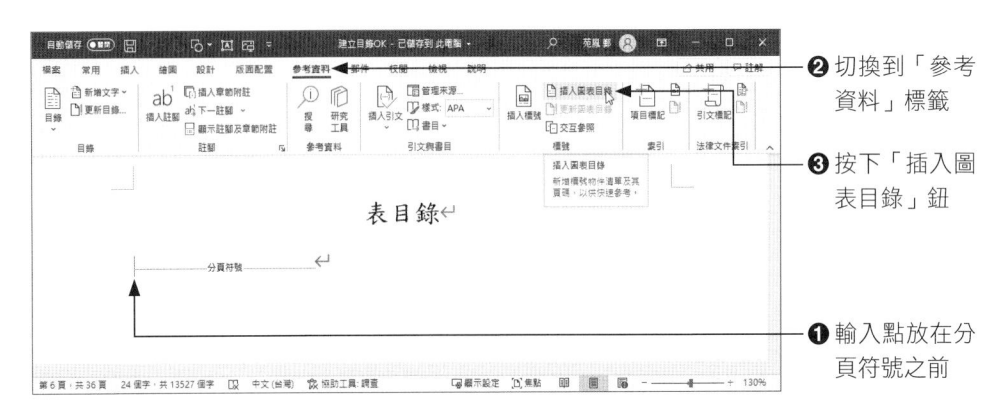

❷ 切換到「參考資料」標籤

❸ 按下「插入圖表目錄」鈕

❶ 輸入點放在分頁符號之前

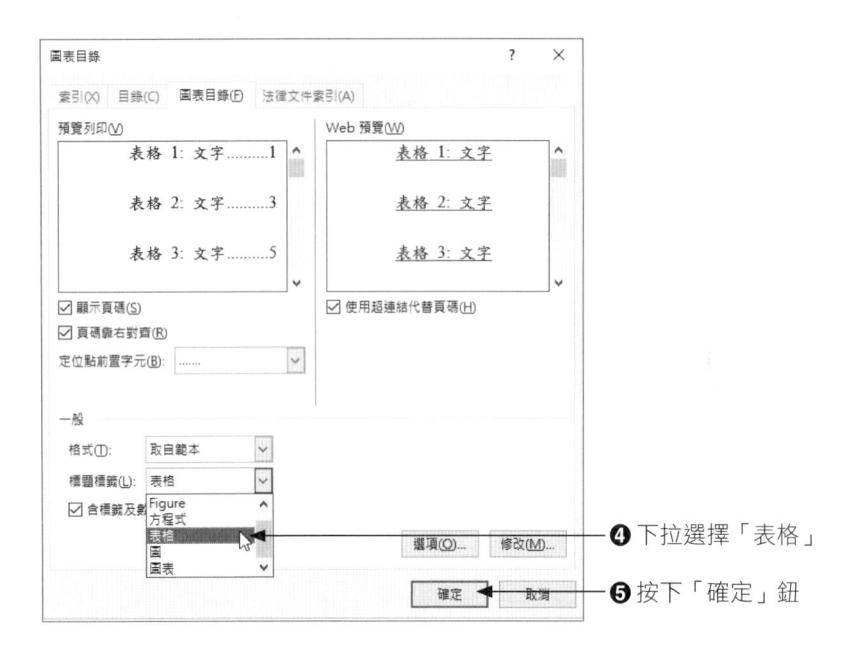

精準駕馭 Word! 論文寫作絕非難事

❹ 下拉選擇「表格」

❺ 按下「確定」鈕

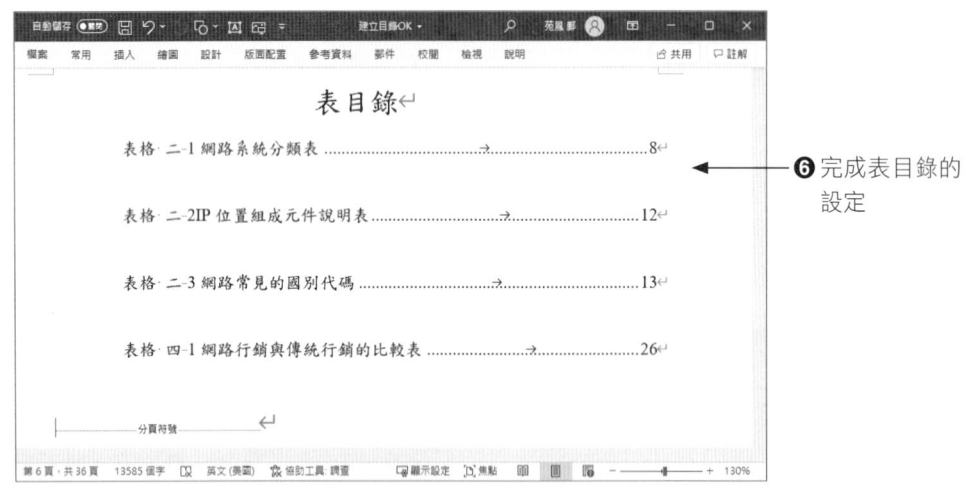

❻ 完成表目錄的設定

5-40

插入圖目錄

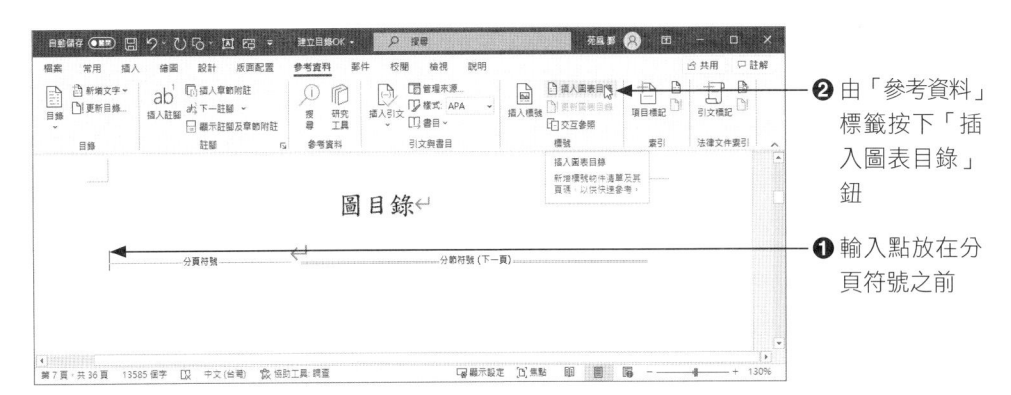

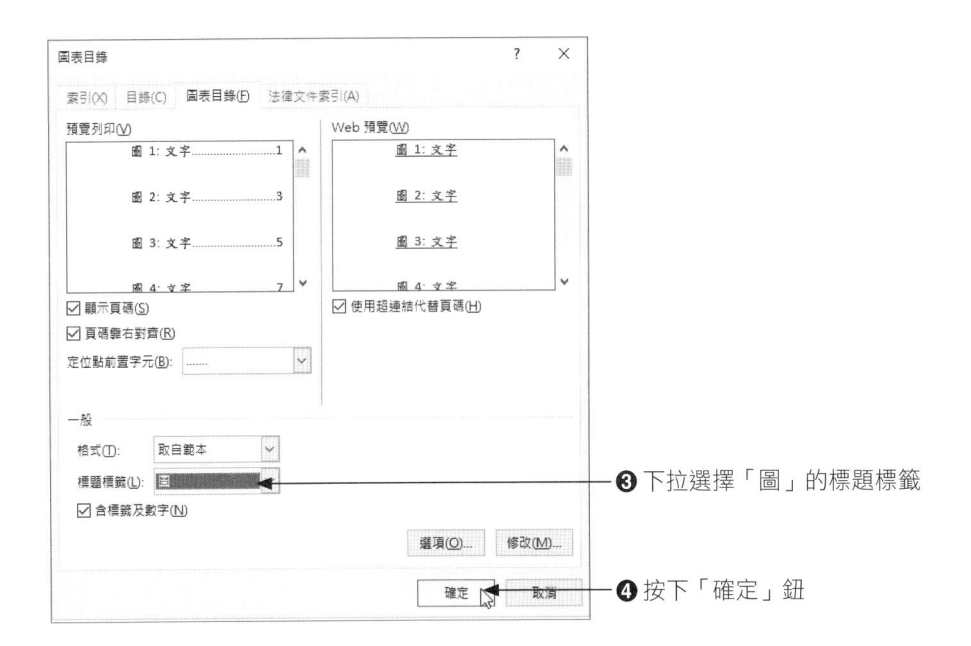

❷ 由「參考資料」標籤按下「插入圖表目錄」鈕

❶ 輸入點放在分頁符號之前

❸ 下拉選擇「圖」的標題標籤

❹ 按下「確定」鈕

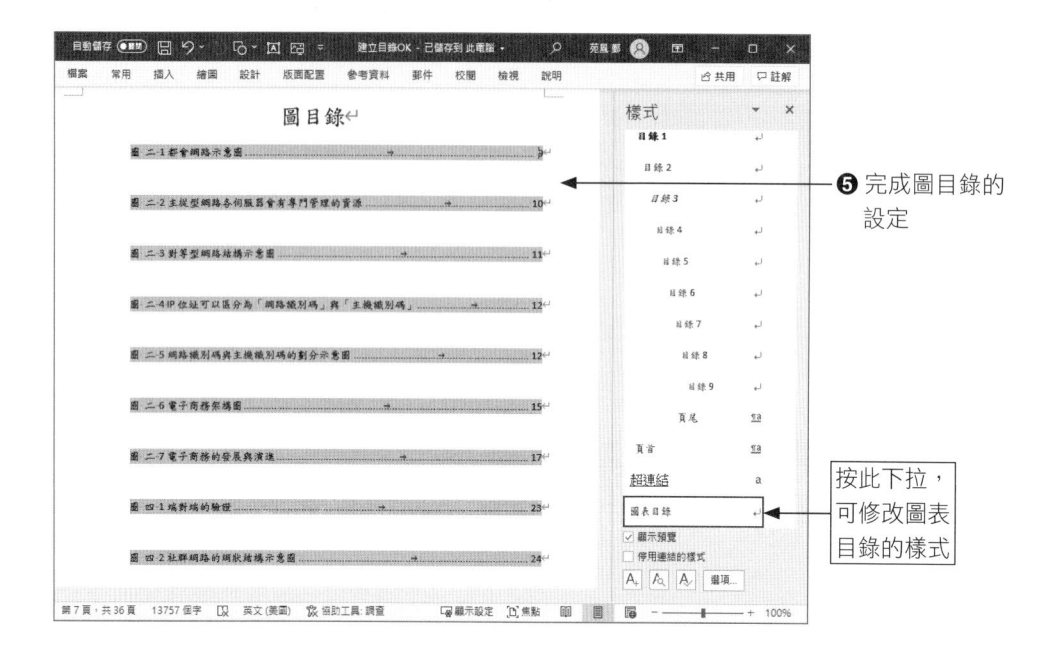

精準駕馭 **Word!** 論文寫作絕非難事

❺ 完成圖目錄的設定

按此下拉，可修改圖表目錄的樣式

5-7-7 更新圖表目錄

如果圖表目錄有需要做更新，可直接在「參考資料」標籤中按下「更新圖表目錄」鈕來更新頁碼或整個目錄。

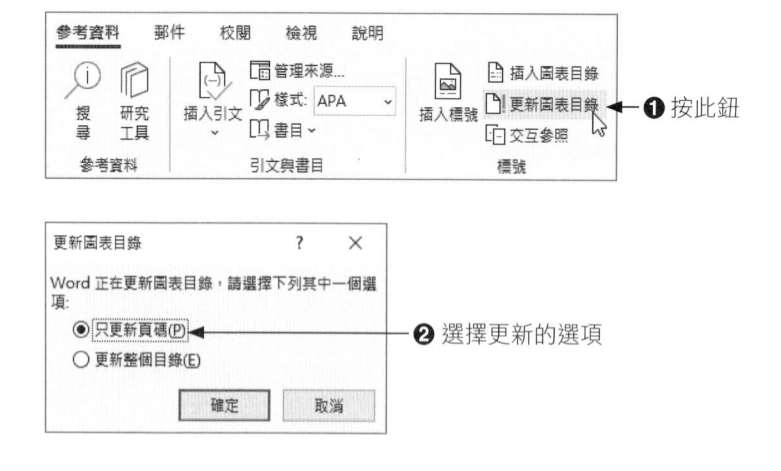

❶ 按此鈕

❷ 選擇更新的選項

5-42

5-8 主控文件應用 – 論文合併

撰寫的論文如果包含數百頁，特別是圖表較多的論文，在編輯時都會較耗損時間。如果你會使用「主控文件」的功能，就可以將各章分散儲存，最後再利用此功能合併文件。

此外，學校通常規定整篇的電子論文必須包含論文的所有內容，書名頁、審核頁、謝誌、摘要、目錄、正文、參考書目等要合併在一個檔案中，且摘要之前不設定頁碼，摘要及目錄要標示為羅馬數字，正文之後要標示為阿拉伯數字，這些不同的頁碼設定可以透過「主控文件」功能來進行合併。

5-8-1 將多份文件合併至主控文件

要將兩份以上的 Word 文件合併成一份文件並不困難，利用「主控文件」功能便可辦到。

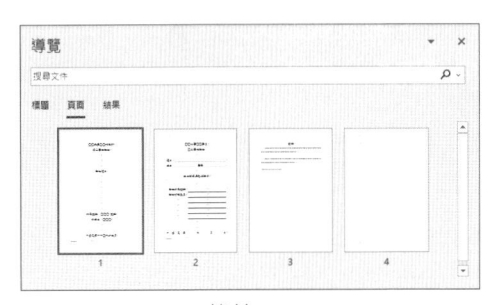

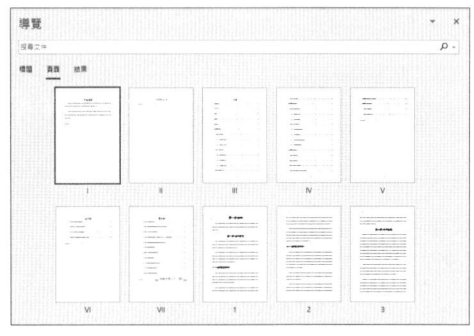

1_ 篇前 .docx　　　　　　　　2_ 摘要目錄正文 .docx

此處我們以兩份文件做示範，一個是包含標題頁、簽名頁、謝誌等不含頁碼的「1_ 篇前 .docx」文件，另一個是包含摘要、目錄、論文正文等已設定不同頁碼格式的「2_ 摘要目錄正文 .docx」文件。

要注意的是,必須確保主控文件的頁面配置與子文件相同,同時主控文件中所使用的樣式與子文件相同,這樣才能做合併的動作。所以請各位開啟論文樣式最完整的檔案「2_摘要目錄正文.docx」,全選文件內容按「Delete」鍵刪除,依照「5-1-4 預設個人範本存放位置」方式儲存範本檔於電腦桌面,再按滑鼠兩下於範本,使開啟 docx 的空白文件。

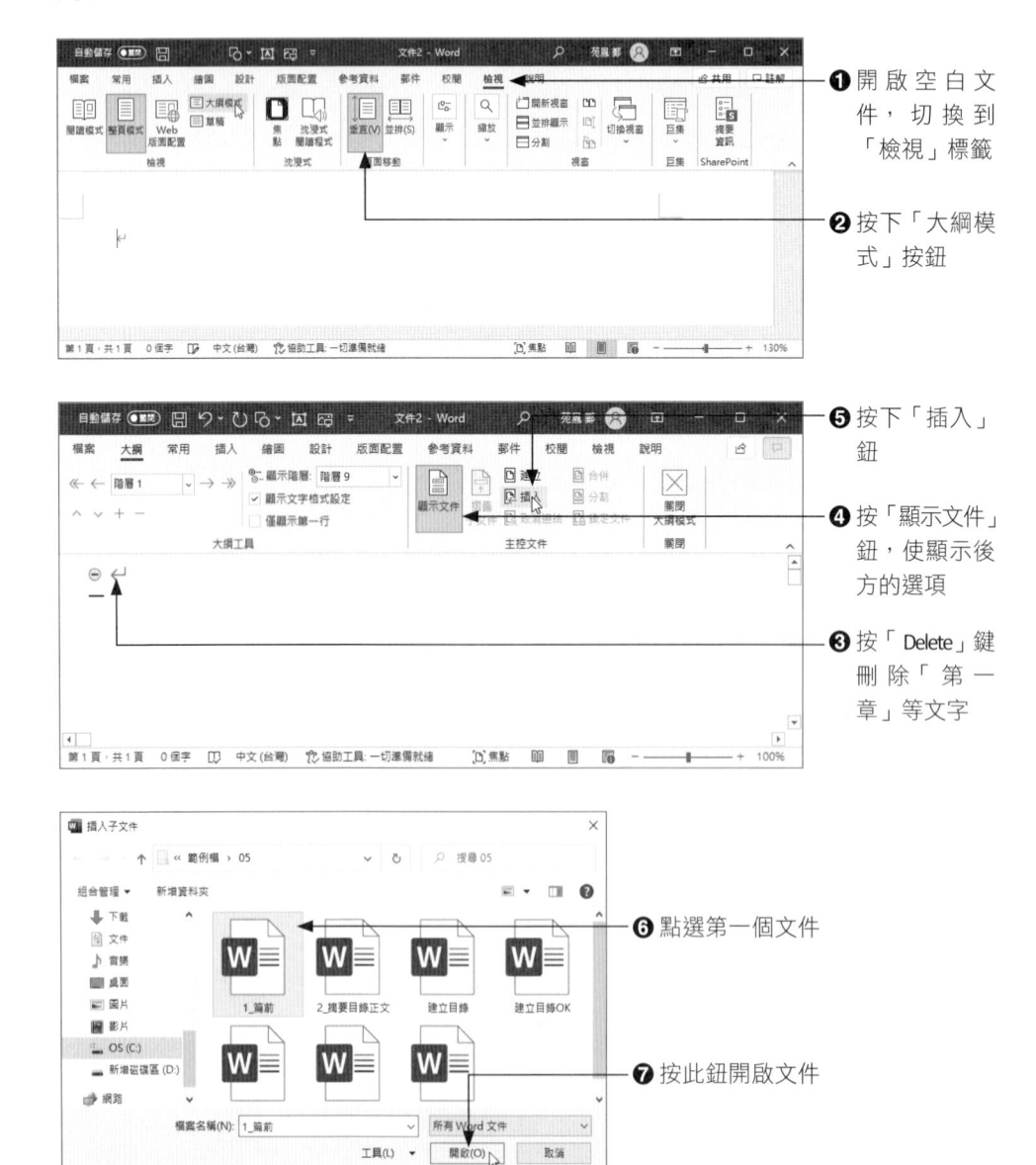

❶ 開啟空白文件,切換到「檢視」標籤

❷ 按下「大綱模式」按鈕

❸ 按「Delete」鍵刪除「第一章」等文字

❹ 按「顯示文件」鈕,使顯示後方的選項

❺ 按下「插入」鈕

❻ 點選第一個文件

❼ 按此鈕開啟文件

5-44

篇前設定 5

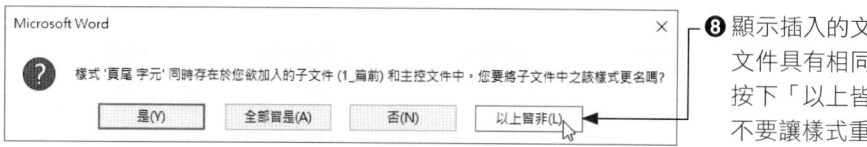

❽ 顯示插入的文件與主控文件具有相同的樣式，按下「以上皆非」鈕，不要讓樣式重新更名

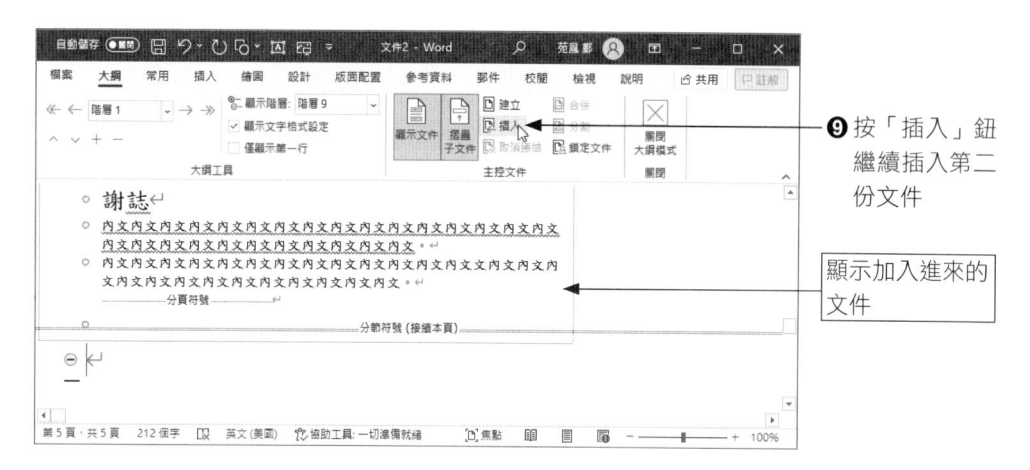

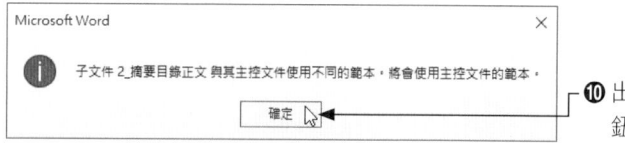

❾ 按「插入」鈕繼續插入第二份文件

顯示加入進來的文件

❿ 出現此對話框時，按下「確定」鈕，使套用主控文件的範本

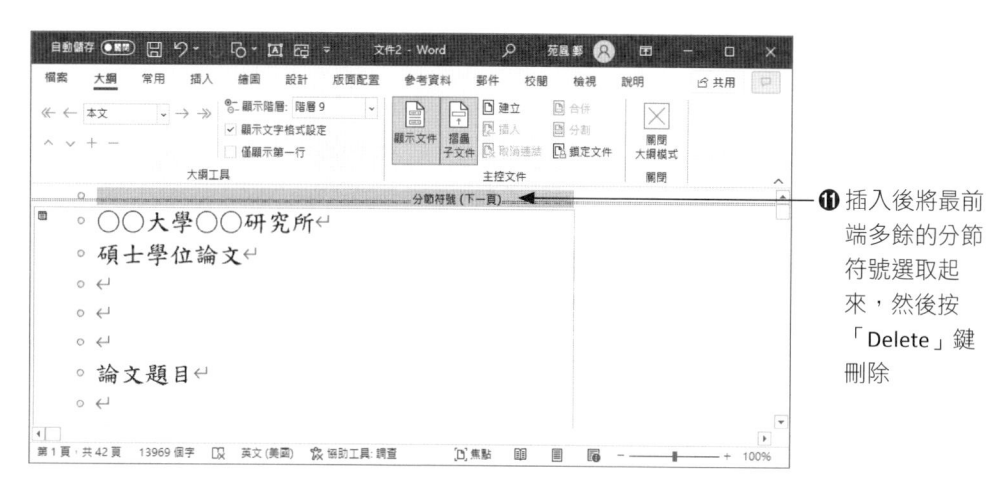

⓫ 插入後將最前端多餘的分節符號選取起來，然後按「Delete」鍵刪除

5-45

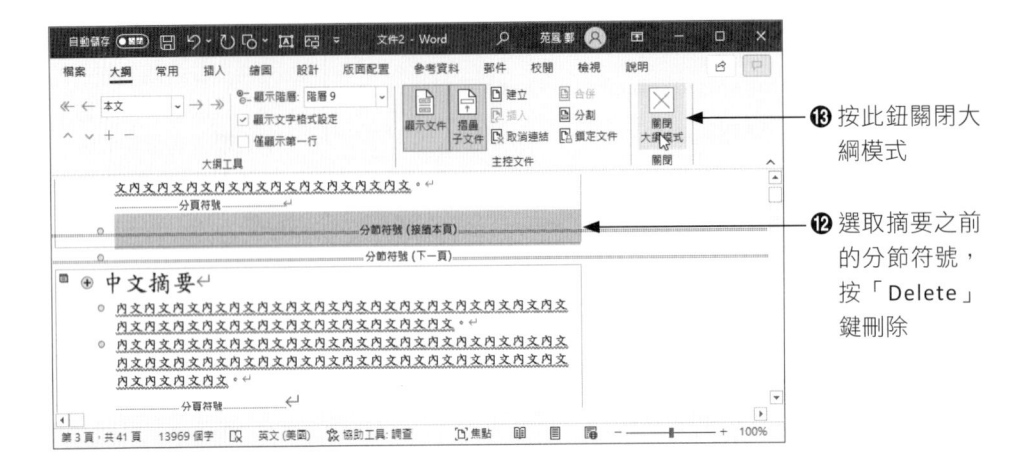

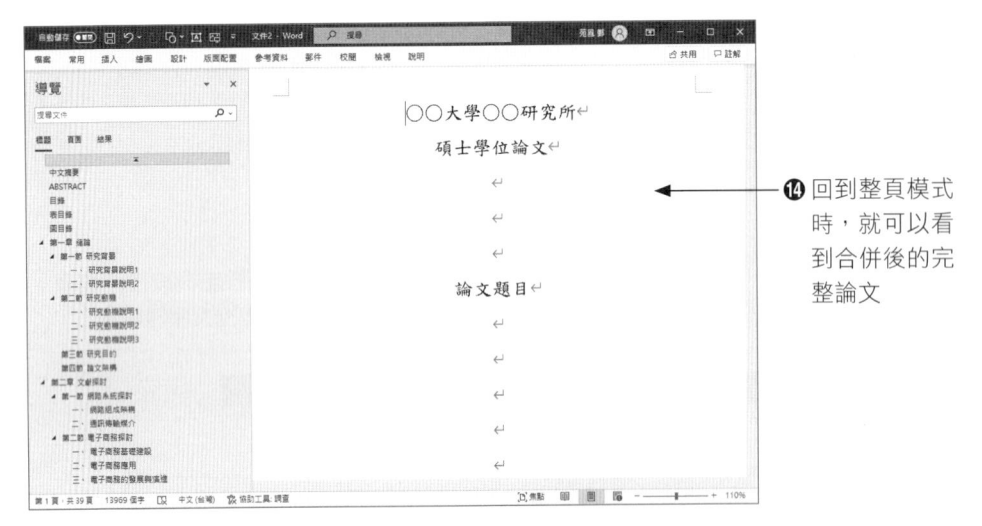

精準駕馭 Word! 論文寫作絕非難事

⓭ 按此鈕關閉大綱模式

⓬ 選取摘要之前的分節符號，按「Delete」鍵刪除

⓮ 回到整頁模式時，就可以看到合併後的完整論文

各位要注意的是，主控文件並沒有嵌入各個獨立的文件內容，而是透過超連結來指向這些子文件，所以當你下次開啟此文件時，只會看到如下的超連結。

5-46

5-8-2 將子文件內容嵌入主控文件

當你看到論文的合併文件變成超連結並不需要緊張，這是因為我們先前沒有切斷主控文件與子文件的連結關係。另外，顯示超連結的文件我們也可以讓它展開子文件，它就能顯示完整合併的結果喔！

下面我們示範展開子文件，同時取消主控文件與子文件連結的關係。

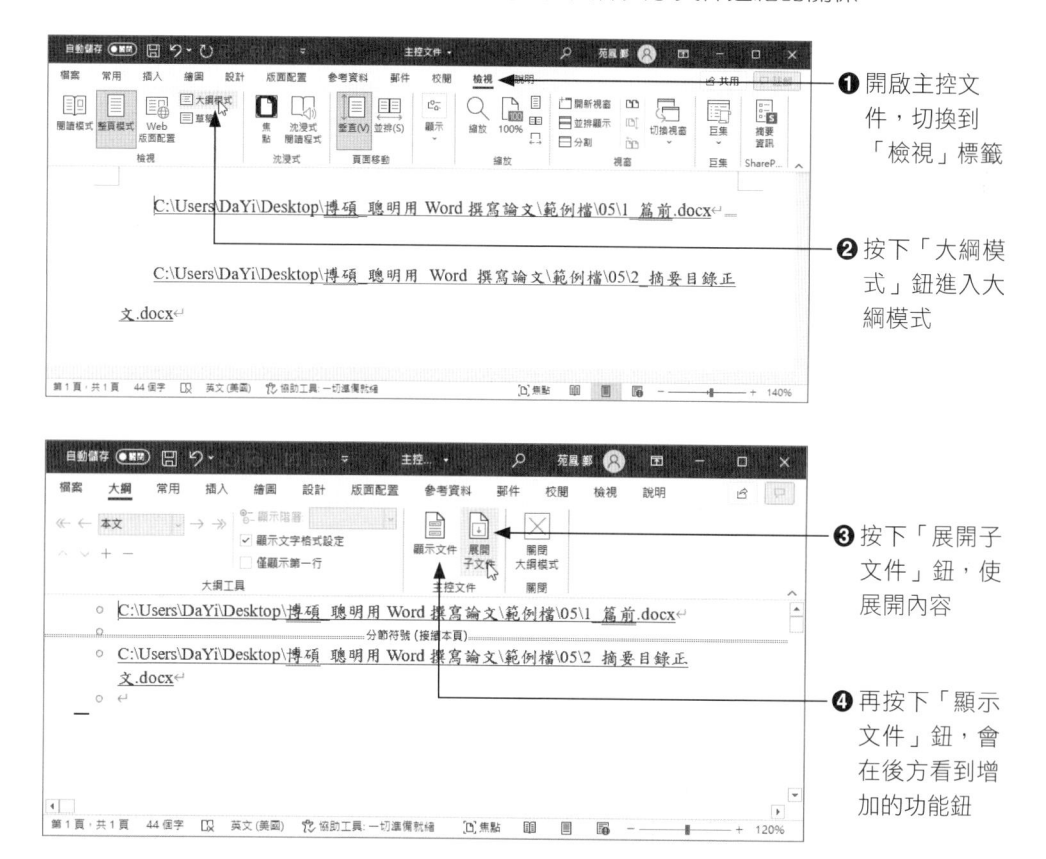

❶ 開啟主控文件，切換到「檢視」標籤

❷ 按下「大綱模式」鈕進入大綱模式

❸ 按下「展開子文件」鈕，使展開內容

❹ 再按下「顯示文件」鈕，會在後方看到增加的功能鈕

5-47

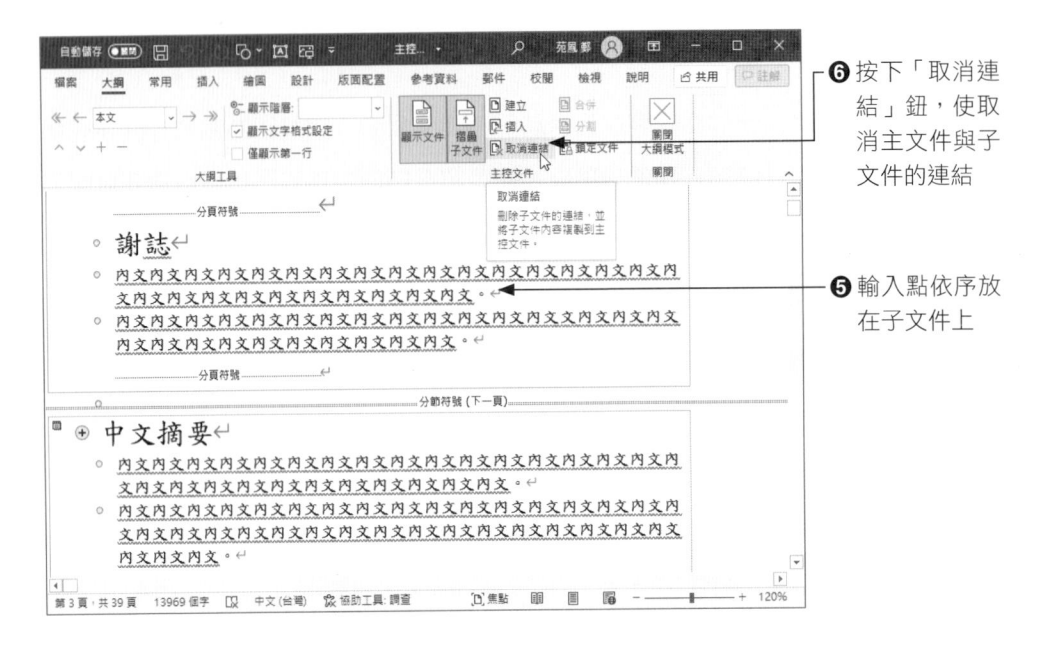

精準駕馭 Word! 論文寫作絕非難事

❻ 按下「取消連結」鈕，使取消主文件與子文件的連結

❺ 輸入點依序放在子文件上

完成「取消連結」的設定後重新儲存文件，就可以完整看到合併後的論文內容。

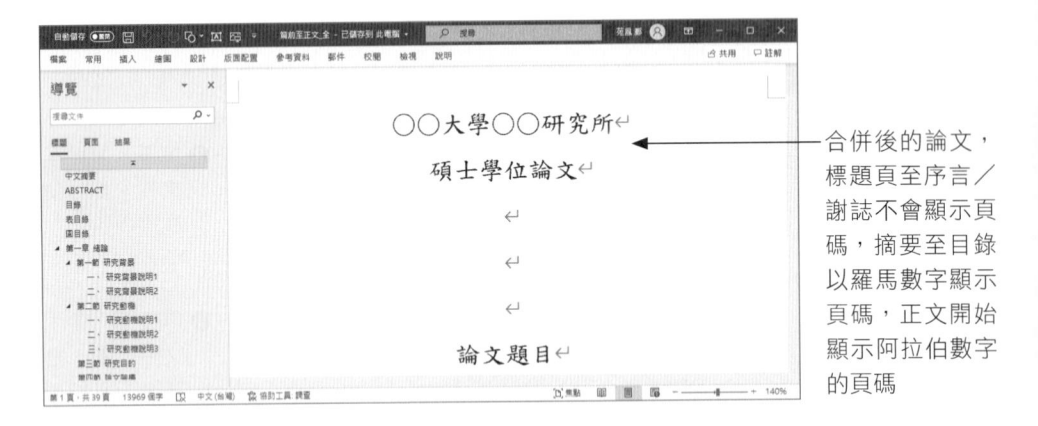

合併後的論文，標題頁至序言／謝誌不會顯示頁碼，摘要至目錄以羅馬數字顯示頁碼，正文開始顯示阿拉伯數字的頁碼

5-48

CHAPTER

6

篇後設定

6-1 參考文獻（參考書目）

6-2 索引

6-3 設定浮水印

精準駕馭 Word! 論文寫作絕非難事

論文的篇後包括參考文獻、附錄、索引，其頁碼是接續在正文之後，所以只要正文的篇幅不是很多時，可接續在正文之後直接加入參考文獻、附錄和索引。

參考文獻是清楚交代你所引用的資料來源，從參考的文獻可看到作者是否有真正在找資料和研究資料，另一方面可供其他有興趣的人查閱相關文獻資料。附錄通常是問卷調查、訪談資料或實驗數據，凡屬大量數據或冗長備考之資料，不便刊載於正文的內容，均可放在附錄可供讀者查閱。索引較不常使用，通常論文中有較多的專有名詞，才會製作索引方便讀者查閱。

這個章節我們針對「參考文獻」及「索引」作介紹，而「附錄」因為系所的不同差異較多，如果是屬於問卷調查，建議可以使用無框線的表格來製作，就可以達到整齊美觀的效果。另外，有關浮水印的加入技巧，我們一併在此章做說明。

6-1 參考文獻（參考書目）

參考文獻比較複雜繁瑣，其標記的格式會因為學科領域的不同而有所差異，雖然 Word 軟體可以快速將論文正文的參考書目，依照你選定的學門領域適用的樣式（如：APA、IEEE、MLA⋯等），然後依序條列出所有的參考書目。如果顯示的參考書目格式與系所規定或投稿單位要求的撰寫格式有所出入時，還是要進行修正，原則上同一篇論文中只能使用一種格式，不能混用。

6-1-1 參考文獻規則

在正文撰述過程所引用過的參考書目及中英文期刊，都需要將作者姓氏、出版年次、書目、技術資料或期刊名稱、版序、頁碼等內容編列於篇後的參考文獻當中。基本的排列順序是：作者、出版年、標題、書刊名、出版地、出版者、頁數等

資訊，另外，依照書籍、期刊、雜誌、論文、報紙…等來源的不同，其標註的方式也會有所不同。引用格式的順序和結構大致如下：

順序	欄位	內容
1	作者	1人，2人以上合著者，編輯者。
2	年代	出版年或出版日期。
3	標題	圖書章節標題、文章標題、論文篇名。
4	書刊名	書名、期刊名、會議論文集名。
5	出版地：出版者 卷期，頁碼 網址 DOI	依資料類型的不同，標示出版品的來源。

參考書目必須另起一頁，且置於論文正文之後。當參考書目比較多時，可將中、西文分隔開來，通常中文在前，西文在後；次分圖書、期刊論文、網路資源及其他。中文的參考書目是按照姓氏筆畫依序排列，而西文參考資料是一作者的姓氏（last name）字母順序做排列。參考書目的條列並沒有特別的技巧，只要依照正確的格式呈現即可。

參考書目的字體一般會延續正文的內文樣式，所以大多使用12級的標楷體或新細明體，英數部份則使用 Times New Roman，左右對齊。如果是雙面列印，則參考文獻應以奇數頁起頁。大多數的系所都會提供引用參考文獻格式的範本給碩／博士生參考，所以這裡不針對個別的格式做細部說明。

6-1-2 插入參考書目

在第三章我們已經跟各位探討過「插入引文」的方式，在插入引文時，「建立來源」視窗就有提供各種的欄位讓我們依序輸入作者、標題、書名、頁數、城市、發行者等，只要依照欄位輸入資料，Word 就幫你記錄下來，對於篇後的參考資料的加入也就變得輕鬆簡單。

精準駕馭 Word! 論文寫作絕非難事

請在正文之後直接輸入「參考文獻」、「附錄」、「索引」等標題文字，並在標題文字之前插入「分頁符號」，使標題字都另起一頁，套用「封面標題」樣式後，同時由「檢視」標籤的「大綱模式」將標題字設為「階層 1」。

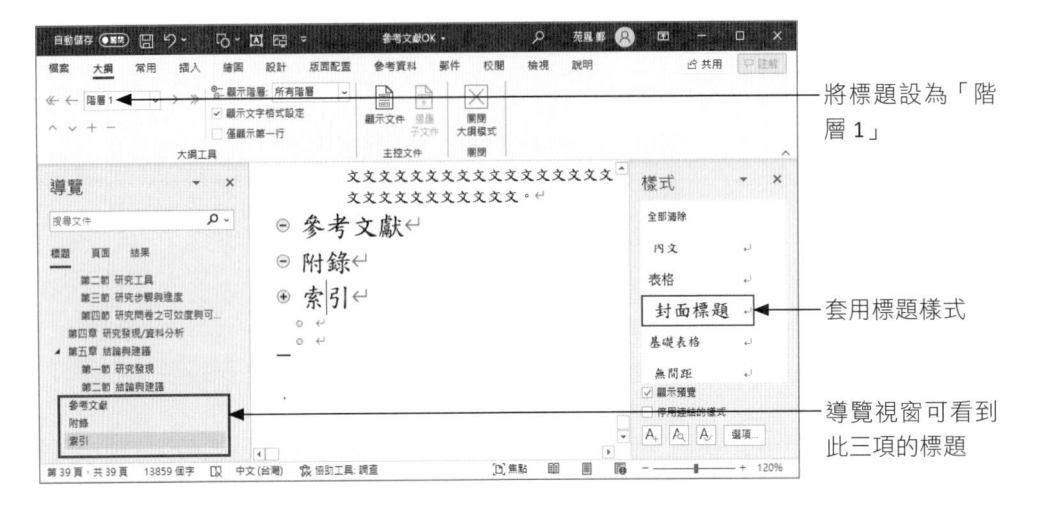

將標題設為「階層 1」

套用標題樣式

導覽視窗可看到此三項的標題

接下來只要將輸入點放在書目要插入的位置，由「參考資料」標籤按下「書目」鈕，並下拉選擇「插入書目」指令，就能加入參考的書目了。

❷ 選擇系所指定的樣式

❸ 由「書目」下拉選擇「插入書目」指令

❶ 輸入點放置參考文獻之下，分頁符號之前

篇後設定 6

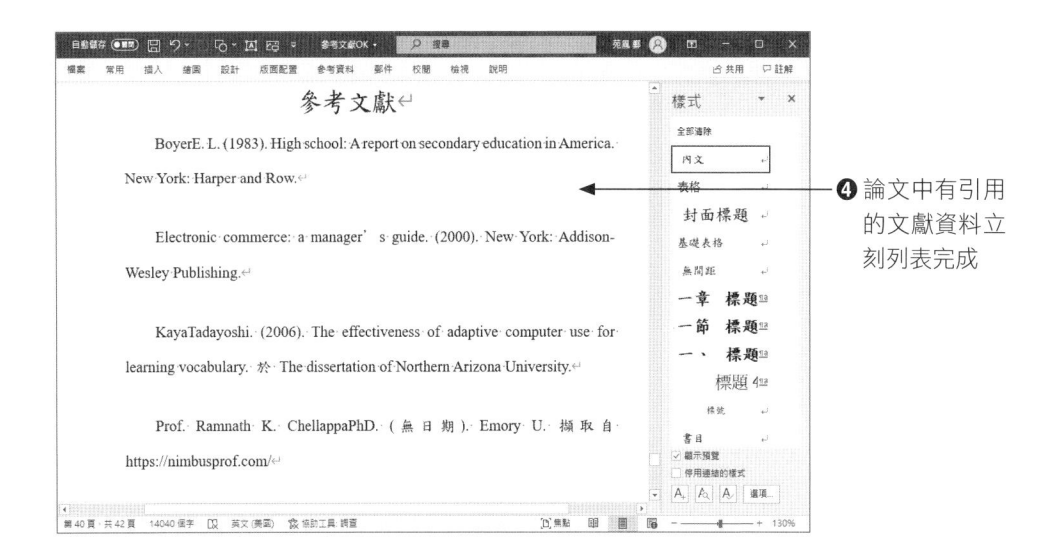

❹ 論文中有引用的文獻資料立刻列表完成

6-1-3 調整書目樣式

利用 Word 的「書目」功能將使用到的參考文獻加入至篇後，有些學校會要求每一筆書目均須凸排 4 字元，這個部分的調整可以透過「樣式」窗格進行「書目」樣式的修改即可。

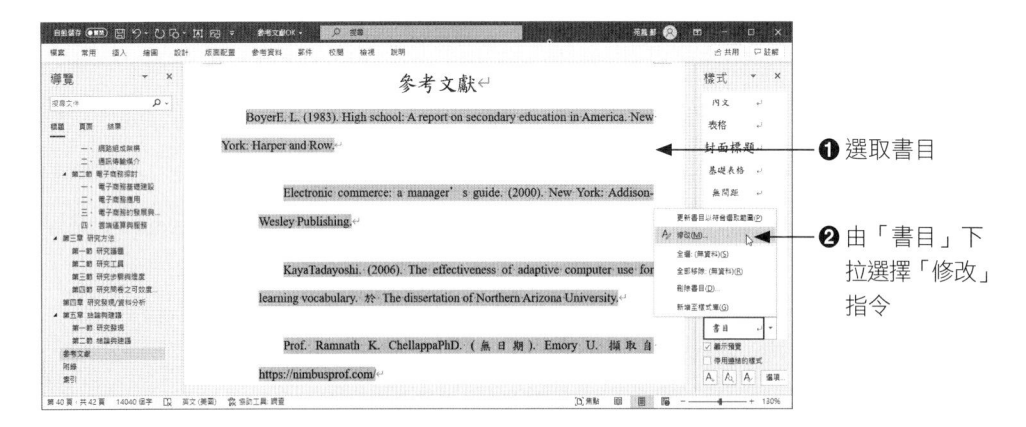

❶ 選取書目

❷ 由「書目」下拉選擇「修改」指令

6-5

依前面介紹的樣式設定技巧，由「格式」鈕下拉選擇「段落」指令，進入「段落」視窗後，在「縮排與行距」標籤中將「特殊」變更為「凸排」並設定位移點數即可搞定。

6-1-4 插入註腳的參考書目

前面我們提到過，註腳（footnote）是芝加哥大學論文寫作規範的格式（Chicago Manual of Style），由於在該頁下方腳註，所以援引的證據馬上可看得見。

當你使用註腳方式將參考書目分散在各頁當中，你可以選擇將篇後獨力一個文件，再利用主控文件功能將篇前、正文、篇後加以合併在一起。另外可以使用「檢視」功能表中的「草稿」功能，由「參考資料」顯示註腳及章節附註後，再將所有註腳複製／貼入後方的「參考文獻」的頁面當中。下面以「參考文獻2.docx」做說明。

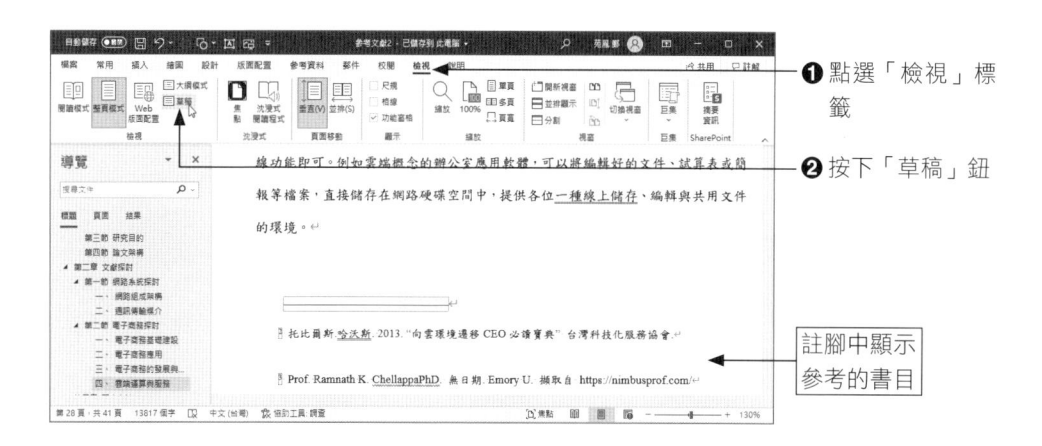

篇後設定 6

❶ 點選「檢視」標籤

❷ 按下「草稿」鈕

註腳中顯示參考的書目

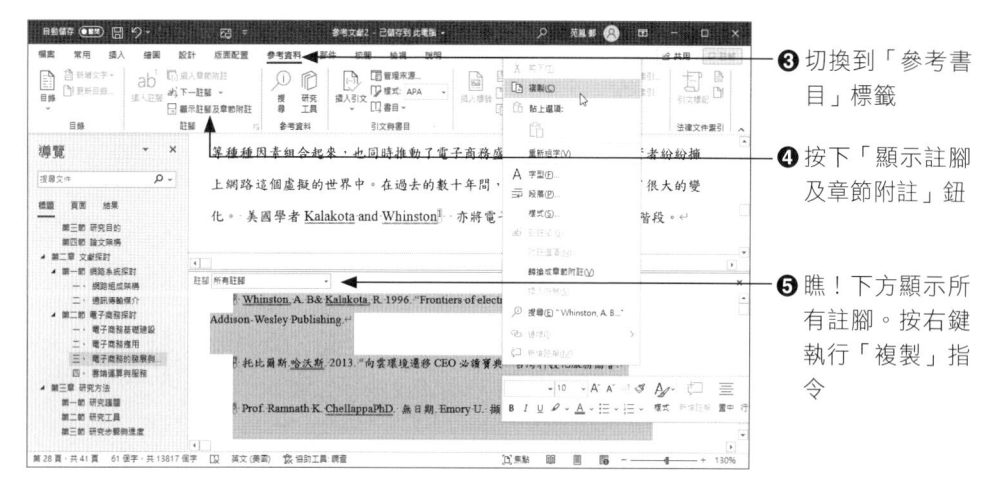

❸ 切換到「參考書目」標籤

❹ 按下「顯示註腳及章節附註」鈕

❺ 瞧！下方顯示所有註腳。按右鍵執行「複製」指令

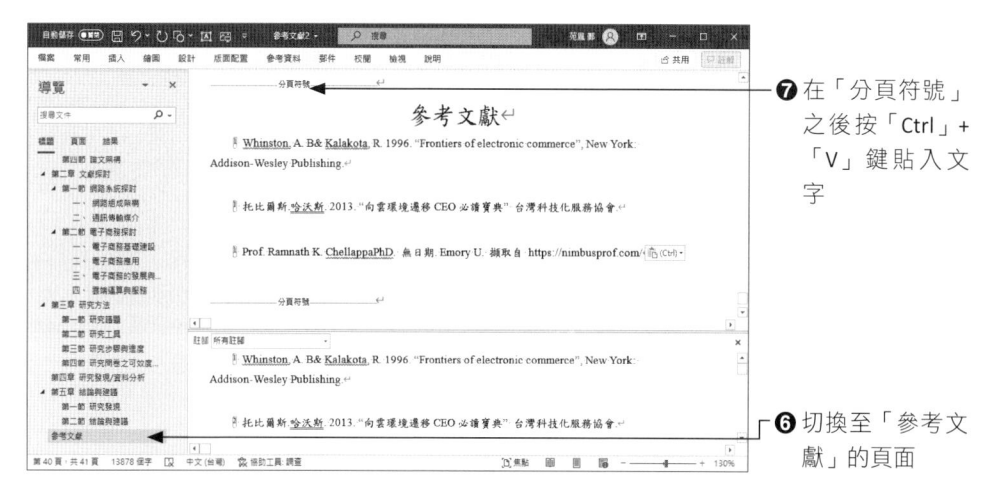

❼ 在「分頁符號」之後按「Ctrl」+「v」鍵貼入文字

❻ 切換至「參考文獻」的頁面

6-7

❽ 按此鈕回到整頁模式

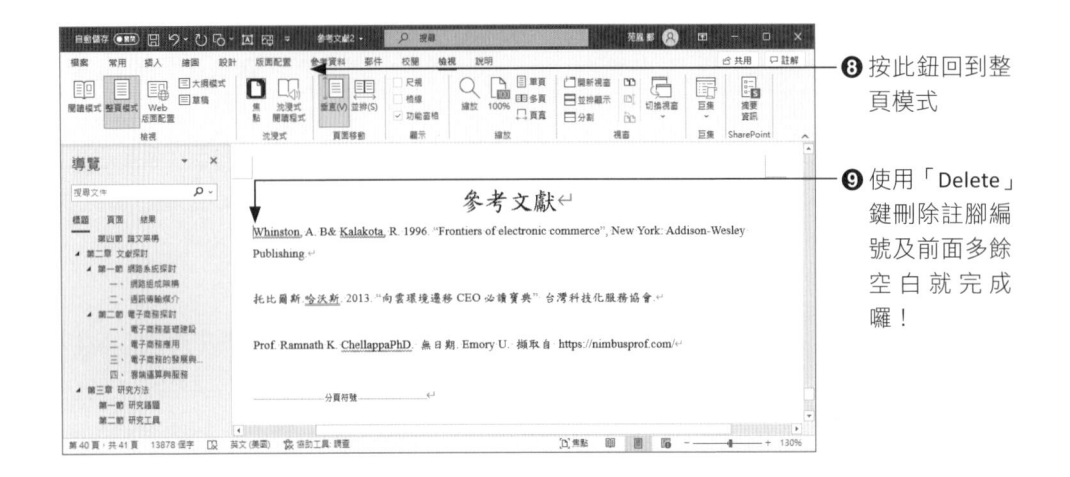

❾ 使用「Delete」鍵刪除註腳編號及前面多餘空白就完成囉！

6-1-5 參考書目的排序

當各位透過「插入引文」的方式插入書目後，從「參考書目」標籤中的「管理來源」就有提供如下幾種的排序方式，選擇之後屆時在插入書目時就會以設定的方式進行插入。

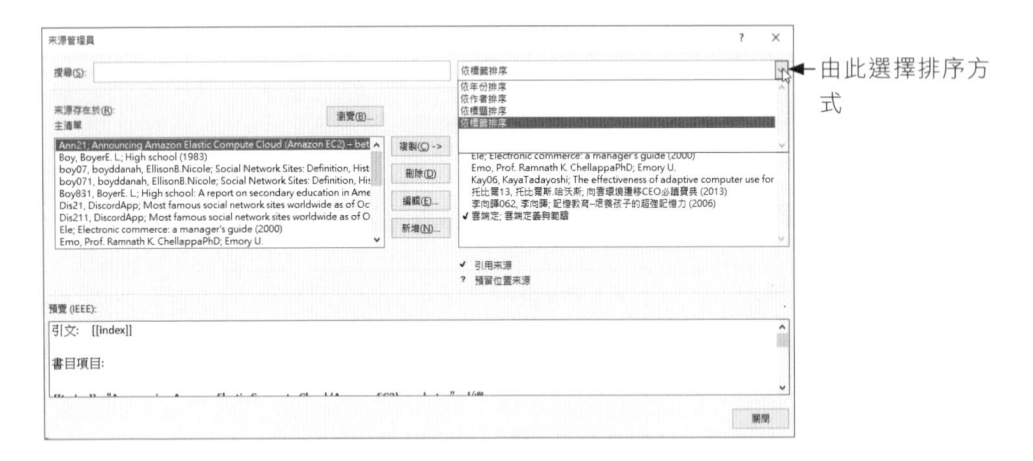

← 由此選擇排序方式

6-8

除此之外，在「常用」標籤也有提供「排序」 鈕。

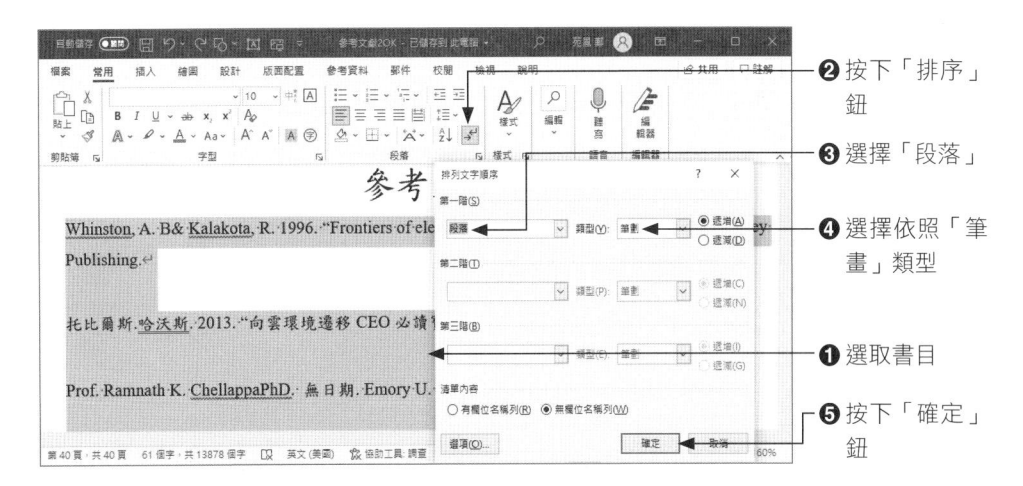

❷ 按下「排序」鈕
❸ 選擇「段落」
❹ 選擇依照「筆畫」類型
❶ 選取書目
❺ 按下「確定」鈕

依此方式進行排序，不但中英文自動分隔開來，中文自動以筆畫多寡排序，而英文也以字母先後順序自動排序。

6-2 索引

在論文中如果出現較多的專有名詞，為了提供讀者查閱，可在篇後加入索引。索引是將論文中所有重要的詞語按照字母或筆畫順序排列而成的清單，同時提供每個詞語在書中出現的頁碼，方便讀者快速找到該詞語的具體位置。

在建立索引時，出現在索引中的每個詞語稱為「索引項目」，你可以使用手動標記的方式來建立索引，也可以透過自動標記索引檔來建立索引。

6-2-1 手動標記索引項目

建立索引最簡單的方式就是手動標記索引項目,也就是把想要出現在索引中的每個詞語直接標記出來,以便讓 Word 在建立索引時,能夠識別出這些標記過的內容。請開啟「索引設定 .docx」文件檔,我們為各位做示範說明。

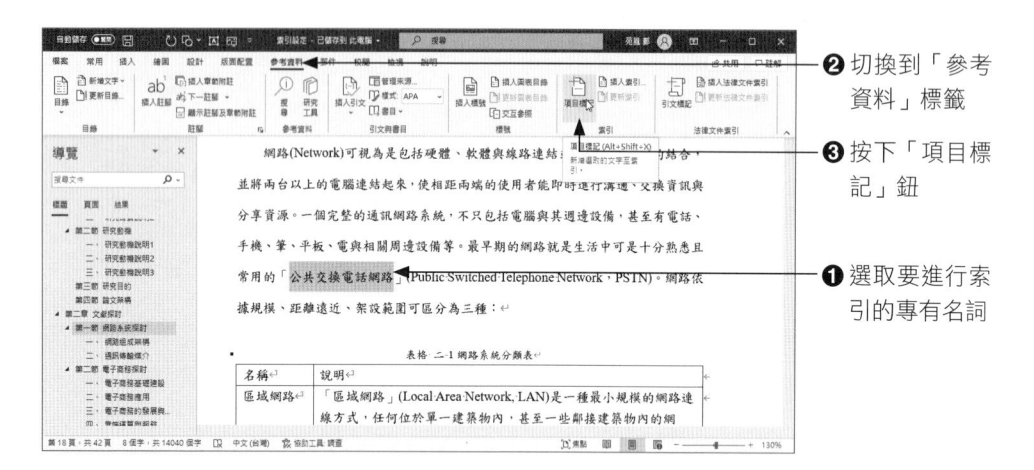

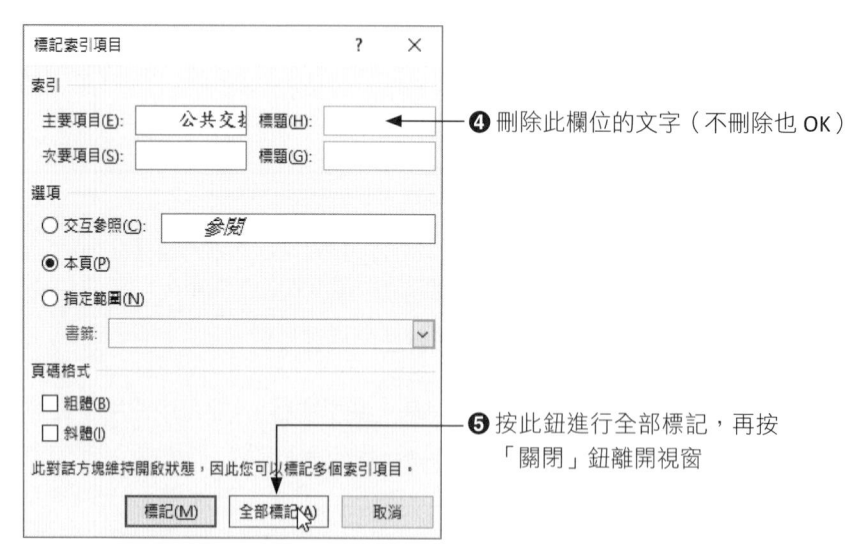

❷ 切換到「參考資料」標籤

❸ 按下「項目標記」鈕

❶ 選取要進行索引的專有名詞

❹ 刪除此欄位的文字(不刪除也 OK)

❺ 按此鈕進行全部標記,再按「關閉」鈕離開視窗

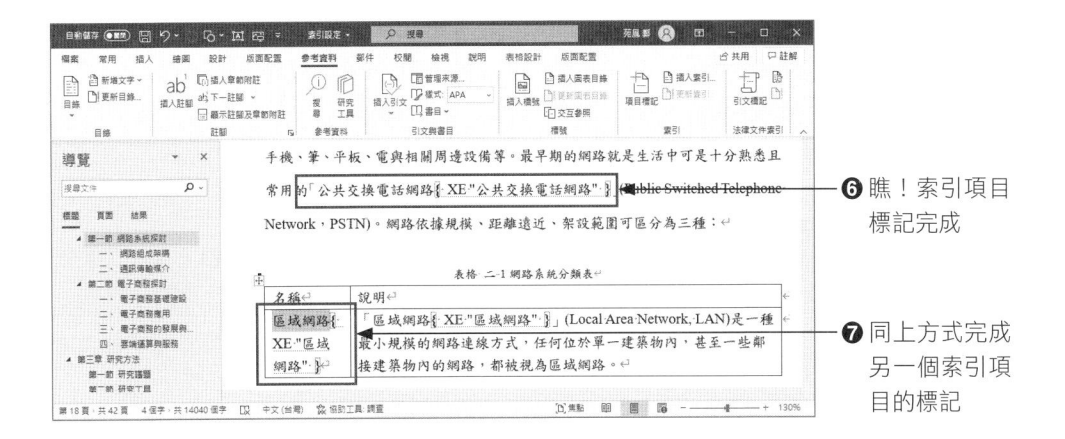

❻ 瞧！索引項目標記完成

❼ 同上方式完成另一個索引項目的標記

6-2-2 顯示 / 隱藏編輯標記

「公共交換電話網路{ XE "公共交換電話網路" }」

各位可以看到在索引項目的後方出現的 { } 是索引的編輯標記，而 XE 是功能變數的代碼，這個編輯標記可以隱藏也可以顯示，如果要隱藏起來，可從「常用」標籤按下 ↵ 鈕。

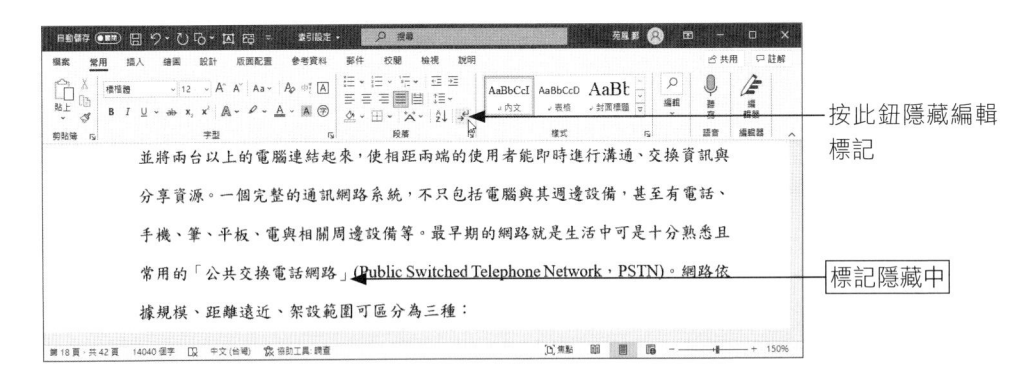

按此鈕隱藏編輯標記

標記隱藏中

6-11

6-2-3 插入索引

當各位在論文中完成所有索引項目的標記後,只要從「參考資料」標籤按下「插入索引」鈕,就可以設定要插入的效果。

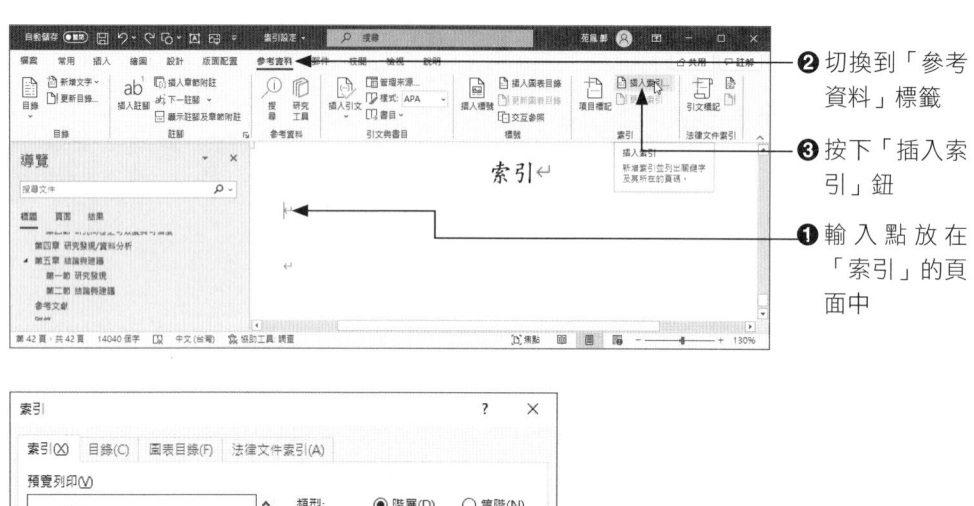

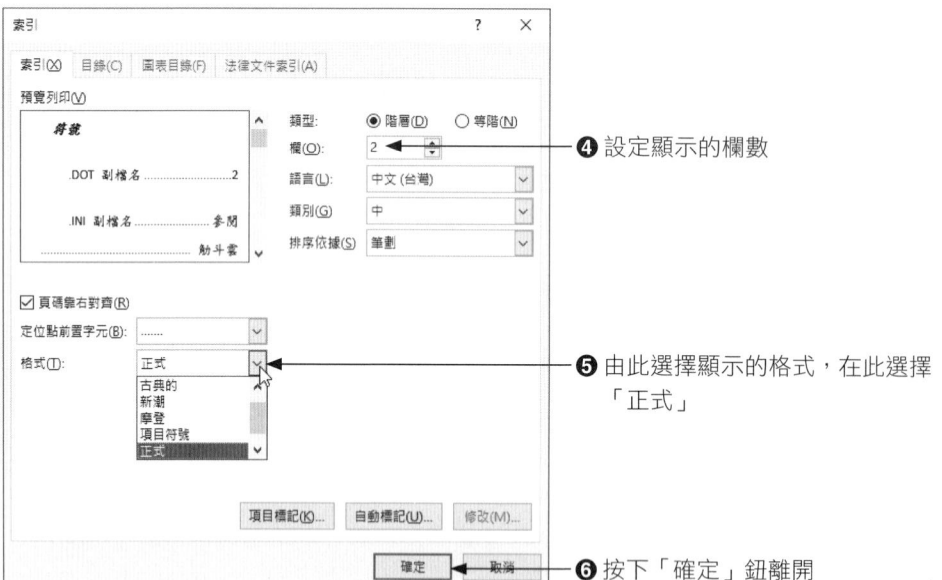

❷ 切換到「參考資料」標籤

❸ 按下「插入索引」鈕

❶ 輸入點放在「索引」的頁面中

❹ 設定顯示的欄數

❺ 由此選擇顯示的格式,在此選擇「正式」

❻ 按下「確定」鈕離開

6-12

篇後設定 6

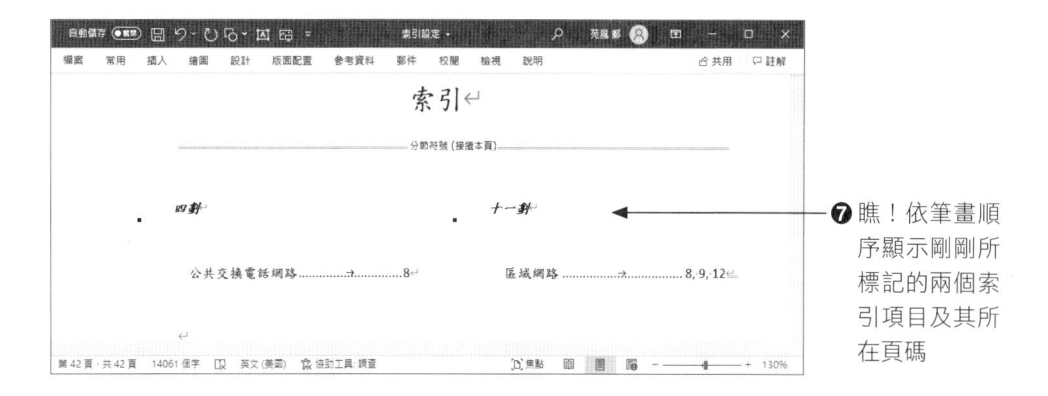

❼ 瞧！依筆畫順序顯示剛剛所標記的兩個索引項目及其所在頁碼

6-2-4 使用自動標記索引檔建立索引

除了使用手動方式來建立索引外，如果論文中的專有詞彙很多，一個個標記太麻煩了，那麼可以考慮另外建立一個索引檔來標記這些專有詞彙。它的製作方式很簡單，只要開啟空白文件，建立一個兩欄式的表格，將論文中的專有詞彙依序編排至表格當中，1 和 2 欄的內容相同，然後儲存為「docx」的文件檔，如圖示：

自動標記索引檔

6-13

接下來開啟你的論文依照下面的步驟進行設定即可。

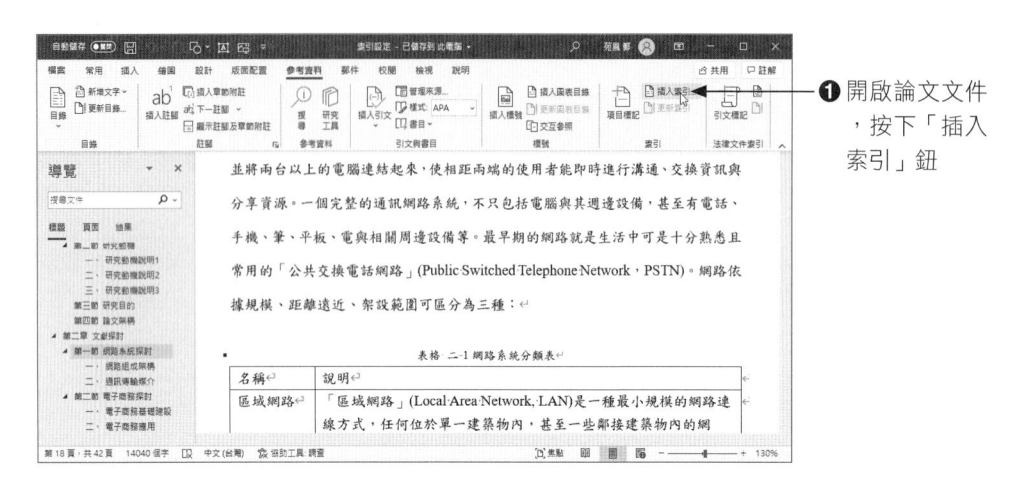

❶ 開啟論文文件，按下「插入索引」鈕

❷ 按下「自動標記」鈕

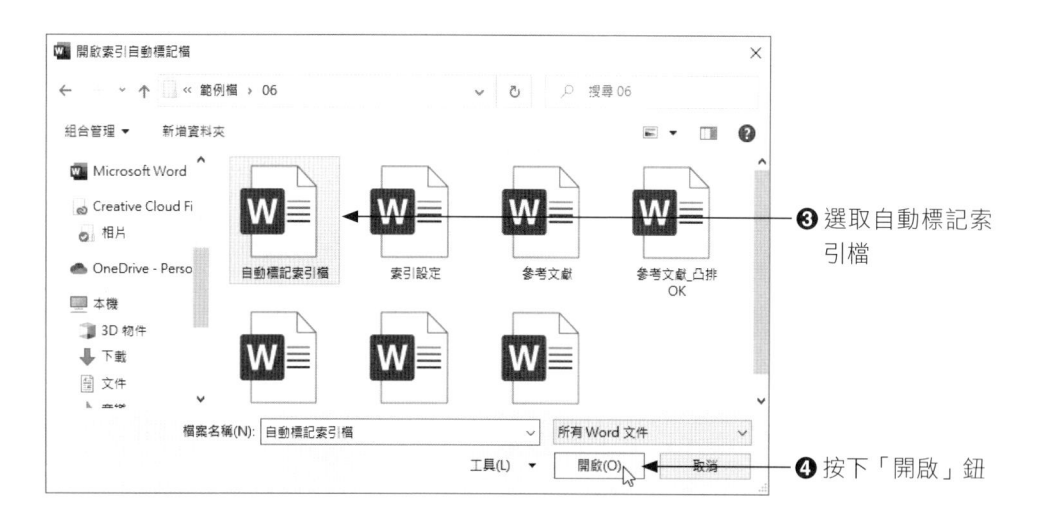

篇後設定 6

❸ 選取自動標記索引檔

❹ 按下「開啟」鈕

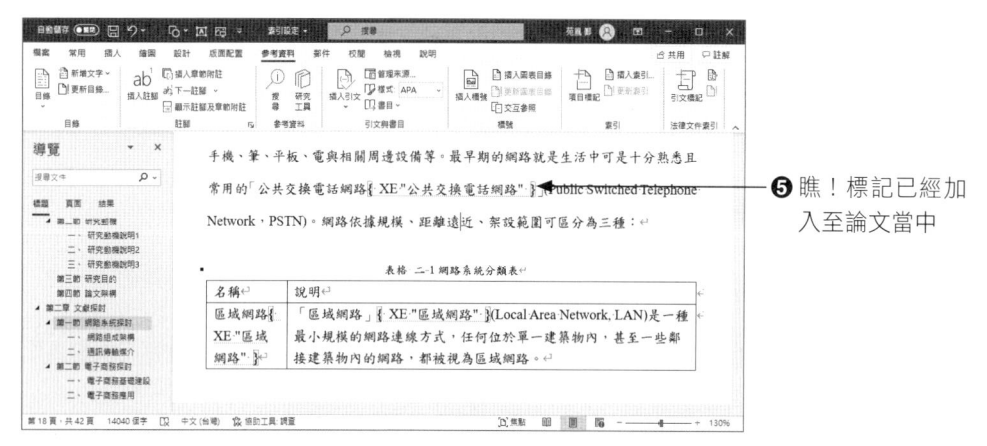

❺ 瞧！標記已經加入至論文當中

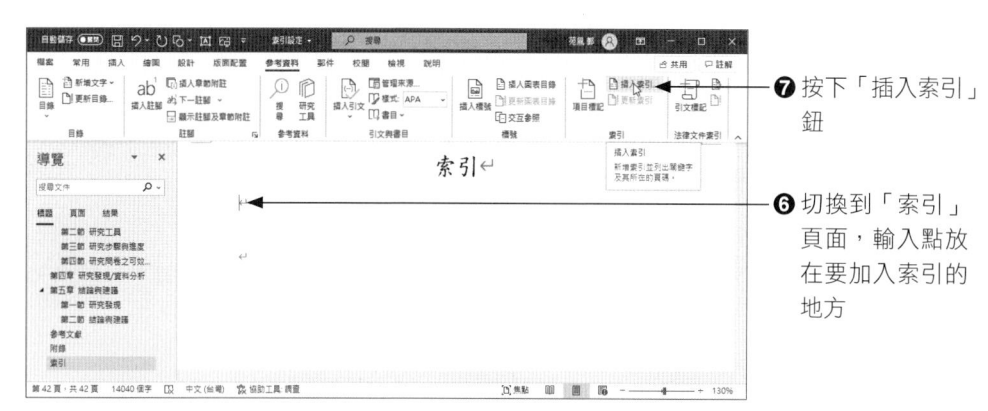

❼ 按下「插入索引」鈕

❻ 切換到「索引」頁面，輸入點放在要加入索引的地方

6-15

❽ 按下「確定」鈕離開

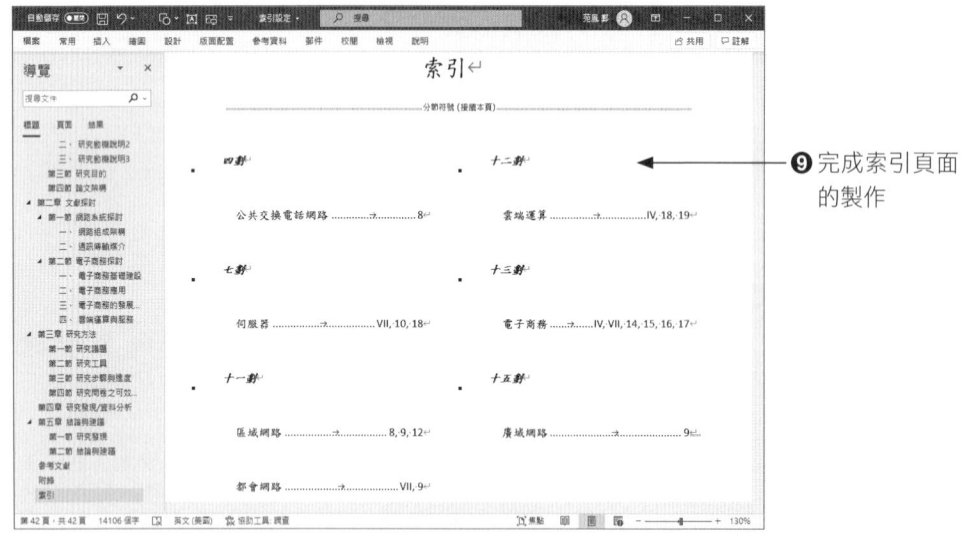

❾ 完成索引頁面的製作

6-2-5 修改索引樣式

當你加入索引項目後,如果想要針對索引的樣式進行修正,可以從「樣式」窗格選擇「索引標題」和「索引1」來進行「修改」。

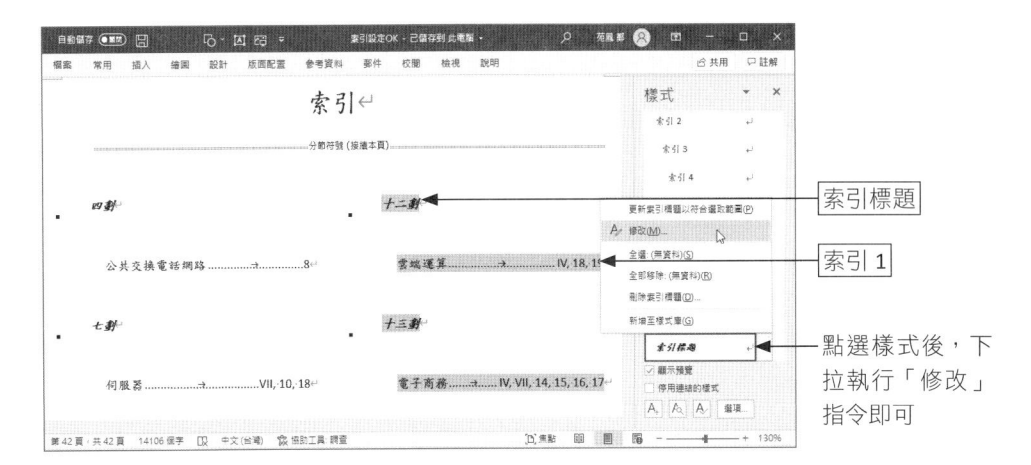

索引標題

索引1

點選樣式後,下拉執行「修改」指令即可

6-2-6 同步更新索引與文件內容

當文件內容有所變動時,為了讓索引與文件內容保持一致,就必須更新索引。你可以在索引範圍內按右鍵,在彈出的快顯功能表中選擇「更新功能變數」指令,也可以在「參考資料」標籤中點選「更新索引」指令來同步更新索引與文件內容。

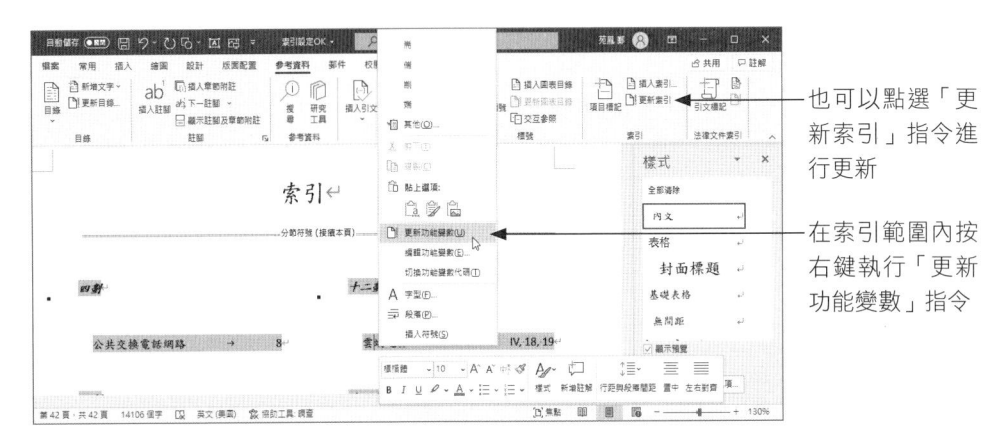

也可以點選「更新索引」指令進行更新

在索引範圍內按右鍵執行「更新功能變數」指令

6-17

6-2-7 建立多階層索引

在 Word 裡面也可以建立具有多層次的索引,在多層次索引中會包含主索引項目和次索引項目兩部分。你可以使用手動方式在「參考資料」標籤中按下「項目標記」鈕,進入左下圖的視窗中輸入「主要項目」和「次要項目」,也可以採用自動標記索引檔的方式,在第二個欄位中以冒號區隔出主要項目與次要項目,如右下圖所示。

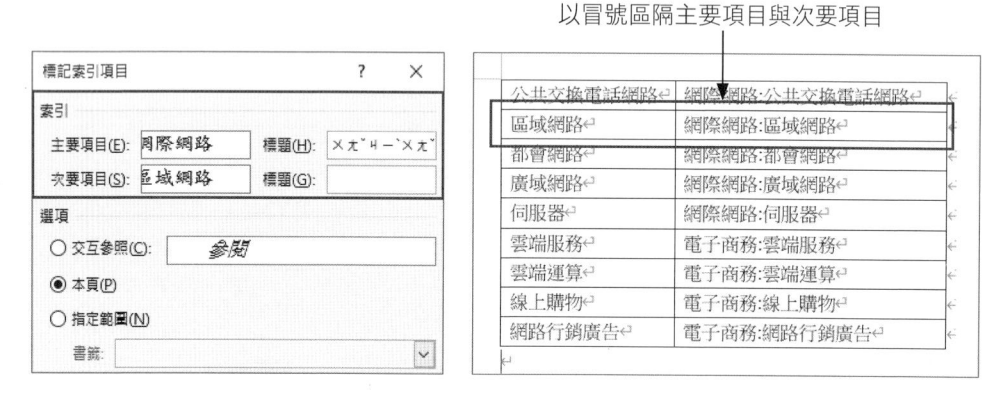

如右上圖為例,使用自動標籤索引檔方式建立索引,就可以在主要項目之下顯現其下層的索引項目。

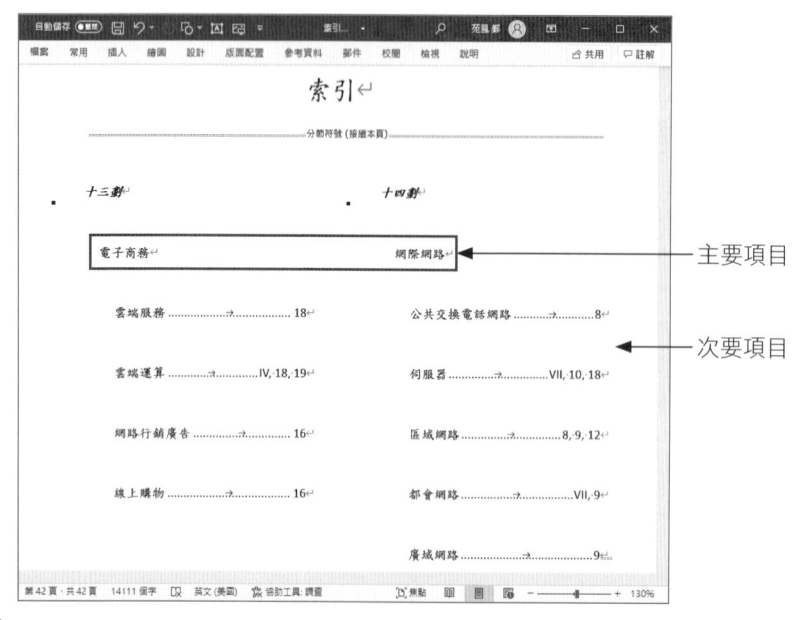

6-3 設定浮水印

學位論文在列印或上傳之前,多數學校會要求論文檔案中須置入學校的浮水印。通常學校會提供論文專用的浮水印,以做為版權的宣告。各位只要在學校的網站上找到論文浮水印的下載處,按右鍵執行「另存圖片」指令,就可以將浮水印的圖檔儲存在電腦的桌面上。

按右鍵於浮水印圖案,執行「另存圖片」指令可下載圖片至電腦桌面

6-3-1 浮水印規則

紙本論文的「封面」不需要加浮水印,但內文的標題頁(書名頁)及全文都須加浮水印,有些學校則是要求論文除了審核頁之外,每一頁皆要加入浮水印。為了維持論文品質的一致性,在插入浮水印時最好不用任意改變浮水印的尺寸。另外,圖片或有底色的表格,有時會導致浮水印無法顯現或只顯現部分,這種情形並不會影響到審核的結果,如果是文字遮住浮水印的狀況就必須排除。

6-3-2 插入浮水印

要將下載下來的浮水印圖案插入到論文中,請開啟論文檔案後,在頁首處按滑鼠兩下,使進入頁首及頁尾編輯狀態,我們將在此處插入浮水印。

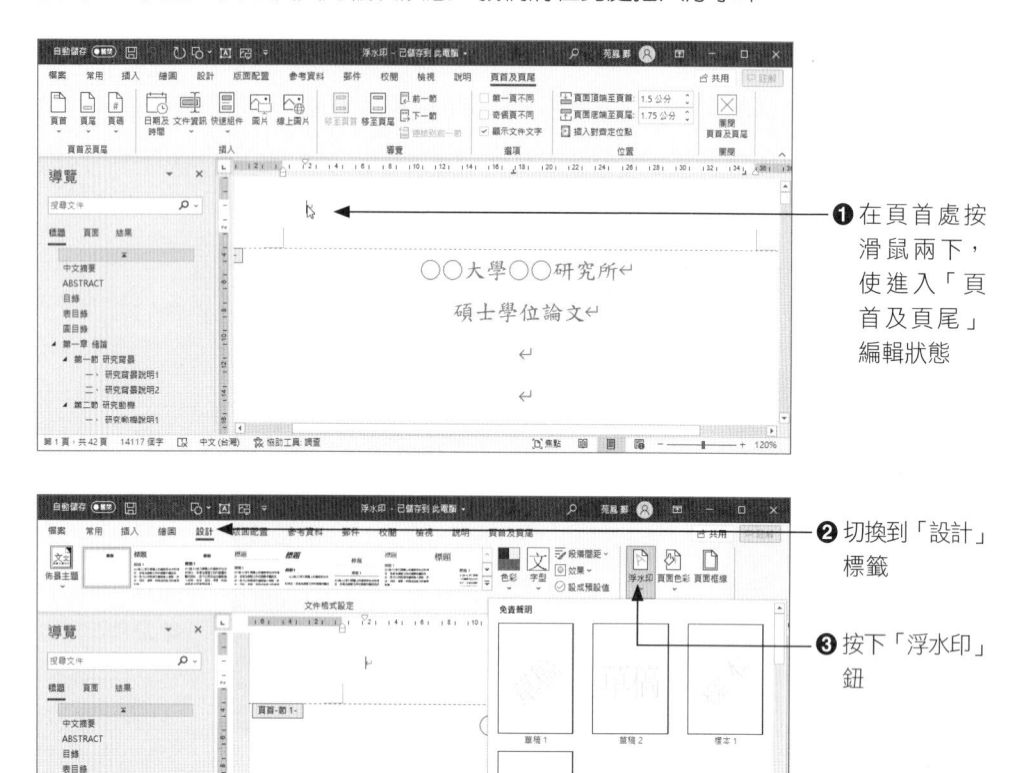

❶ 在頁首處按滑鼠兩下,使進入「頁首及頁尾」編輯狀態

❷ 切換到「設計」標籤

❸ 按下「浮水印」鈕

❹ 下拉選擇「自訂浮水印」指令

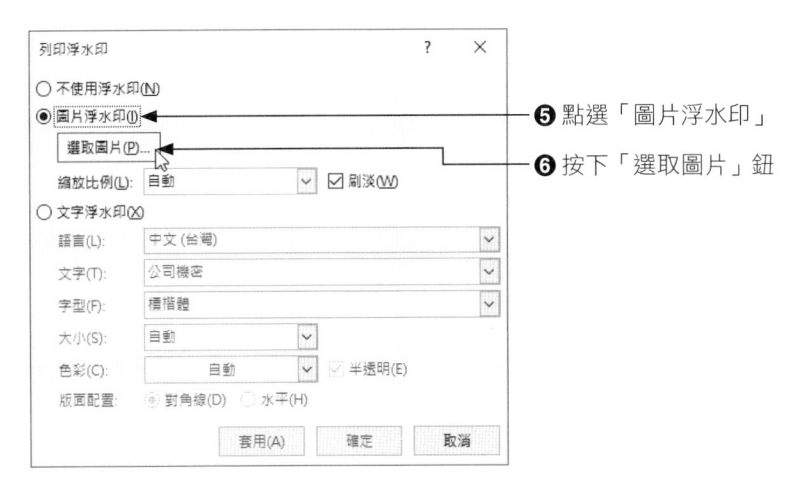

篇後設定 6

❺ 點選「圖片浮水印」

❻ 按下「選取圖片」鈕

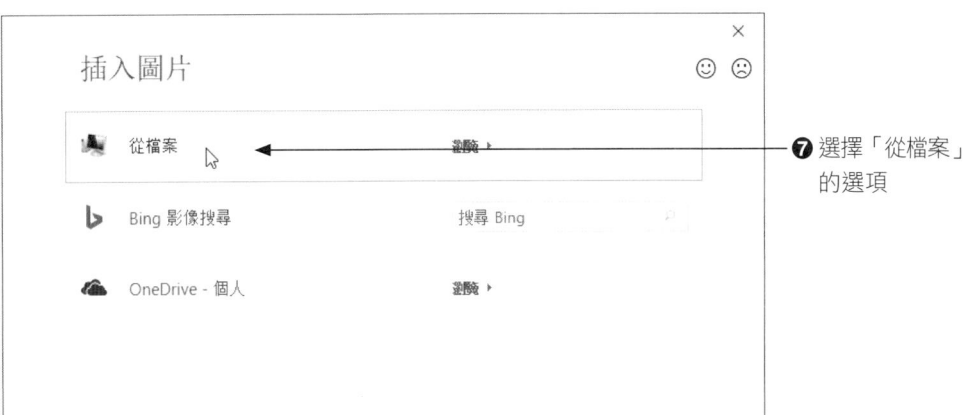

❼ 選擇「從檔案」的選項

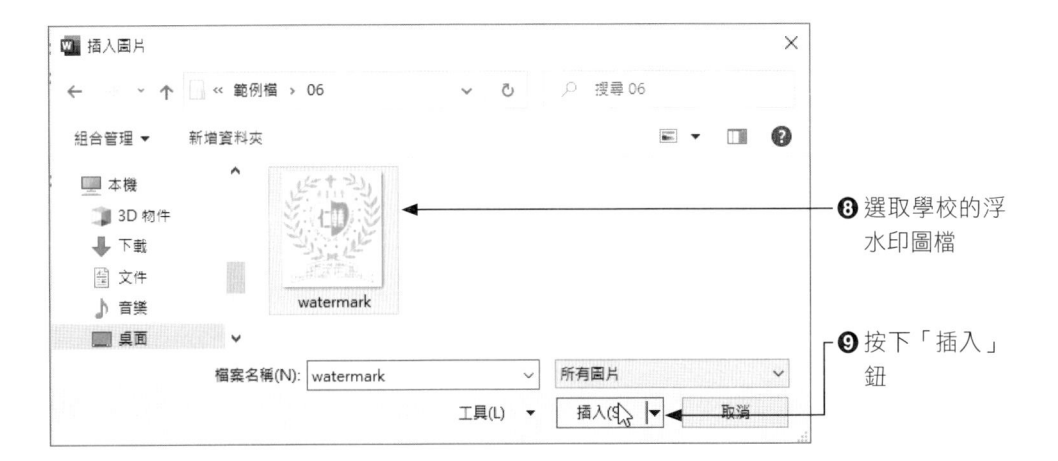

❽ 選取學校的浮水印圖檔

❾ 按下「插入」鈕

6-21

❿ 下拉設定縮放比例為「100%」

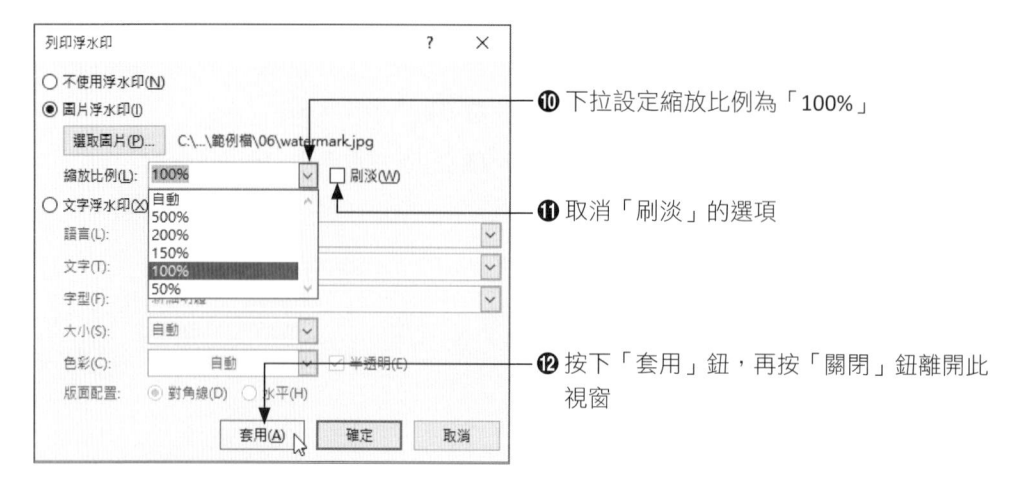

⓫ 取消「刷淡」的選項

⓬ 按下「套用」鈕,再按「關閉」鈕離開此視窗

⓮ 設定完成按此鈕關閉頁首及頁尾的編輯

⓭ 滑動頁面逐頁檢查,即可看到每頁都包含了浮水印的圖案了

6-3-3 去除審核頁的浮水印

　　論文中的審核頁就是口試委員審定書,此頁面非 PDF 檔必備的要件,如果想要附上審定書,通常都是附上經過口試委員簽名過的審定書。經過教授簽名過後的文件,正本自行留存,文件則經過掃描器掃描成圖檔,再以「插入／圖片／此裝置」指令插入至 Word 檔中,按右鍵於圖片上,選擇「文繞圖／文字在後」的選項,再將圖片放大覆蓋整個頁面就可搞定。

篇後設定 6

當我們在頁首及頁尾處插入浮水印,事實上整個文件都會有此浮水印,如果只想去除審核頁中的浮水印,可以透過以下處理。

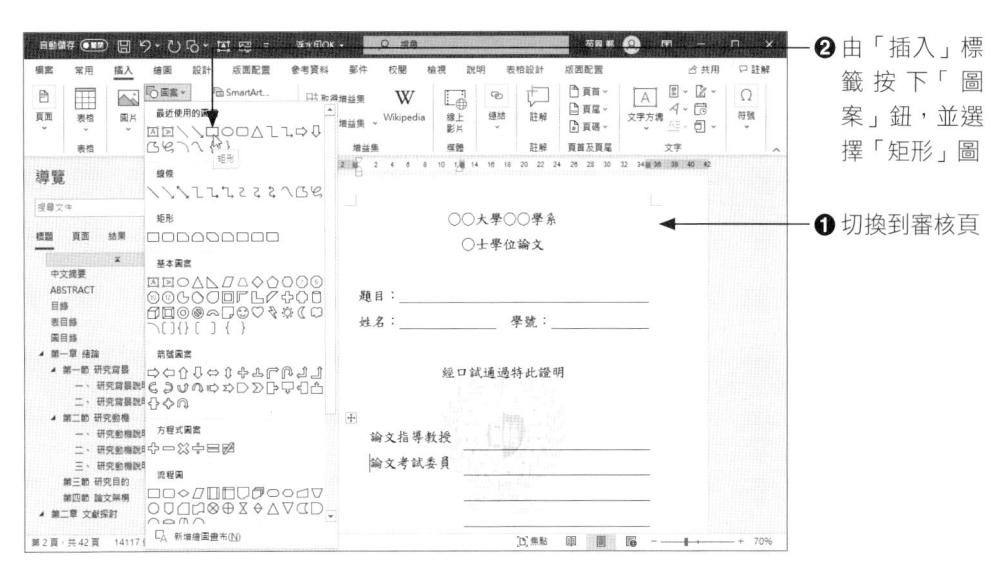

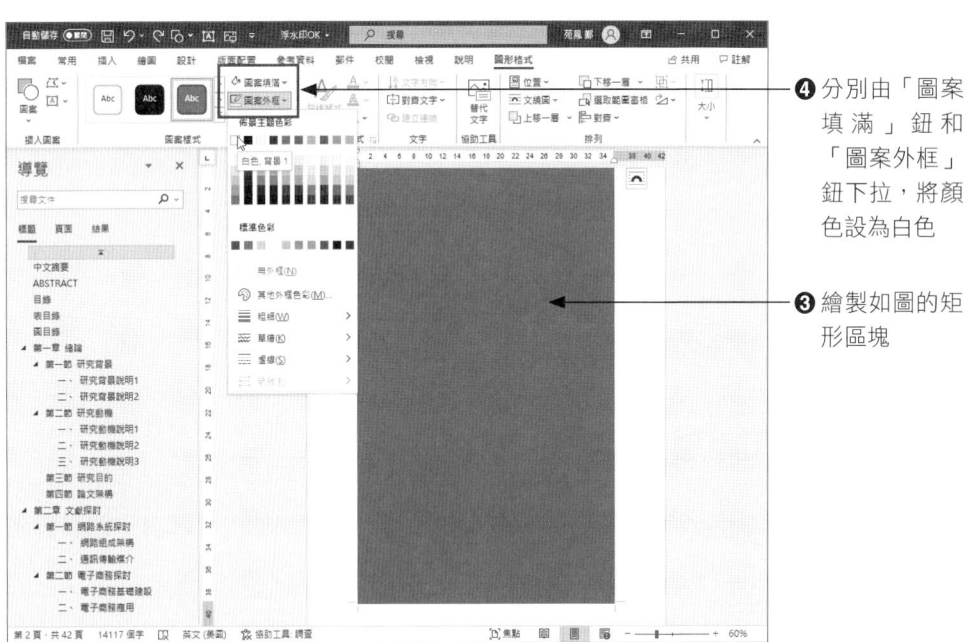

❷ 由「插入」標籤按下「圖案」鈕,並選擇「矩形」圖

❶ 切換到審核頁

❹ 分別由「圖案填滿」鈕和「圖案外框」鈕下拉,將顏色設為白色

❸ 繪製如圖的矩形區塊

6-23

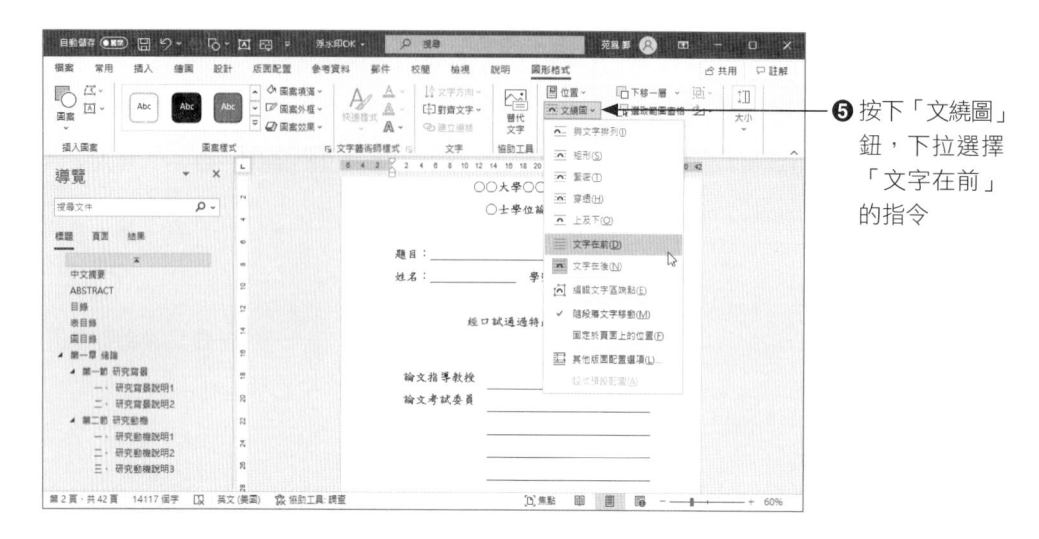

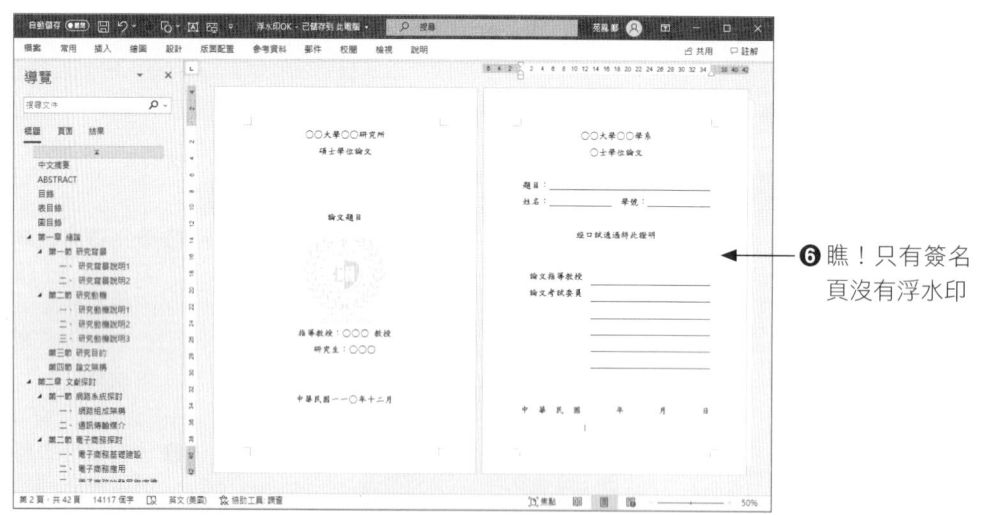

❺ 按下「文繞圖」鈕，下拉選擇「文字在前」的指令

❻ 瞧！只有簽名頁沒有浮水印

6-3-4 浮水印障礙排除

當你發現加入的浮水印被上方的文字遮住而看不到時，你可以做以下的動作來進行障礙的排除：

➤ 全選文字後，由「設計」標籤按下「頁面色彩」鈕，再下拉選擇「無色彩」的指令。

篇後設定 6

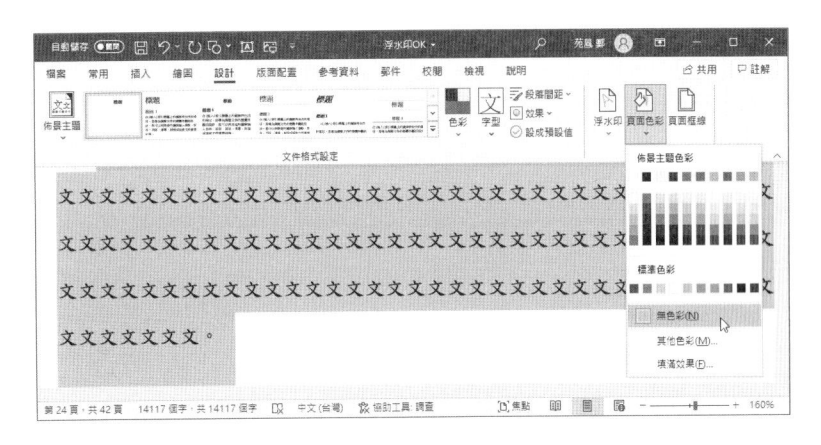

↘ 當頁面的文字有加入網底時，會導致浮水印圖案被遮住，此時可以全選所有文字，由「設計」標籤按下「頁面框線」鈕，進入「框線及網底」的視窗後，切換到「網底」標籤，將「填滿」設為「無色彩」，網底樣式設為「清除」，並套用至「段落」或「文字」，如此一來，浮水引即可顯現。

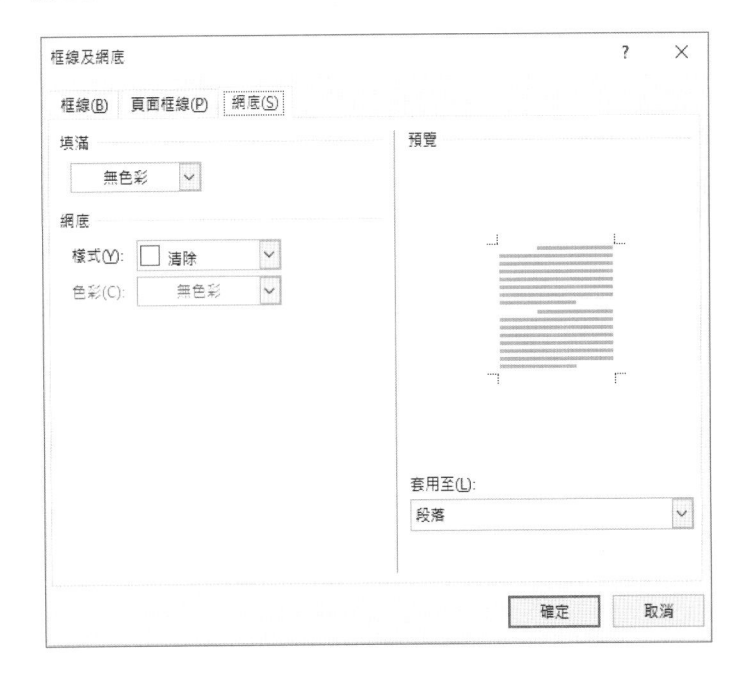

6-25

另外，當圖片導致浮水印只顯現部分時，雖然不會影響到審核的結果，如果你想要去除，可以透過「圖片格式」標籤的「色彩」鈕來進行透明色彩的設定。如圖示：

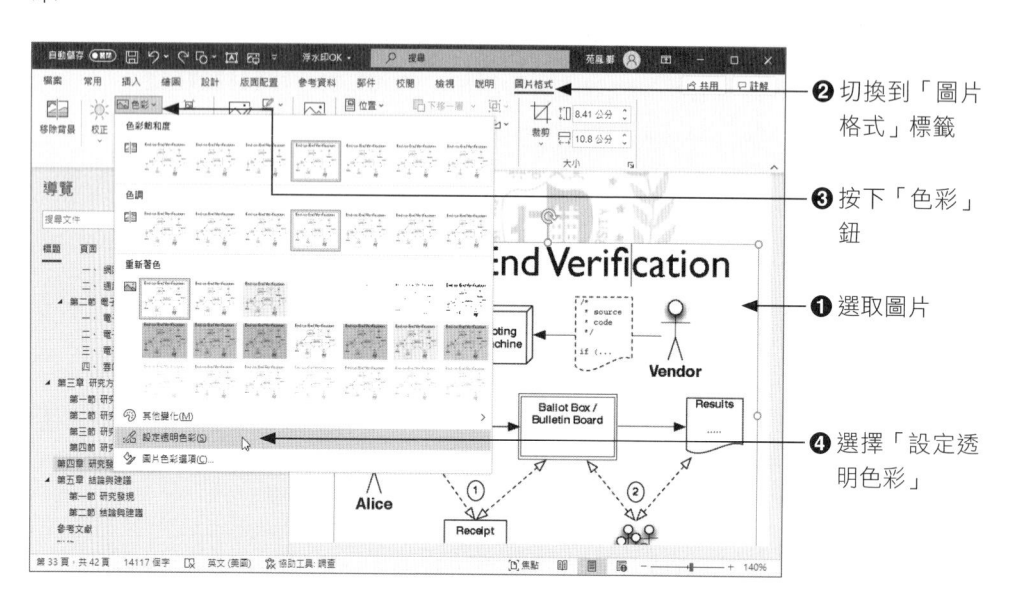

❷ 切換到「圖片格式」標籤

❸ 按下「色彩」鈕

❶ 選取圖片

❹ 選擇「設定透明色彩」

❺ 在圖片的空白處按一下滑鼠左鍵，下方的浮水印就穿透出來了

CHAPTER

7

提高效能的好幫手

7-1 自動校閱文件

7-2 尋找與取代文字

7-3 指定特殊方式做取代

7-4 文件的註解

7-5 文件的追蹤修訂

精準駕馭 Word！論文寫作絕非難事

當論文的撰寫接近完成時，最好再進行一下校閱的工作。除了請親朋好友幫你找出錯別字或文句不通順的地方外，Word 軟體也有提供多項工具，可以幫助撰寫者快速進行文稿的校閱與修正，這一章節就來深入討論修正錯誤的方法與技巧，把論文的錯誤率降至最低。

7-1 自動校閱文件

在輸入中英文字時 Word 都會自動判讀文字，同時分析所輸入的拼字或文法是否有錯，如果拼字上有問題，它會馬上在單字下方顯示波浪狀的紅線，如果是文法上的錯誤，則會出現藍色的虛線。藉由這種標示，就可以在輸入文件內容時，特別注意這些有問題的地方。

> Quick memorization method
> 速記心法
> Remembeing a large amount of informtion is like painting. You have to look at a wall as a unit and keep painting again and again in several layers so that the wall eventually becomes even and beautiful. The Painting Quick Memorization Method applies the concept of painting to quick memorization. It is a method for quick memorization and speed reading「for large amount of information, using all parts of the brain and in a multi-level rotational manner」. It utilizes the instinctive imagery association of the right brain as well as the analytical and comprehension practice of the left brain, together with a switching way of revision which makes use of a large amount of information that repeats several times in multiple layers, in order to achieve the miraculous multiplication effect for a whole-brain learning.
> 記憶大量資訊就好像刷油漆一樣，必須以一面牆為單位，反覆多層次的刷，刷出來的牆才會均勻漂亮。油漆式速記法就是將刷油漆的概念應用在快速記憶，是一種「大量、全腦、多層次迴轉」的速讀與速記方法，它利用右腦圖像直覺聯想，與結合左腦理解思考練習，搭配高速大量迴轉與多層次題組切換式複習，達到全腦學習奇蹟式的相乘效果。

— 文法錯誤會以藍色的虛線表示

— 英文字拼錯了，會以紅色的波浪線條表示

如果論文中沒有出現波浪狀的線條，那是因為 Word 選項功能沒有被開啟。可由「檔案」標籤中執行「選項」指令，切換到「校訂」類別，確定「自動拼字檢查」、「自動標記文法錯誤」、「常混淆的字」、「在編輯器窗格中檢查文法和修飾」等選項已呈現勾選狀態。

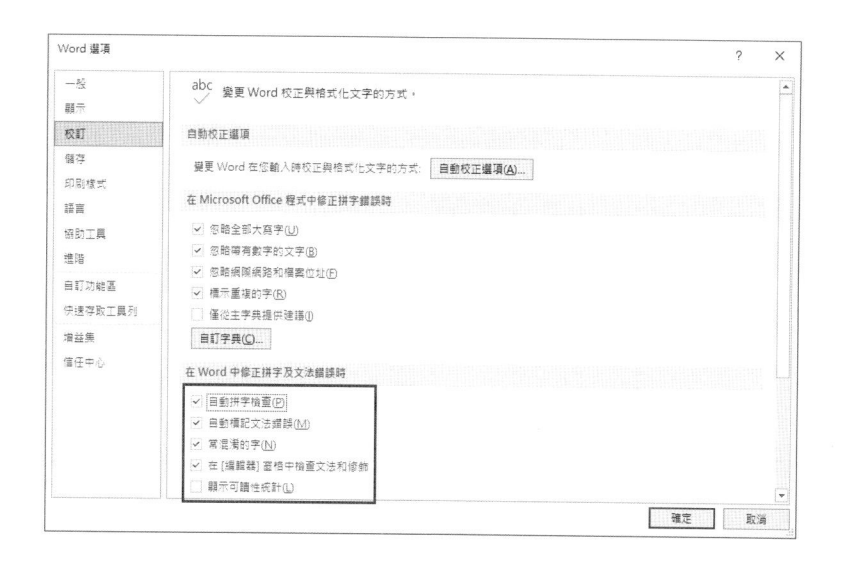

7-1-1 自動修正拼字與文法問題

當各位在撰寫論文時看到 Word 所標記的問題點，只要按右鍵在該文字上，就可以透過它的提示來自動修正拼字或文法問題。

自動修正拼字錯誤

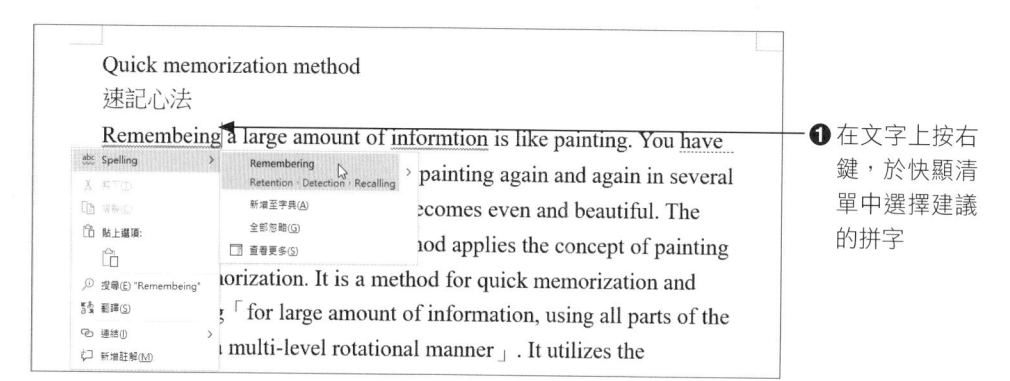

❶ 在文字上按右鍵，於快顯清單中選擇建議的拼字

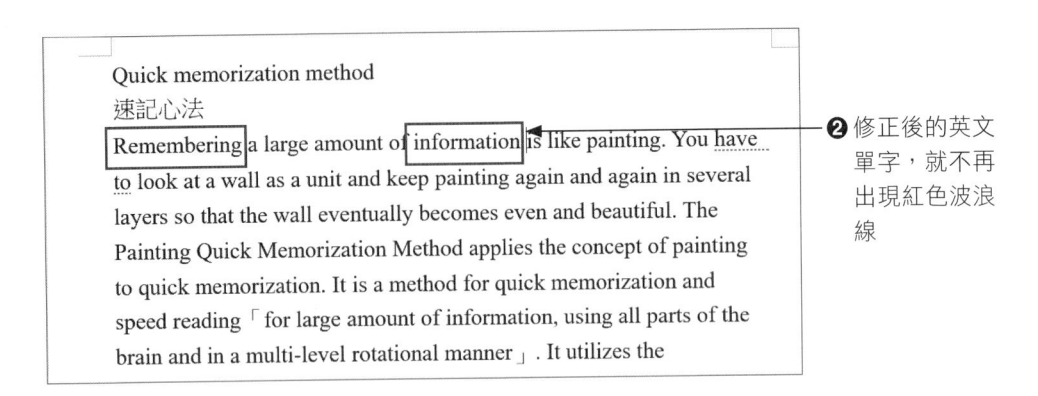

精準駕馭 **Word!** 論文寫作絕非難事

> Quick memorization method
> 速記心法
> Remembering a large amount of information is like painting. You have to look at a wall as a unit and keep painting again and again in several layers so that the wall eventually becomes even and beautiful. The Painting Quick Memorization Method applies the concept of painting to quick memorization. It is a method for quick memorization and speed reading「for large amount of information, using all parts of the brain and in a multi-level rotational manner」. It utilizes the

❷ 修正後的英文單字，就不再出現紅色波浪線

●∧ 自動修正文法問題

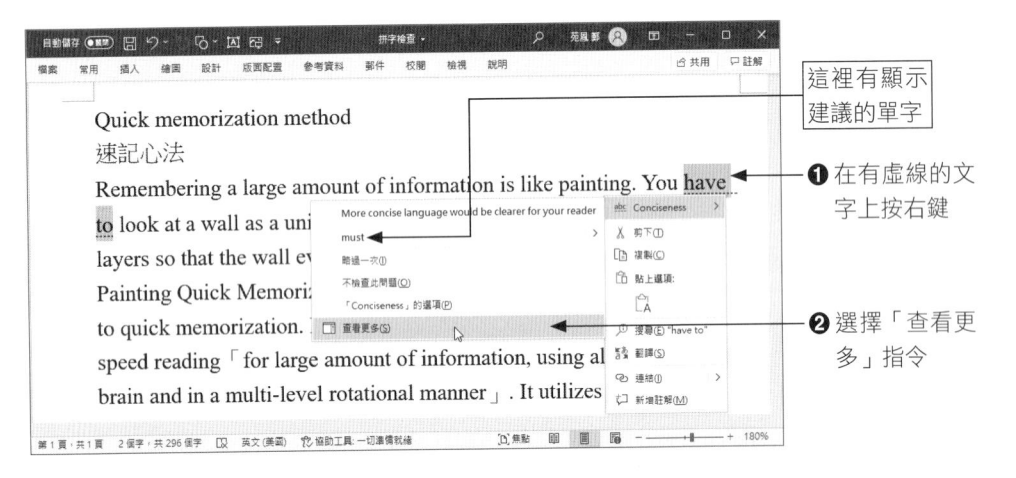

這裡有顯示建議的單字

❶ 在有虛線的文字上按右鍵

❷ 選擇「查看更多」指令

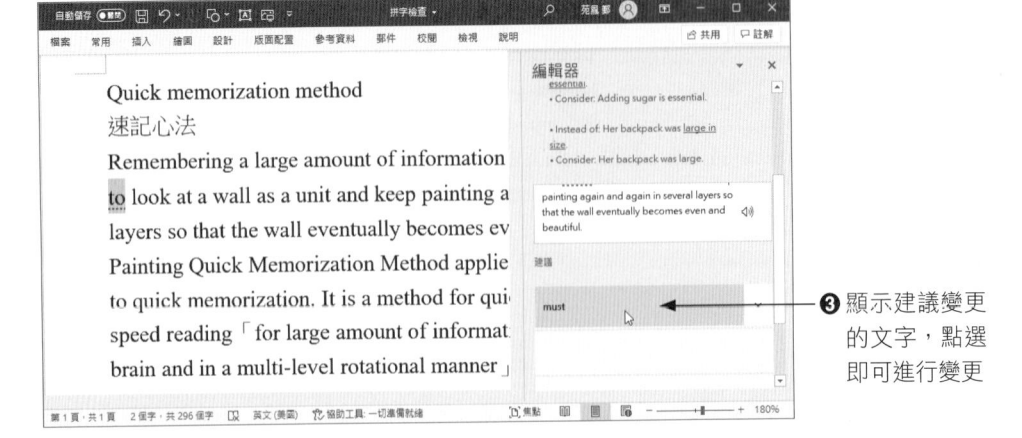

❸ 顯示建議變更的文字，點選即可進行變更

7-4

提高效能的好幫手 7

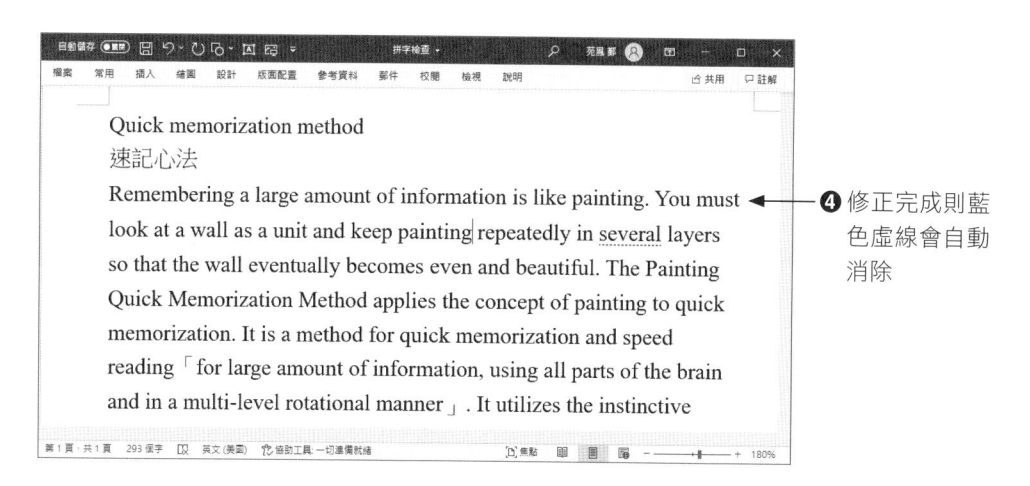

❹ 修正完成則藍色虛線會自動消除

至於中文的錯誤，請自行修正文句，讓藍色的線條可以消失即可，若確定無誤則不需理會。

> 記憶大量資訊就好像刷油漆一樣，必須以一面牆為單位，反覆多層次的刷，刷出來的牆壁才會均勻漂亮。油漆式速記法就是將刷油漆的概念應用在快速記憶，是一種「大量、全腦、多層次迴轉」的速讀與速記方法，它利用右腦圖像直覺聯想，與結合左腦理解思考練習，搭配高速大量迴轉與多層次題組切換式複習，達到全腦學習奇蹟式的相乘效果。

7-1-2 校閱拼字及文法檢查

除了一邊輸入文字時一邊自動修正錯誤外，也可以等到所有輸入工作告一段落後，再由「校閱」標籤中點選「編輯器」✏ 鈕，這樣 Word 會統計出需要校正的地方，包含校正中文文法、英文拼字、英文文法和英文微調等部分。

請將輸入點放在文章的最前端，由「校閱」標籤按下「編輯器」鈕，當右側出現「編輯器」窗格時，就可以依序檢閱並修正內容。

7-5

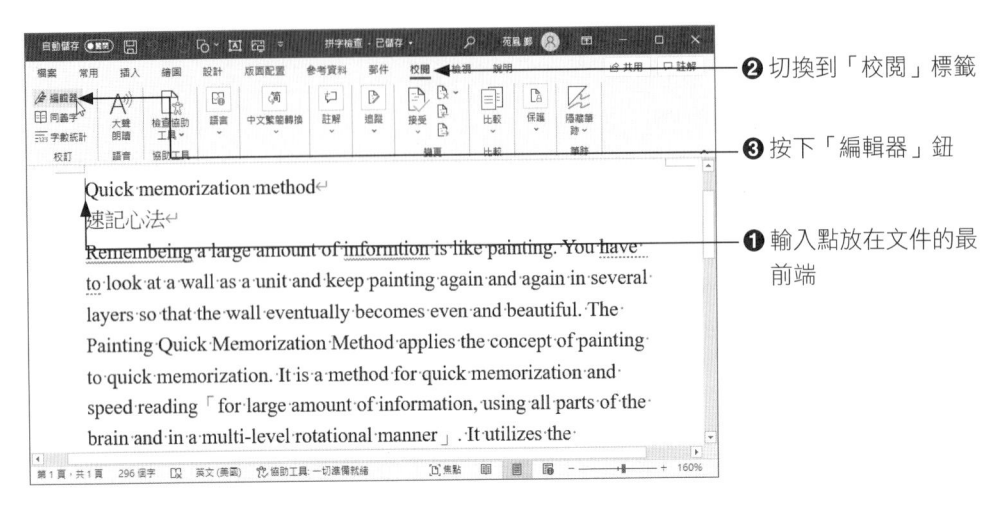

精準駕馭 **Word!** 論文寫作絕非難事

❷ 切換到「校閱」標籤

❸ 按下「編輯器」鈕

❶ 輸入點放在文件的最前端

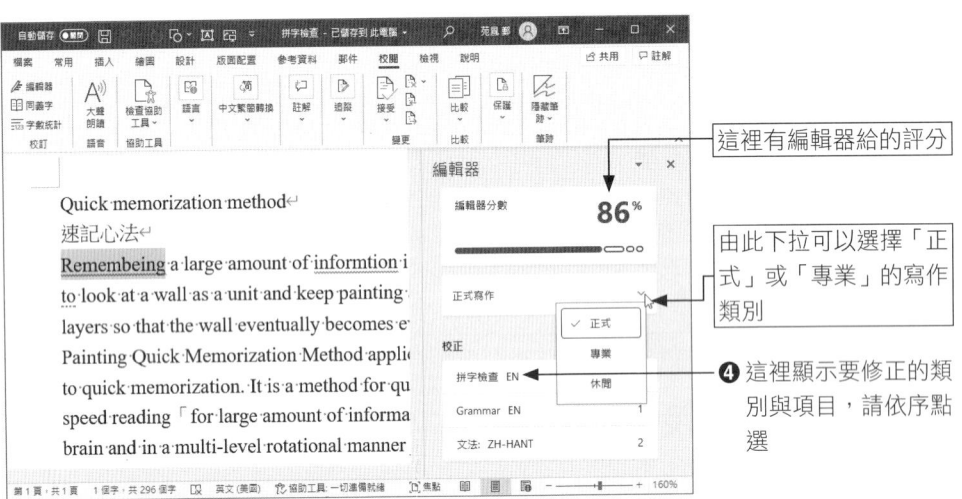

這裡有編輯器給的評分

由此下拉可以選擇「正式」或「專業」的寫作類別

❹ 這裡顯示要修正的類別與項目，請依序點選

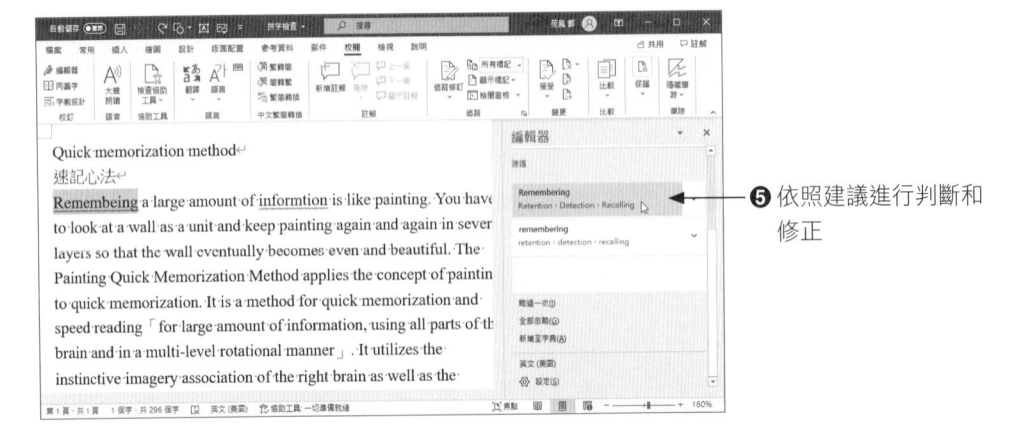

❺ 依照建議進行判斷和修正

7-6

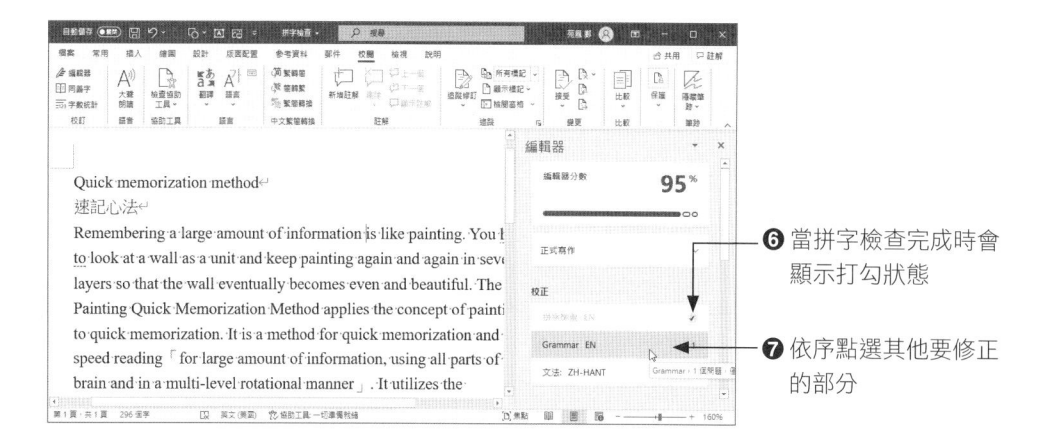

提高效能的好幫手 7

❻ 當拼字檢查完成時會顯示打勾狀態

❼ 依序點選其他要修正的部分

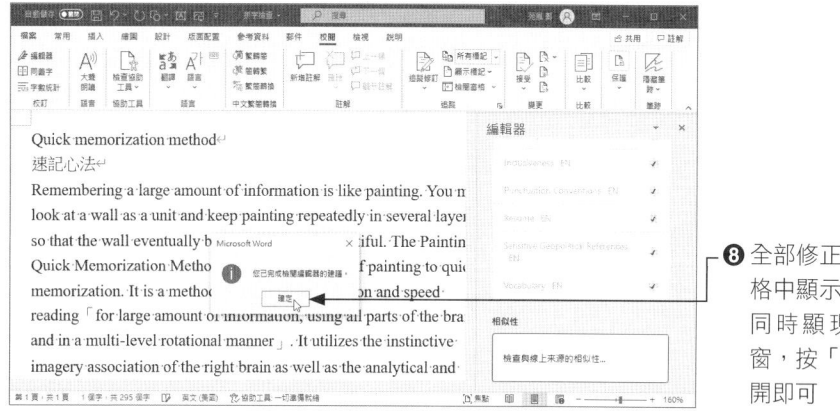

❽ 全部修正完畢會在窗格中顯示打勾狀態，同時顯現此訊息視窗，按「確定」鈕離開即可

7-2 尋找與取代文字

　　編輯長文件時，想要從中尋找並修改某一個特定的錯別字，單憑肉眼搜尋總會有遺漏的地方。Word 提供有「尋找」與「取代」的功能，可以快速在文件中找到指定的文字，此處就好好的來認識「尋找」與「取代」的功能，讓錯誤無所遁形。

7-7

7-2-1 以導覽窗格搜尋文字

「導覽」窗格位在視窗的左側，由「檢視」標籤中勾選「功能窗格」選項，或是在「常用」標籤按下「尋找」鈕，下拉選擇「尋找」指令，也會跳出「導覽」窗格。在搜尋欄框中輸入要尋找的文字，按下「Enter」鍵後文件中就會以黃色網底標示出來，並將找到的文字處於被選取的狀態。

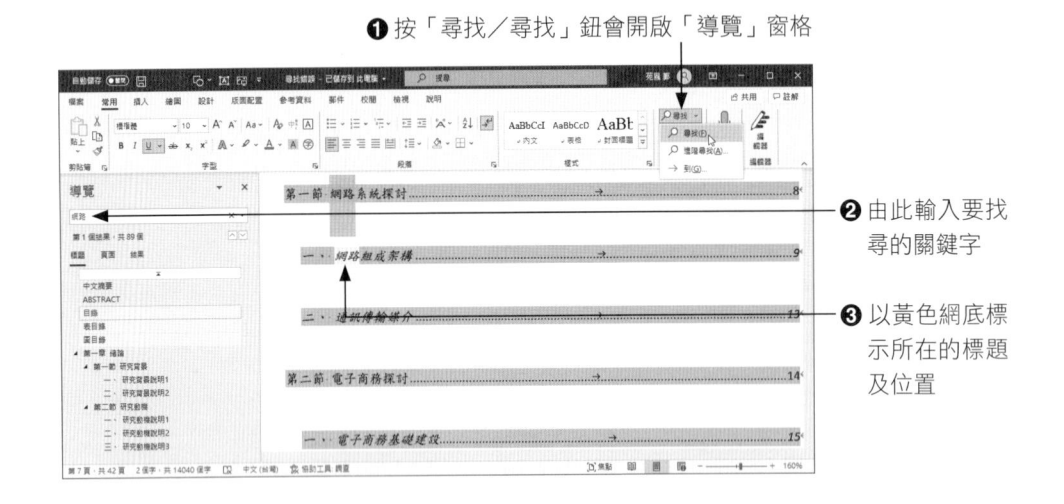

❶ 按「尋找／尋找」鈕會開啟「導覽」窗格

❷ 由此輸入要找尋的關鍵字

❸ 以黃色網底標示所在的標題及位置

7-2-2 快速修改同一錯誤

想要從文件中快速修改相同的錯誤，若由「常用」標籤按下「取代」鈕，將會顯示「尋找與取代」視窗，請輸入要尋找的目標，再由「取代為」輸入要替換的文字，若是按下「尋找下一個」鈕，將會一一顯示該文字的位置讓各位確認，而按下「全部取代」鈕則會將所有字一次取代完成。

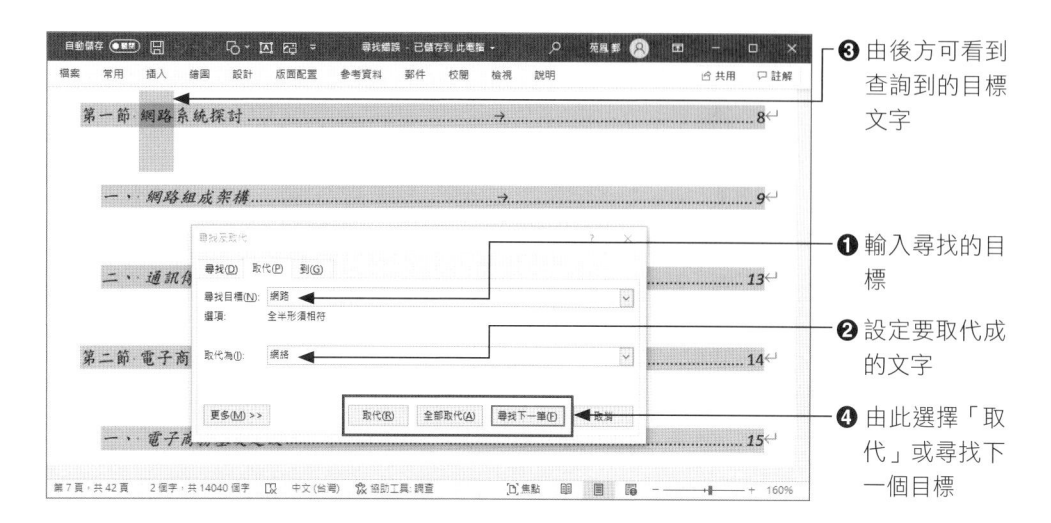

❸ 由後方可看到查詢到的目標文字

❶ 輸入尋找的目標

❷ 設定要取代成的文字

❹ 由此選擇「取代」或尋找下一個目標

若是在「導覽」窗格進行搜尋，可由後方的下拉鈕下拉選擇「取代」指令，也會顯示「尋找及取代」視窗，讓使用者選擇取代或全部取代。

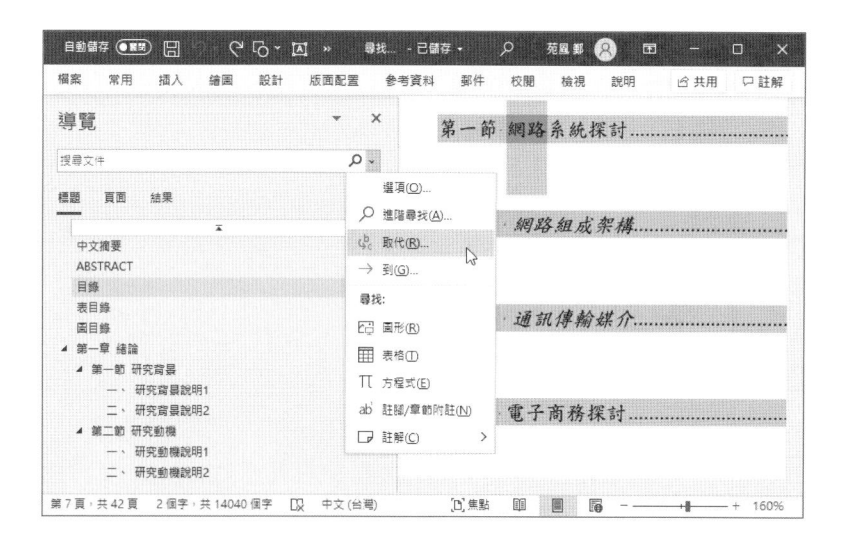

在論文撰寫時，如果你誤用了半形的標點符號，就可以透過此方式快速將半形的標點符號替換成全形的標點符號。同樣的，對於一些由英文翻譯過來的專有名詞，各個學者的翻譯或多或少會有所差異，可能讓你在撰寫過程中，有時使用了 A 翻譯，有時使用了 B 翻譯，但是在最後完稿前，你就可以使用「取代」的功能來統一這些專有的翻譯詞。

7-9

7-2-3 快速轉換英文字大小寫

英文字有大小寫之分，文件中如果有同一個字詞卻有不同的寫法，像是 google、GOOGLE、Google 等差異，那麼在最後階段進行校正時，不妨利用「尋找與取代」功能來進行轉換。請開啟「尋找與取代」視窗，按下左下角的 更多(M)>> 鈕會顯現下方的搜尋選項，預設會勾選「大小寫須相符」的選項，而所勾選的項目會自動列在「尋找目標」的下方，如圖示：

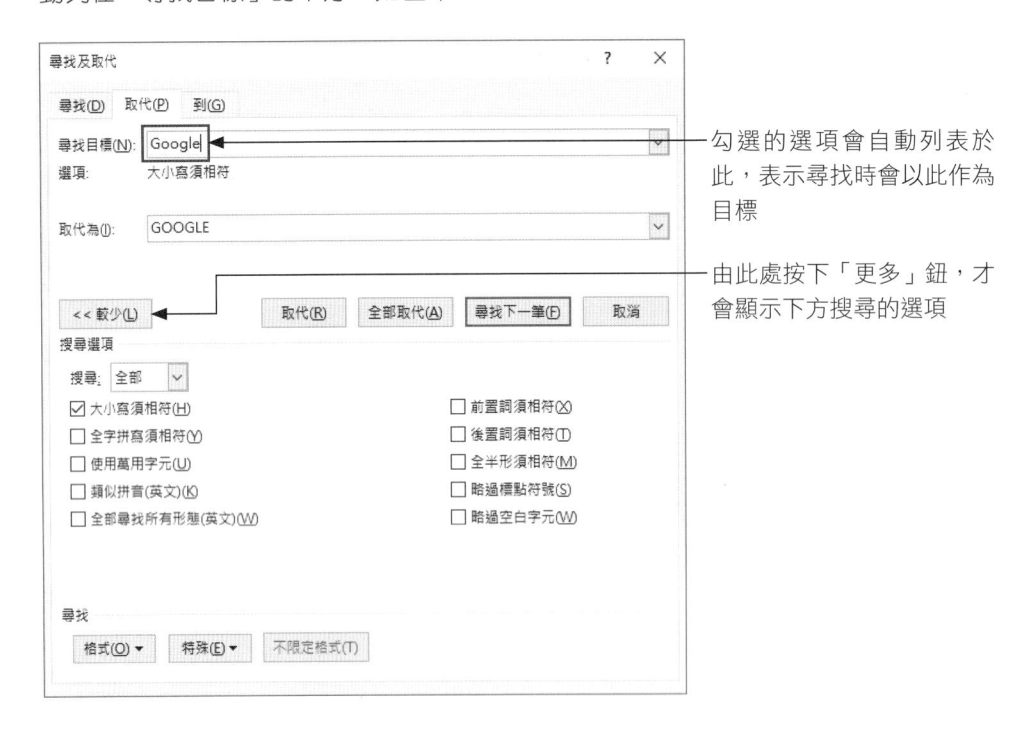

勾選的選項會自動列表於此，表示尋找時會以此作為目標

由此處按下「更多」鈕，才會顯示下方搜尋的選項

如上圖所示，勾選「大小寫須相符」，在搜尋單字時只要符合 Google 的文字才會被搜尋到，其他向 google、GOOGLE 等字則不會在尋找的範圍內，若是取消該選項，則 google、GOOGLE 等字就會出現在搜尋的範圍內。

7-2-4 使用萬用字搜尋和取代

萬用字元是 Word 在尋找及取代時，用來指定某一類的內容。最常使用的萬用字元「？」可作為「任意單一字元」，像是「尋找目標」中輸入「P？I」，即可搜尋 PAI、PLI、PUI 等指定字元中間包含的一個字元的文字。而萬用字元「＊」則是任意零個或多個字元，像是搜尋「C*T」時，可搜尋到 CAT、CUT、COAT、COURT 等一串字元，也就是 C 開頭，T 結尾的文字，都會被尋找出來。如果要搜尋單一位數，則是使用「#」，像是搜尋「5#」，則 51、58、50 等都可符合條件。

要使用萬用字元進行搜尋與取代，請先在「尋找及取代」視窗中勾選「使用萬用字元」的選項，再由「尋找目標」中輸入語法。

7-11

7-3 指定特殊方式做取代

在做尋找與取代時也可以指定方式,像是多餘的段落標記、多餘的空白區域、任一字元、任一數字、任一字母、分節符號、分欄標記…等,都可以在「特殊」的按鈕中找到。

利用「特殊」功能我們可以將正文中的圖片、章節附註標記、章節註腳、多餘的段落標記刪除等先進行刪除,屆時透過大綱工具設定顯示的階層,就可以利用「傳送到 Microsoft PowerPoint」功能,將選定的大綱層級傳送到 PowerPoint 中,如此一來就不用一個個的複製章節標題,然後貼入 PowerPoint 簡報軟體,現在我們就來看看如何以指定方式來做取代。

7-3-1 去除文件中所有圖形

想要將文件中所有的圖片一併去除,也可以透過「特殊」的取代來加以刪除。只要在「尋找目標」的欄位中選取「特殊」下的「圖形」指令,而「取代為」的欄位保留空白,這樣就可以將文件中的所有圖片一次都去除掉。

下面我們以「正文.docx」做示範說明,此文件只從第一章緒論到第五章的結論與建議,不包含篇前和篇後的部分。

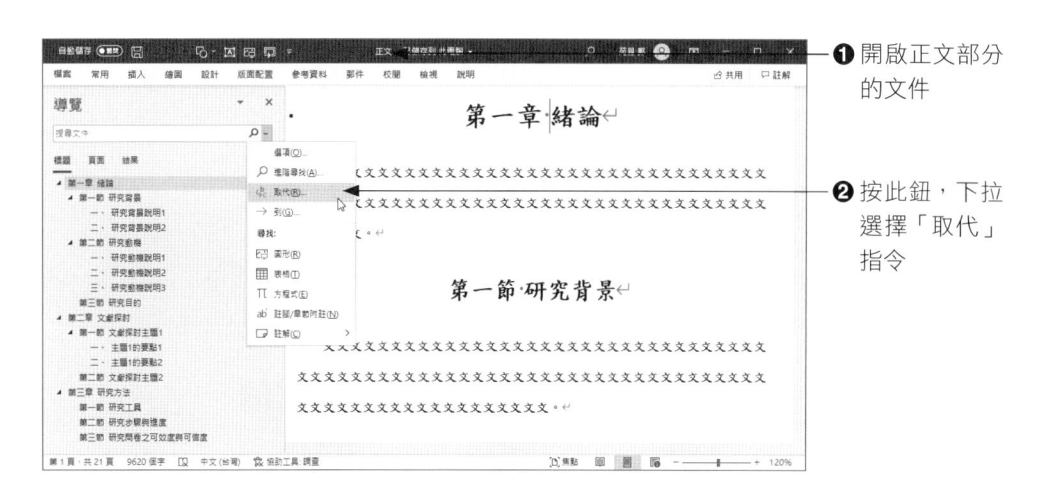

提高效能的好幫手 7

❶ 開啟正文部分的文件

❷ 按此鈕，下拉選擇「取代」指令

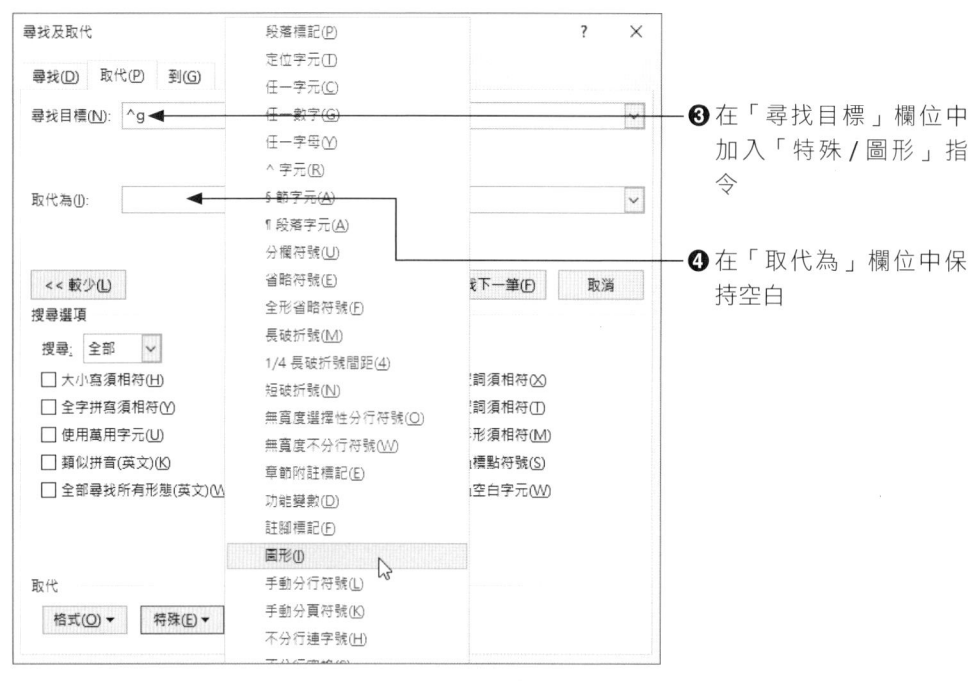

❸ 在「尋找目標」欄位中加入「特殊/圖形」指令

❹ 在「取代為」欄位中保持空白

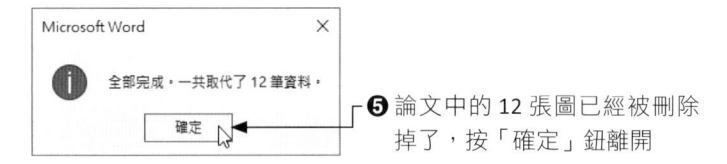

❺ 論文中的 12 張圖已經被刪除掉了，按「確定」鈕離開

7-13

依此方式，想要刪除論文中的所有章節附註標記，也是透過「特殊」鈕進行指定即可。

7-3-2 去除段落之間的空白段落

在書籍的製作過程中，很多作者為了段落的分明，很習慣在段落之間加入一個「Enter」鍵使產生一個空白的段落，如下圖所示：

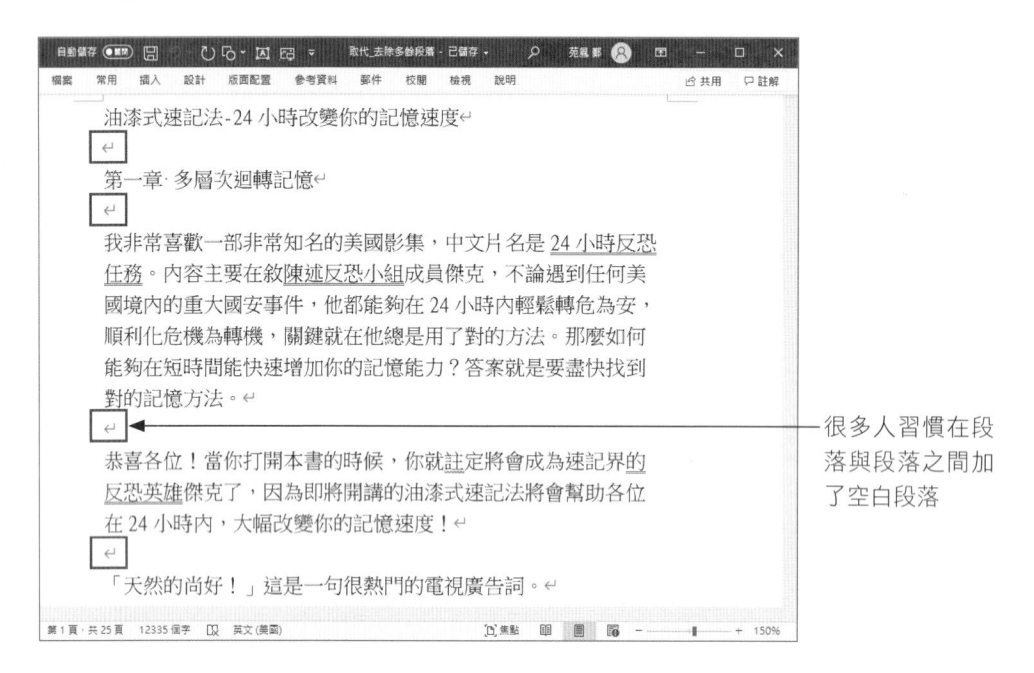

很多人習慣在段落與段落之間加了空白段落

事實上這些空白段落是多餘的，因為編輯人員在設定段落樣式時就會一併設定段落間距—「與前段距離」和「與後段距離」。同樣地，在論文編輯當中也不需要這些多餘的空白段落，尤其是當你想將論文的大綱階層直接傳送到 Microsoft PowerPoint 簡報軟體中進行架構的建立時，多餘的空白鍵就會影響到簡報中的階層顯示。如果各位會使用「特殊」的功能來刪除多餘的段落標記，就可以少掉很多按「Delete」鍵的功夫。

❶ 點選「尋找目標」的欄位

❸ 點選「取代為」的欄位，同上方式從「特殊」鈕中選取「段落標記」

❹ 按下「全部取代」鈕

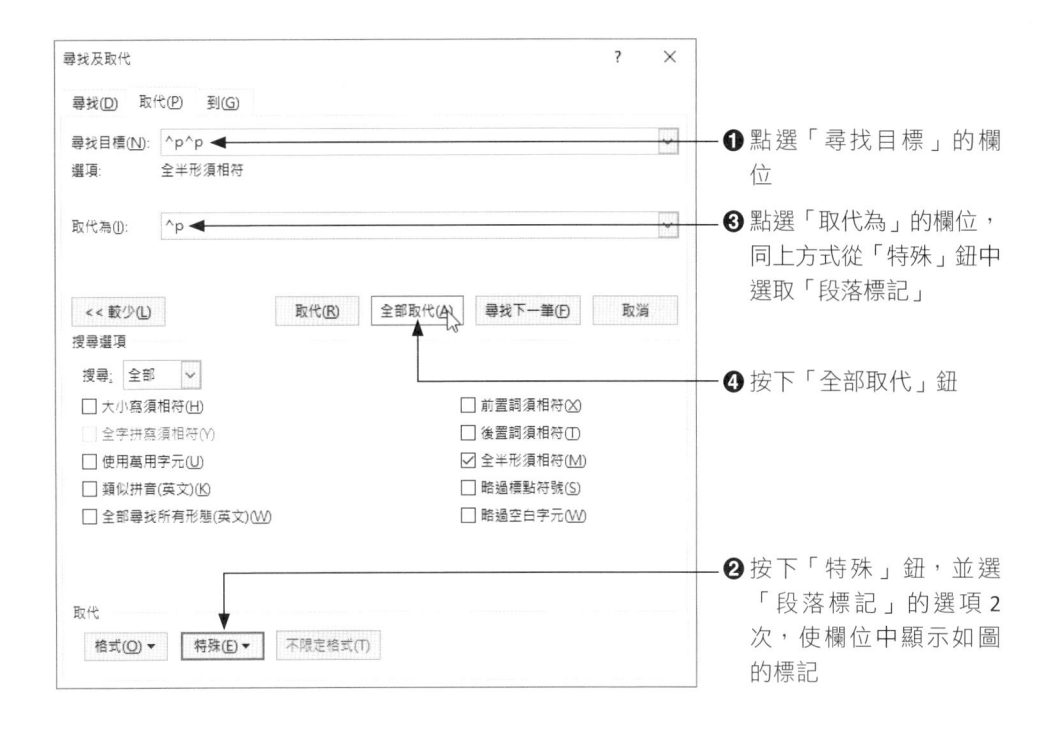

❷ 按下「特殊」鈕，並選「段落標記」的選項 2 次，使欄位中顯示如圖的標記

7-4 文件的註解

在論文的撰寫過程中，作者的思緒總是不斷的思考與翻轉，有時也會遇到瓶頸需要再查找資料，有時需要求助他人的幫忙，請他人給予意見，或是寫作到一半因故須暫停思緒，為了避免自己忘記待辦的事情或延續先前的思考，可以利用 Word 的「註解」功能來輔助，現在就來跟各位介紹這個超人性化且實用的功能。

7-4-1 自己加入註解

「註解」是在文件中以類似圖說文字的方式顯示標註的文字與文字方塊，可讓著作者在文字方塊中輸入提醒的事情或須注意的事項。插入的註解並不會更動到原

本的論文內容，也可以隨時進行刪除或檢閱其他的註解。要加入註解非常簡單，只要由「校閱」標籤中選擇「新增註解」鈕即可：

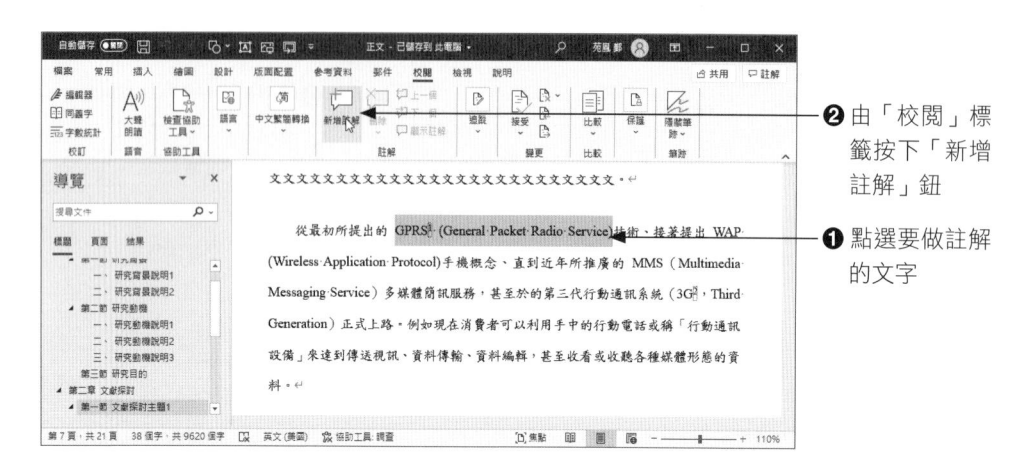

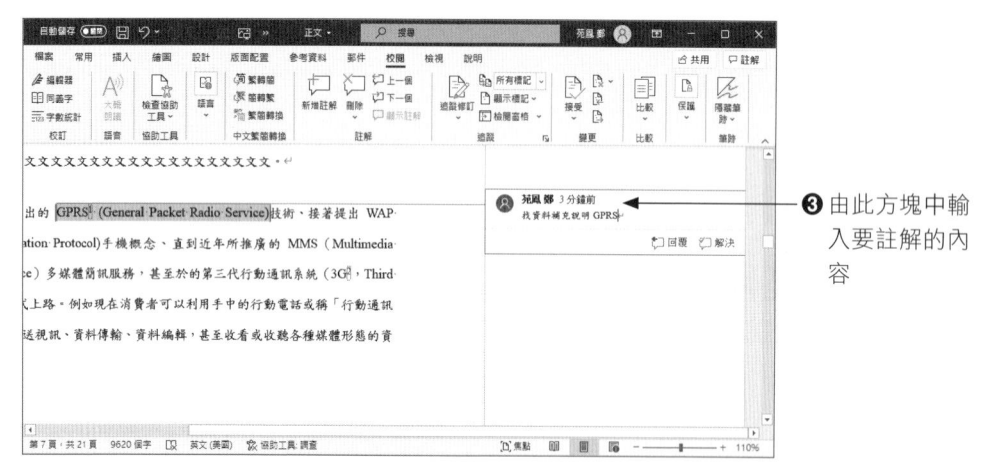

❷ 由「校閱」標籤按下「新增註解」鈕

❶ 點選要做註解的文字

❸ 由此方塊中輸入要註解的內容

輸入註解的內容並儲存文件後，下回開啟論文進行撰寫時，只要在「校閱」標籤中按下「上一個」或「下一個」的按鈕，文件就立即飛奔至上次你所註解的地方，確定註解的地方已解決後，可執行「校閱／刪除／刪除」指令刪除註解。

7-16

——按此二鈕可顯示先前的註解

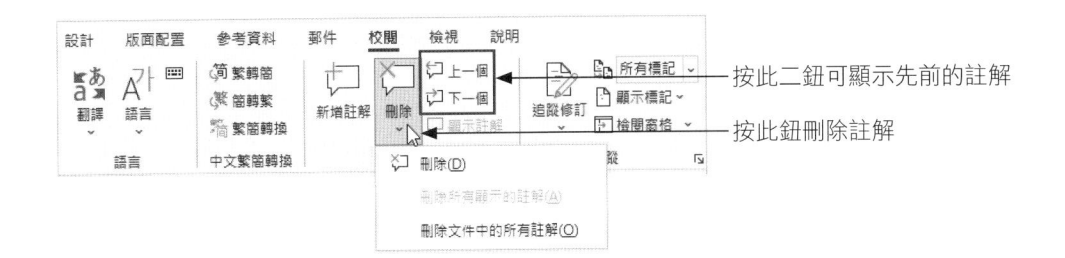

——按此鈕刪除註解

7-4-2 他人加入註解

如果你的論文想請他人幫忙加註他個人的意見或是校對論文中的錯別字，以便你進行修正，那麼可以在給他人檔案之前加入保護的動作，也就是透過「校閱」標籤中的「限制編輯」功能鈕來限制他人編輯的動作。設定方式如下：

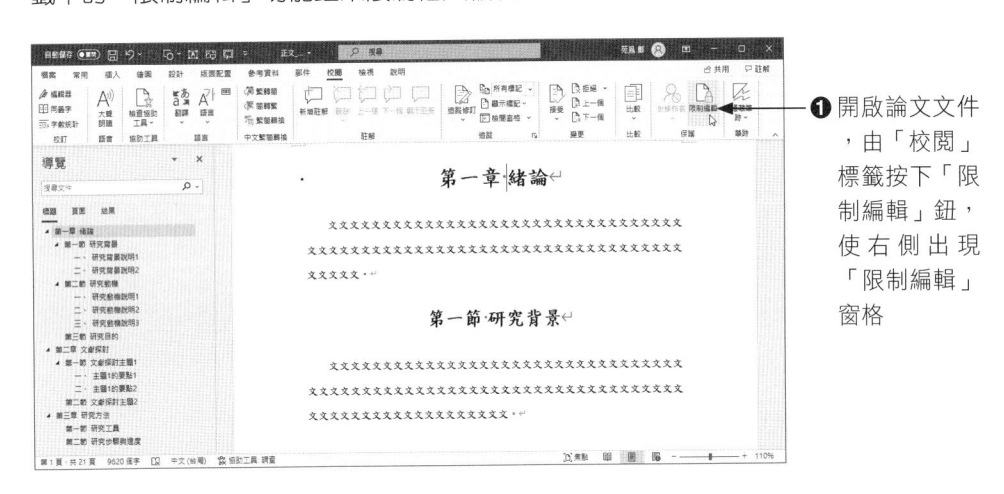

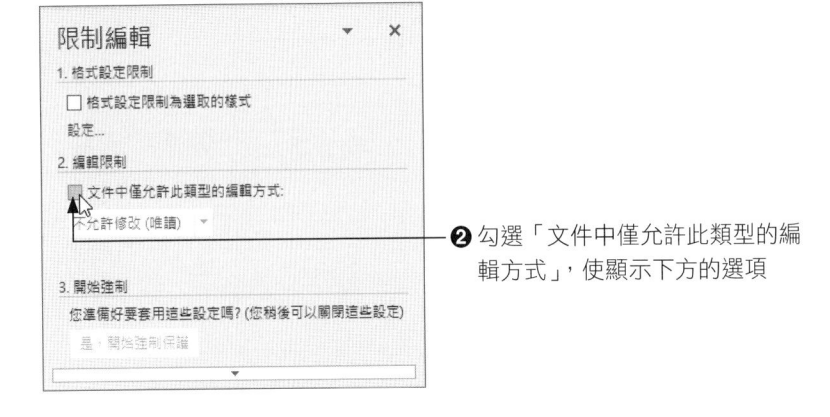

❶ 開啟論文文件，由「校閱」標籤按下「限制編輯」鈕，使右側出現「限制編輯」窗格

❷ 勾選「文件中僅允許此類型的編輯方式」，使顯示下方的選項

❸ 下拉選擇「註解」的選項

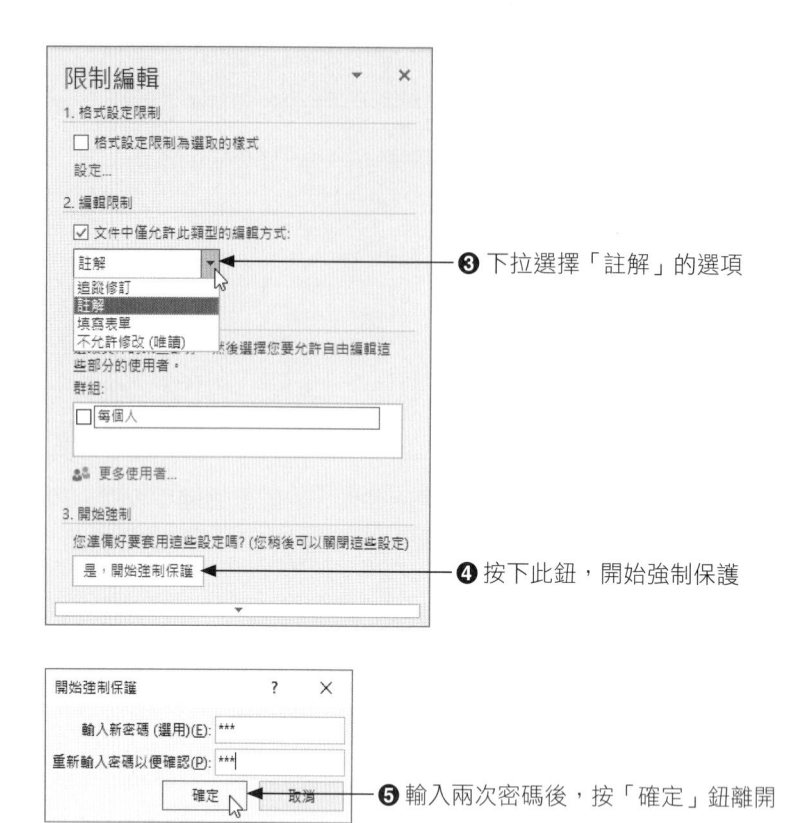

❹ 按下此鈕，開始強制保護

❺ 輸入兩次密碼後，按「確定」鈕離開

設定完成之後儲存檔案，你就可以放心的將檔案交給他人，因為檔案是受到保護的，他人只能插入註解。

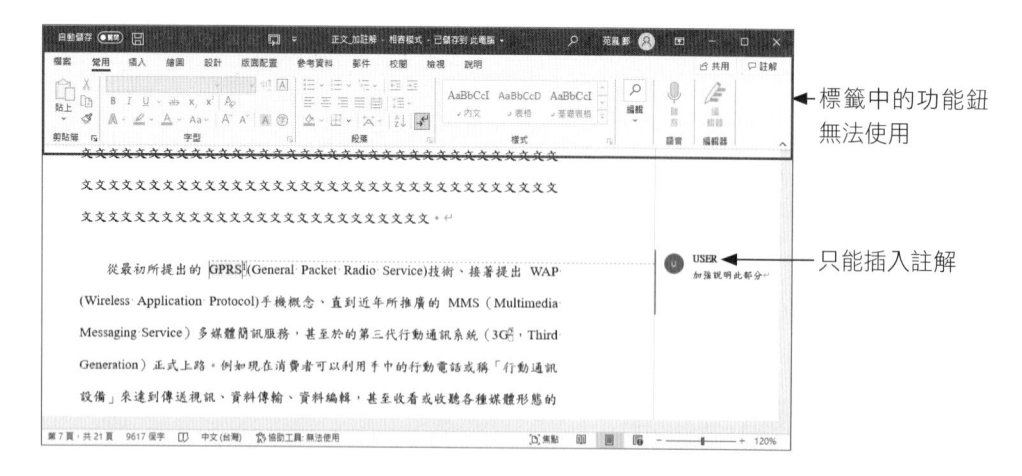

◀ 標籤中的功能鈕無法使用

◀ 只能插入註解

7-18

當其他人註解完成將檔案傳還給你時，你一樣無法進行編輯，必須由「限制編輯」窗格中按下「停止保護」鈕，再輸入先前所設定的密碼，解除文件保護後才能進行編修的動作，所以密碼千萬不要忘記喔！

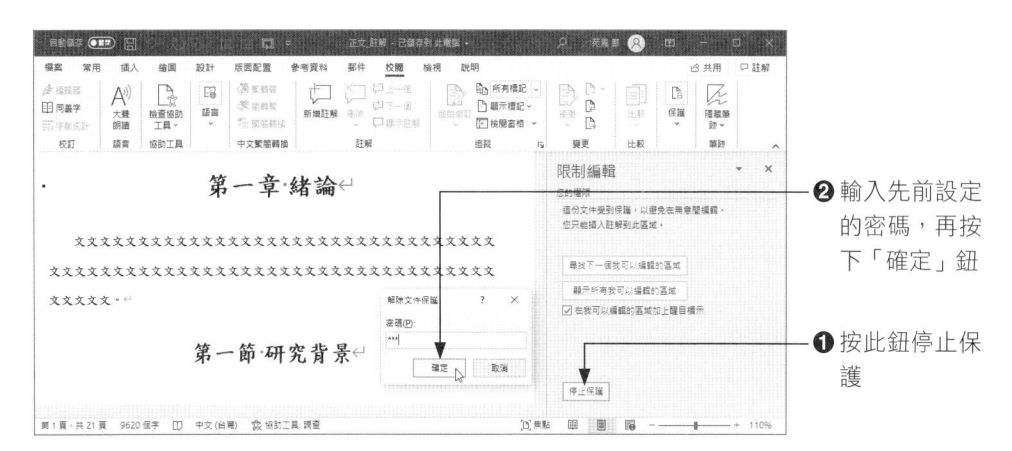

❷ 輸入先前設定的密碼，再按下「確定」鈕

❶ 按此鈕停止保護

7-5 文件的追蹤修訂

對於撰寫的論文，想要請求指導教授或專業人士給予意見，但又希望知道那些人做了哪些的訂正，而自己有決定權來決定是否要接受這些變更，這時候「追蹤修訂」的功能就可以幫你一個大忙，因為它會記錄文件的所有修訂過程，包括文字的插入、刪除、搬移⋯等動作，方便你做接受或拒絕等考量。

7-5-1 啟動追蹤修訂

文件編輯完成後，想要傳給其他檢閱者檢閱時，請切換到「校閱」標籤，按下「追蹤修訂」鈕，然後下拉選擇「追蹤修訂」指令，這樣就會看到「追蹤修訂」鈕呈現選取的狀態。

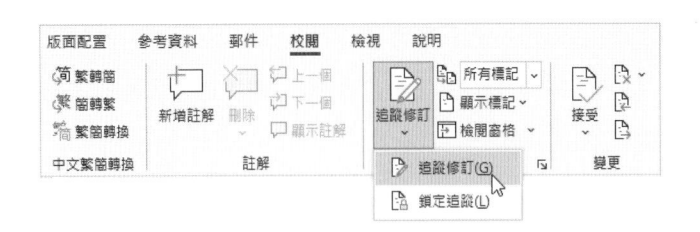

接下來請執行「儲存檔案」的指令,再將該檔案傳送給檢閱者,如此一來,檢閱者所做的任何修訂動作,都會被記錄下來。

7-5-2 顯示所有標記

當檢閱者檢閱完文件並回傳給你,當你開啟檔案時會看到文件中會出現各種標記。如下圖所示,被刪除的內容會以刪除線表示,新增的文字會以下底線標示,而針對格式的修正會以虛線拉出至文件外,並標註設定的格式。

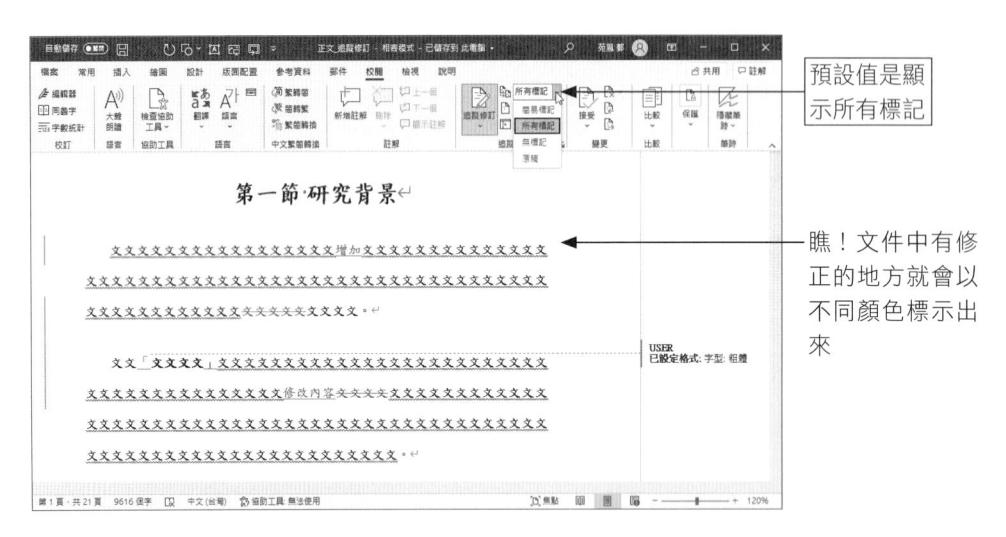

預設值是顯示所有標記

瞧!文件中有修正的地方就會以不同顏色標示出來

7-5-3 接受或拒絕變更

檢閱者都校閱過了論文，也作了標示之後，接下來就由各位決定是否要接受或拒絕變更。你可以由「校閱」標籤按下「接受」鈕或「拒絕」鈕並移到下一個，也可以選擇接受或拒絕所有的變更。

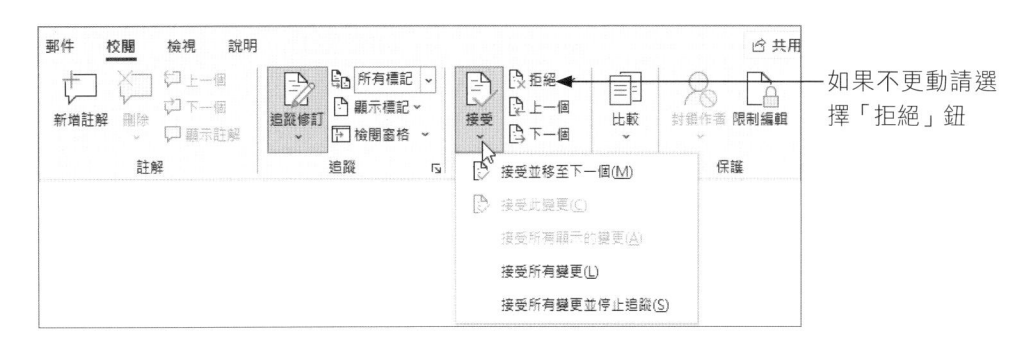

如果不更動請選擇「拒絕」鈕

7-5-4 關閉追蹤修訂

完成「接受」或「拒絕」變更的動作後，請記得執行「追蹤修訂／追蹤修訂」指令來關閉追蹤修訂的功能。

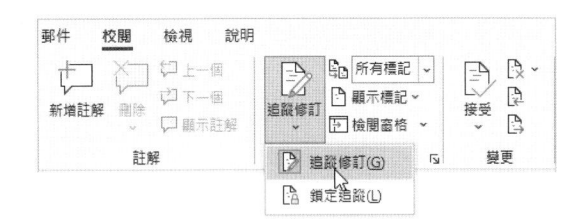

特別注意的是，如果只是關閉追蹤修訂功能，只是讓之後修改的文件不再留下任何的記錄，原先的修訂記錄並不會消失，除非已做了接受或拒絕變更的設定才會消失。

MEMO

CHAPTER 8

列印輸出與安全保護

8-1 列印技巧

8-2 匯出成 PDF 格式

8-3 論文安全保護

精準駕馭 **Word!** 論文寫作絕非難事

論文撰寫完成後，在送請口試之前都必須依照指導教授的修改及仔細校對，並打印裝訂，封面標題下方大多用括號註明為口試本，並分送給各口試委員。等口試通過後再行修正，修正後未裝訂前還需先送請指導教授審閱後，方可提交正式印刷，所以在這個階段的列印工作，大都是研究生自行利用印表機列印成冊，然後再進行裝訂，所以列印的技巧不可不知。

除了送繳紙本論文外，研究生還必須登錄學校的電子學位論文服務系統，輸入論文基本資料，並上傳與紙本論文內容相同的論文全文電子檔，以供學校典藏與利用。這裡我們也會針對論文輸出成 PDF 格式以及論文的保護加以說明，避免辛苦完成的論文著作，讓他人輕易的編輯再利用。

8-1 列印技巧

大家都會使用「列印」功能列印單面的文件，只要由「檔案」標籤選擇「列印」指令，接著選定印表機，設定列印份數，按下「列印」鈕，一張張的文件就可以列印出來。

這裡要跟各位探討一下論文列印的規範，以及如何進行雙面列印、指定多頁面的列印、只列印選取範圍等方式，讓你順順利利完成論文的列印工作。

8-1-1 論文列印規範

論文以雙面影印裝訂為原則，有些學校會規定頁數少於 80 頁或 100 頁者，可以採用單面印刷。列印紙通常選用 70 或 80 磅的 A4 白紙列印，有些學校甚至規定雙面

印刷時，頁首須顯現論文標題及章標題，各章之起始頁應從奇數頁寫起。這個不分我們在 5-6-3 節有詳細說明，各位可以自行參閱。

精裝本封面通常會選用黑底燙金字，有的依碩／博士班的區別以紅底和黑底的燙金字做區分，精裝本這個部分要請印刷廠幫忙處理，平裝本封面的顏色則各校各學程自有規定，大都以淺色 200 磅的銅西卡紙或雲彩紙（上亮 P）裝訂。

論文封面通常採用左右切齊印刷，書背（書脊）則需加註畢業年度、校院所名稱、碩士論文別、論文名稱、作者名等資訊。萬一論文的頁數很少，書背側邊要同時放入校名、系所名稱、以及冗長的論文題目，那麼也可以兩行排列或縮小字體來處理。

通過論文口試後，口試委員的審定書有的還需要加蓋系所的戳章才算完成。原則上審定書的正本自行留存，正本經掃描後儲存成圖檔格式可插入至 Word 文件中。如果想要外送進行紙本論文的列印，則需包含封面、側邊資料等資訊，並裝訂經口試委員簽名的審定書給對方，這樣才能進行裝訂。

論文的繳交除了系所辦公室和圖書館需要各留存 1～3 本的的精裝本和平裝本外，還有自己收藏或分贈好友／貴人，所以列印前先考慮好需要列印裝訂多少本論文。

8-1-2 雙面列印文件

論文大多是雙面影印裝訂，所以開啟論文的檔案後，由「檔案」標籤選擇「列印」指令，將會看到如下的視窗。

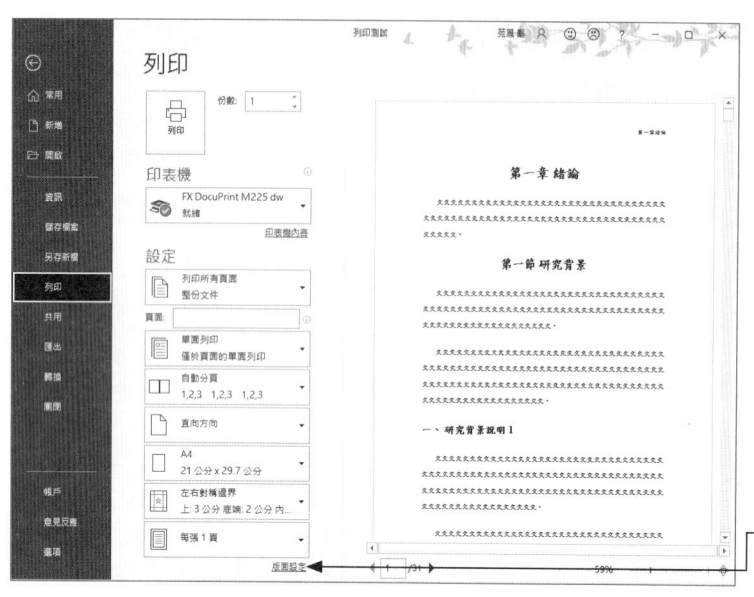

精準駕馭 Word! 論文寫作絕非難事

按此連結可確認版面的設定

　　在視窗下方按下「版面設定」的連結文字,將會看到如下的視窗,各位可以再次確認邊界的設定與列印方向,從「多頁」處下拉選擇「左右對稱」的選項,套用至「整份文件」,再按「確定」鈕離開。

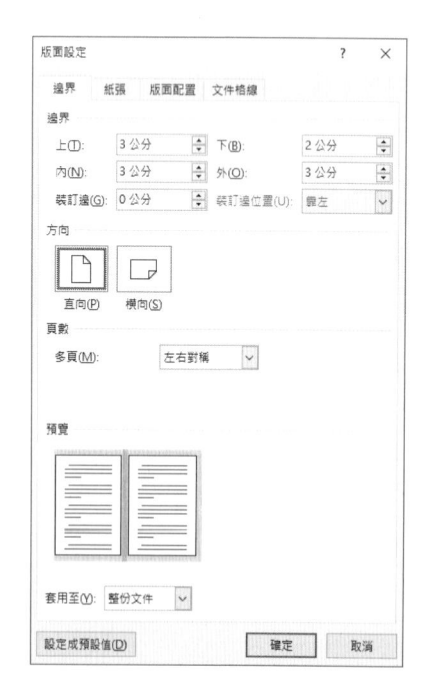

8-4

接下來由「單面列印」處下拉改選「雙面列印」，接著設定為「自動分頁」、「直向方向」、「A4」、「左右對稱邊界」、「每張 1 頁」等內容，按下「列印」鈕，就會自動進行雙面的列印。以 FX DocuPrint M225dw 的印表機為例，印表機會自動翻頁，列印出來的就是完整的一本論文，頁次依序排列，裝訂後左側頁首顯示論文名稱，右側頁首顯示章的標題。

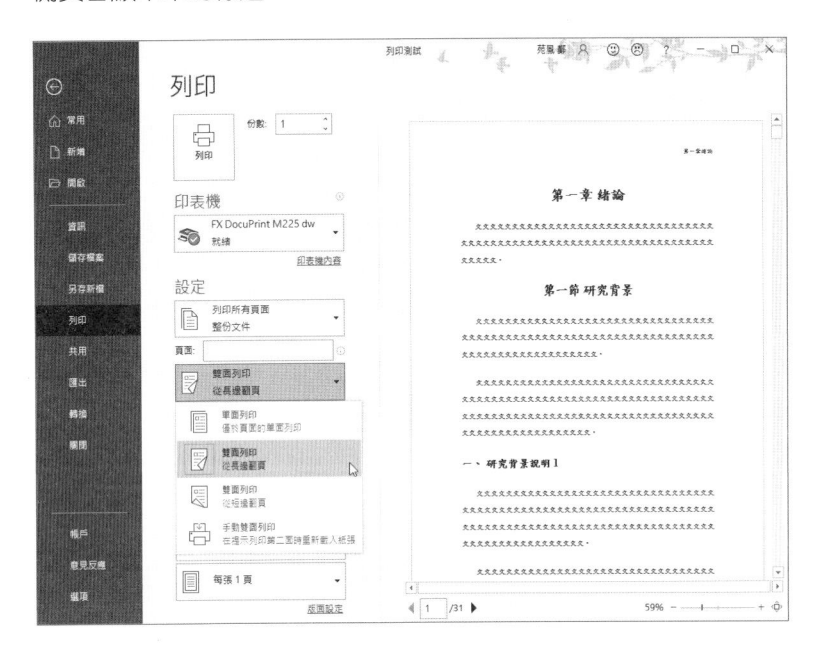

8-1-3 指定多頁面列印

在列印全文的過程中，萬一遇到卡紙或是臨時有部分頁數有進行修正，而只想列印部分的頁面，可在「頁面」的欄位中輸入想列印的頁碼即可。例如：第 3 頁和第 7 頁需要重印，那麼雙面列印時可在「頁面」的欄位中輸入「3-4,7-8」，如圖示：

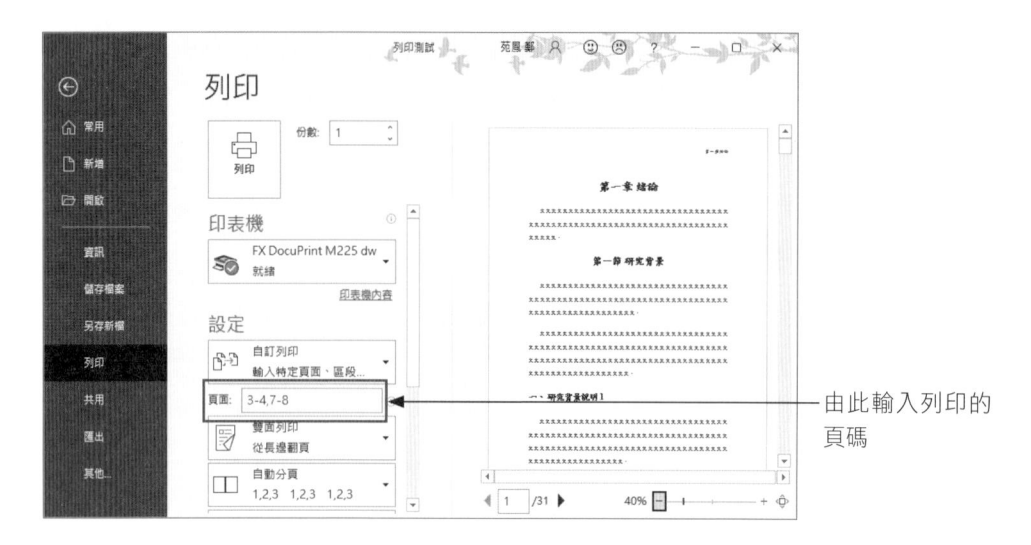

精準駕馭 Word! 論文寫作絕非難事

由此輸入列印的頁碼

不管是單面列印或雙面列印，輸入的頁碼可以是連續或不連續的頁面，這裡簡要跟各位說明標記的方式：

- **列印連續的多個頁面**：可使用「-」符號來表示，例如列印第 1 頁到第 3 頁，可輸入「1-3」。

- **列印不連續的頁面**：可使用逗點「,」符號來表示，例如列印第 8 頁和第 10 頁，可輸入「8,10」。

- **同時列印包含連續和不連續的頁面**：你也可以同時列印連續和不連續的頁面，像是輸入「1-3,8,10」，就表示列印 1 到 3 頁，還有第 8 頁和第 10 頁。

除了直接鍵入頁碼外，也可以列印包含小節的頁面，通常是以 P 表示頁碼，S 表示節。例如 P1S2 表示列印第 2 節的第 1 頁，P1S2-P8S2 表示列印第 2 節的第 1 頁到第 8 頁。

8-1-4 單頁紙張列印多頁內容

在預設情況下，每一張紙只會列印一個頁面的內容，如果想將部分的論文內容列印下來，方便自己利用空餘時間進行思考，但是又想節省紙張，那麼可以考慮在一張紙上列印多頁的內容。

請在「設定」的最下方，由「每張 1 頁」處下拉，即可選取在每一張紙上要列印的頁面數量。

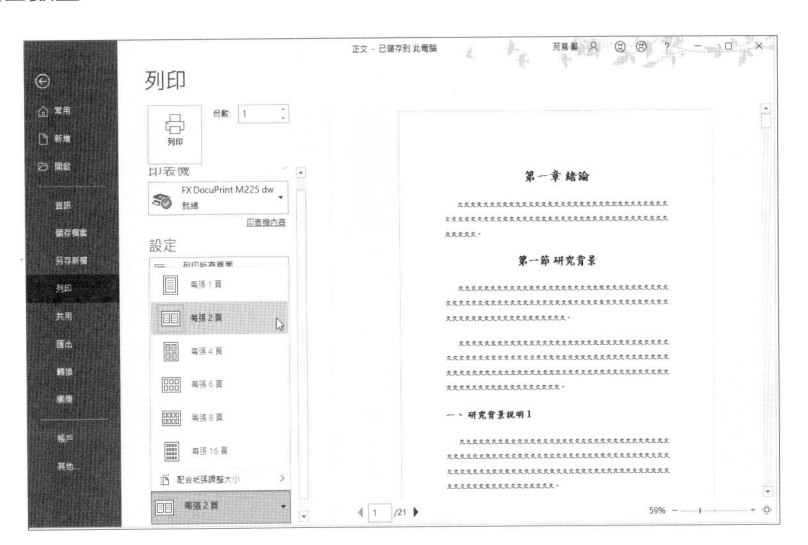

8-2 匯出成 PDF 格式

PDF（Portable Document Format）是 Adobe 公司所發展的一種可攜式文件格式，可在任何的作業系統上完整呈現並交換的文件檔案格式。每一份 PDF 檔案可以包含文字、字形、圖形、排版樣式、和所需顯示的相關資料，能支援多國語言，且不論是採用何種軟體編輯，PDF 都可以保存文件的原始風貌。目前在學術界、排版業、或是高科技領域，都以 PDF 檔案當成是存放資料的主流。

想要觀看 PDF 文件的內容，只要將 PDF 文件圖示拖曳到 Google Chrome、Microsoft Edge、FireFox 等瀏覽器中就可以觀看內容。而建立 PDF 檔案時，如果有勾選建立書籤的功能，還可以讓 PDF 在左側顯示書籤，方便檢閱大綱。

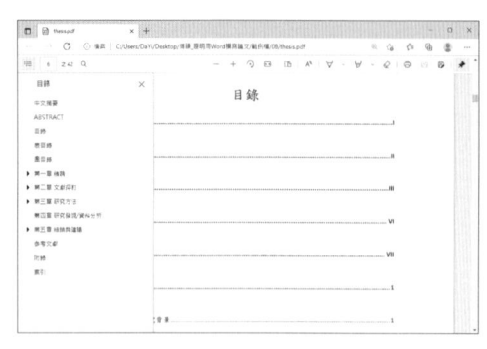

在 Microsoft Edge 開啟 PDF　　　　　　在 Google Chrome 開啟 PDF

8-2-1 教授批閱 PDF 文件

很多研究生會將論文匯出成 PDF 格式再傳送給指導教授過目，因為 PDF 不管在任何版本或作業系統上所看的結果是相同的，不會有格式上的問題。另外，如果教授以 Microsoft Edge 瀏覽器將 PDF 文件開啟時，還可以利用視窗上所提供的「繪圖」、「反白」、「清除」等工具鈕來對文件內容做標註。如圖示：

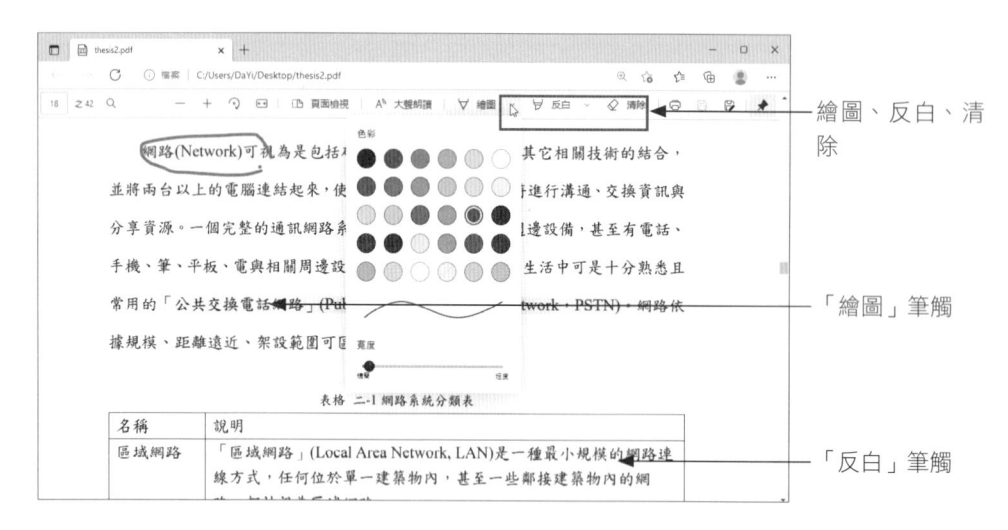

繪圖、反白、清除

「繪圖」筆觸

「反白」筆觸

➢ **繪圖**：提供各種顏色可以選擇，可以調整畫筆的寬度，可利用滑鼠在文件上直接畫出任一隨意的線條。

8-8

列印輸出與安全保護 8

- 反白：類似螢光筆的功效，可畫出黃、淡綠、淡藍、粉紅、紅等五種色彩。點選「反白」 的工具鈕後，拖曳段落文字即可標記文字。
- 清除：作用與橡皮擦功能一樣，可擦除繪圖的筆觸或反白的文字。

對於已反白的段落文字，如果教授需要註記注意事項給研究生，可在反白的文字上按下滑鼠左鍵，當出現如圖的選單時選擇「新增留言」指令，即可在標籤上輸入注意的事項。

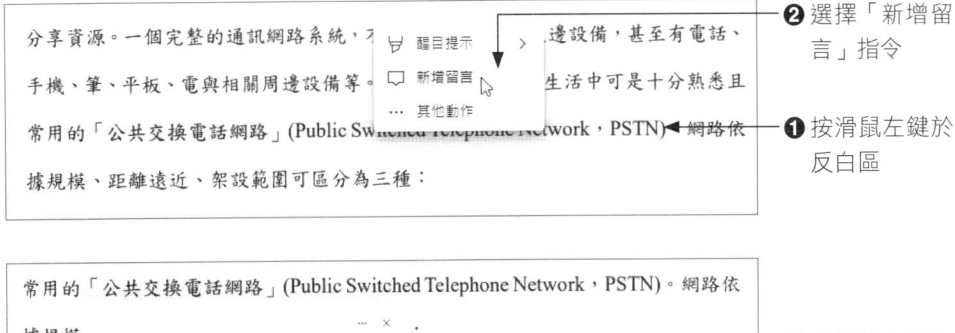

❷ 選擇「新增留言」指令

❶ 按滑鼠左鍵於反白區

❸ 教授輸入標記注意事項給研究生

❹ 輸入完畢按此鈕儲存

指導教授在批閱完學生的論文後，只要在文件上的工具列按下「儲存」 或「另存新檔」 鈕儲存 PDF 文件，屆時檔案回傳給學生，學生就可以根據教授標記的地方進行論文的修正。

❶ 此圖示表示有留言，以滑鼠按點此圖示

8-9

手機、筆、平板、電與相關周邊設備等。最早期的網路就是生活中可是十分熟悉且常用的「公共交換電話網路」(Public Switched Telephone Network，PSTN)。網路依據規模......

❷ 開啟標籤，顯示教授的留言

按此鈕可下拉選擇「刪除」指令

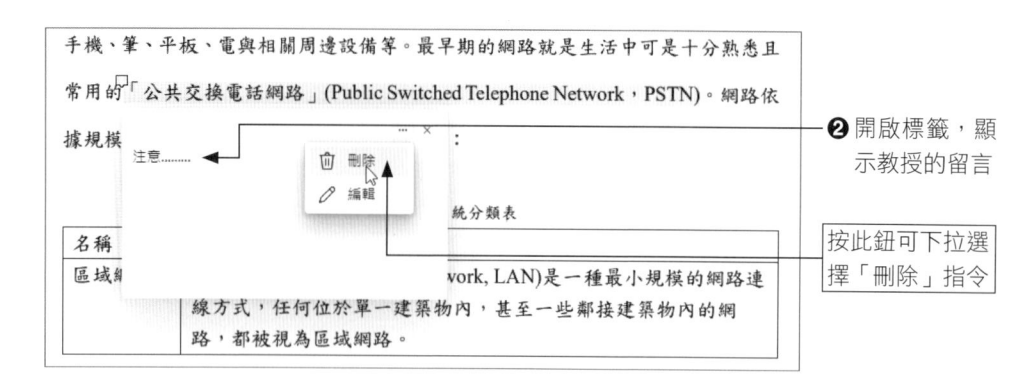

善用 PDF 所提供的工具鈕可以輕鬆作為指導教授和研究生之間的溝通，不僅傳輸快速方便，也可以節省列印紙張的錢。

8-2-2 PDF 文件命名規則與規範

PDF 格式除了是研究生在研究階段與指導教授討論的好方式外，在最後階段上傳的電子論文也是使用 PDF 格式，但是要注意的是，上傳的電子論文必須合併成一個檔案才能上傳。如果你的論文分散成兩、三個檔案，可透過「主控文件」的功能來進行論文的合併。

電子論文上傳時，PDF 的檔案命名最好不要使用中文，檔名中也不可有全形文字空白，或是像：~.*/\+{}[] 之類的特殊字元，因為這些特殊字元在載入資料庫時會產生錯誤。另外，上傳的電子文件記得「不要」勾選為文件加密，否則需要密碼才能開啟文件。

很多學校會特別規定電子論文（PDF 文件）必須設定保全，以便限制他人編輯及複製內文。這個部分 Word 軟體無法做到，必須使用 Adobe Acrobat Pro 付費軟體或是 PDF-XChange Editor 免費軟體才能做此設定。其中 Adobe Acrobat Pro 付費軟體可同時將論文 PDF 檔加入浮水印、DOI 數位物件辨識碼及設定保全。

當匯出成 PDF 格式後，最好重頭到尾仔細檢查一下檔案是否可以正常開啟，確認整篇論文與紙本相同，章節頁碼是否有缺漏或錯誤的情形發生。另外要特別注意是否有亂碼的情況出現，或是圖片、表格、字型、浮水印等是否依規定正常顯示。

8-2-3 將文件轉為 PDF 文件

要將文件匯出成 PDF 格式，請由 Word 的「檔案」標籤選擇「匯出」指令，接著點選「建立 PDF/XPS 文件」選項，再按下「建立 PDF/XPS」鈕，於開啟的視窗中確認輸入的檔名，按下「發佈」鈕就可完成 PDF 文件。

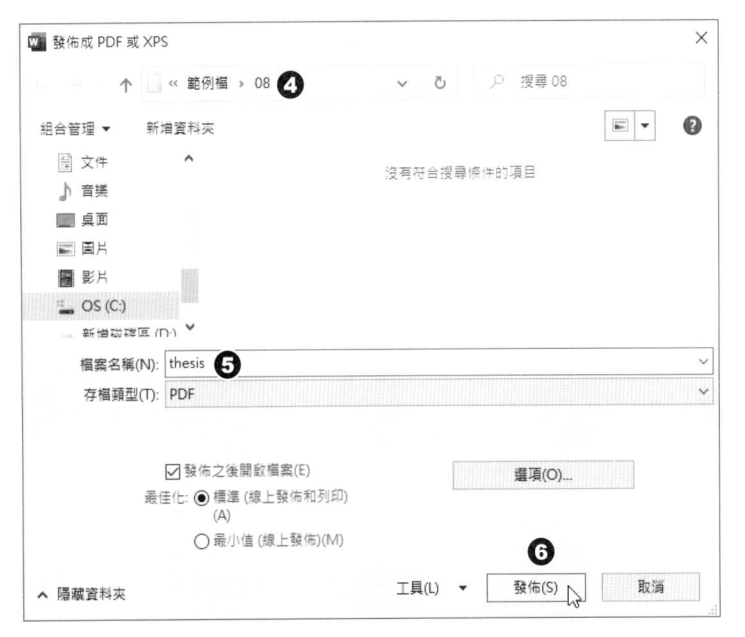

8-11

精準駕馭 Word! 論文寫作絕非難事

各位可以在上圖的視窗中看到「選項」鈕，按下「選項」鈕將顯示如下的視窗，你可以由此設定轉出的 PDF 檔案是否自動顯示書籤，以及是否需要以密碼加密。

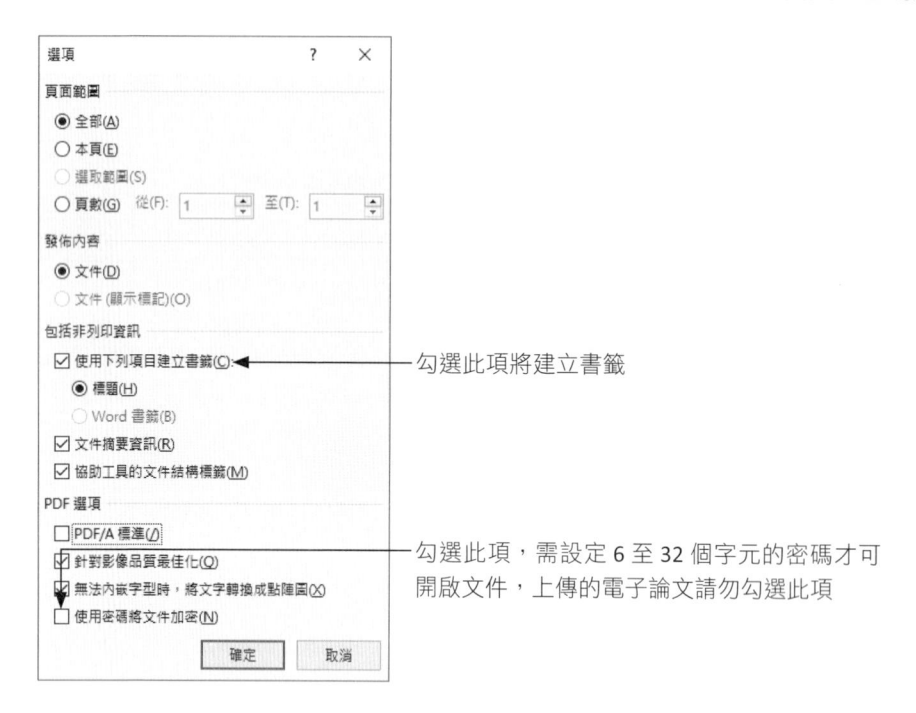

勾選此項將建立書籤

勾選此項，需設定 6 至 32 個字元的密碼才可開啟文件，上傳的電子論文請勿勾選此項

除了利用「匯出」指令可匯出成 PDF 格式外，利用「另存新檔」指令也可以選擇「PDF」的格式來轉存檔案。

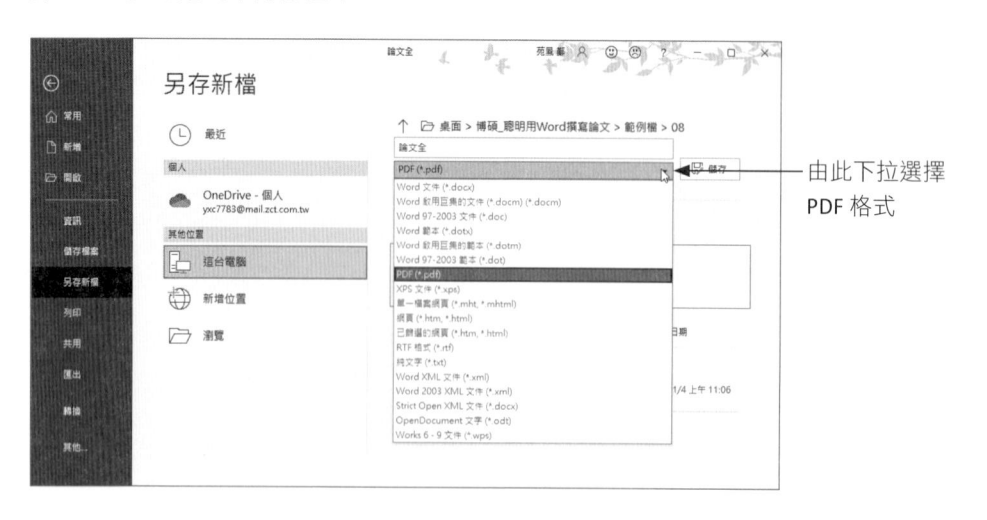

由此下拉選擇 PDF 格式

8-3 論文安全保護

對於辛苦完成的論文,可以讓他人參閱,但不希望被人隨意拷貝剽竊,所以論文的保護是有其必要的。由於 Word 365 無法做到限制他人編輯及複製內文,因此這裡介紹 PDF-XChange Editor 來進行保全的設定。

8-3-1 下載 PDF-XChange Editor 軟體

PDF-XChange Editor 是 PDF 編輯與閱讀軟體,可以讓使用者進行 PDF 文件的建立、檢視、編輯、加入數位簽名,功能算是強大且執行速度快的軟體。此軟體大多數功能是可免費使用,部分進階功能則需要付費才能使用,如果使用到進階功能,文件上會被加入浮水印,這樣你的論文就會被學校退件,如果只是針對論文進行保全設定則是免費使用,各位可以放心。請自行到以下的網址下載並安裝軟體。

https://www.tracker-software.com/product/pdf-xchange-editor/download?fileid=656

PDF-XChange Editor 軟體安裝完成後,會在桌面上看到如下的圖示,按滑鼠兩下即可啟動程式。

8-3-2 設定保全

啟動 PDF-XChange Editor 軟體後,由「檔案」功能表開啟你的 PDF 論文,我們要進行保全的設定。

8-13

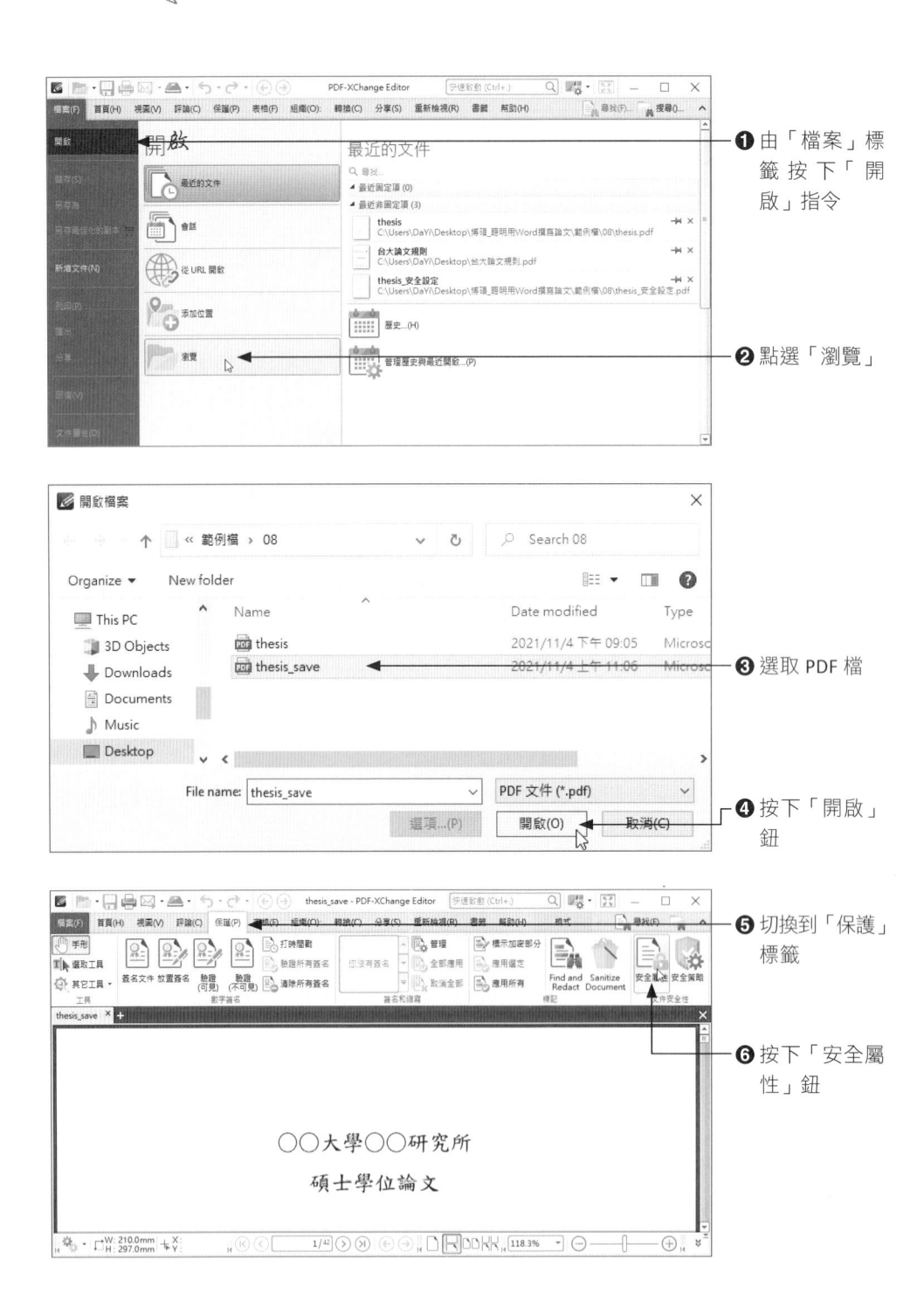

精準駕馭 Word! 論文寫作絕非難事

❶ 由「檔案」標籤按下「開啟」指令

❷ 點選「瀏覽」

❸ 選取 PDF 檔

❹ 按下「開啟」鈕

❺ 切換到「保護」標籤

❻ 按下「安全屬性」鈕

8-14

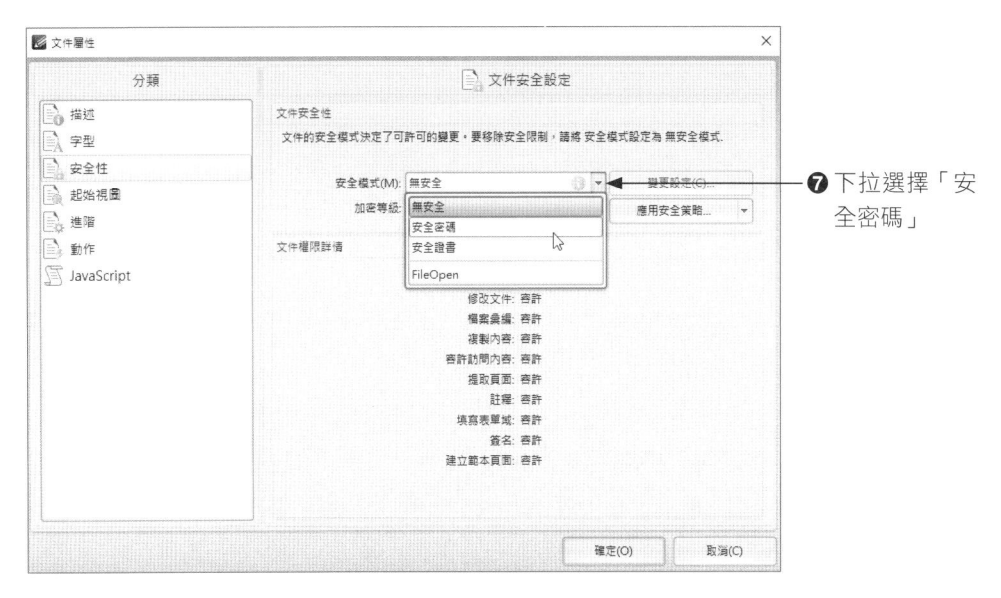

列印輸出與安全保護 8

❼ 下拉選擇「安全密碼」

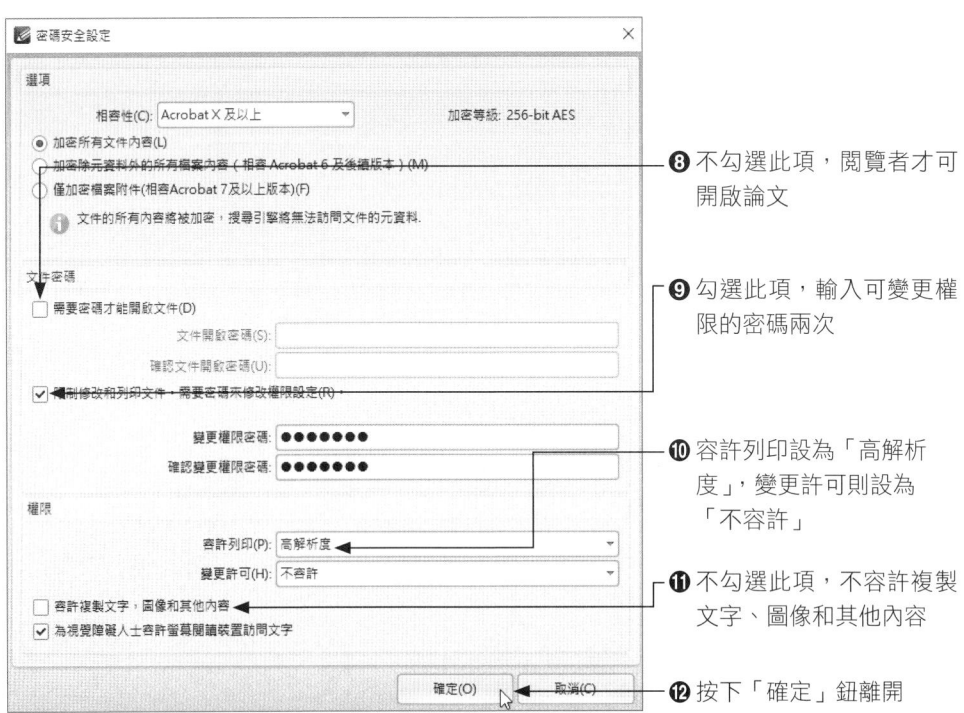

❽ 不勾選此項,閱覽者才可開啟論文

❾ 勾選此項,輸入可變更權限的密碼兩次

❿ 容許列印設為「高解析度」,變更許可則設為「不容許」

⓫ 不勾選此項,不容許複製文字、圖像和其他內容

⓬ 按下「確定」鈕離開

8-15

⓭ 顯示此訊息視窗，閱讀後按下「確定」鈕依序離開

完成上方的設定後，保全設定還尚未生效，必須等各位執行「儲存」或「另存為」的指令將 PDF 文件儲存後，保全設定才算完成。儲存後的文件會在檔案名稱後方顯示鎖頭符號，如下圖所示：

鎖頭符號表示保全設定完成

論文經過保全設定後，其他人就無法使用「複製」與「貼上」功能，將你的論文資料複製到其他文件上囉！各位可以試試看。

APPENDIX

A

口試簡報製作要領

要領 1：Word 論文去蕪存菁

要領 2：吸睛簡報關鍵技巧

要領 3：動態亮點輕鬆做

要領 4：簡報準備與列印

要領 5：簡報放映技巧

精準駕馭 Word! 論文寫作絕非難事

研究生在撰寫論文後，還需要申請研究計畫口試，口試前一個月提交完整的論文，提出申請後一個月才會進行碩士論文的口試。在口試的前二週，研究生需先行寄送邀請函給各口試委員，告知口試時間、地點、及論文題目，方便口試委員能先行訂下行程，而口試委員也會先看過論文口試本，以便對你的論文有所了解。

論文口試時，研究生會報告論文研究計畫的寫作過程以及主要內容，再分別由口試委員和指導教授先後開始口試，由研究生針對口試委員提出的問題即席答覆，研究生退席後，再由口試委員研商評分並決定口試結果。口試後研究生需依照口試委員的意見完成論文的必要修正，經口試委員確認修改後，只要論文及口試結果合乎學位標準，口試委員就會在審定書上簽名。

進行口試時，你可以單用口頭報告，也可以使用幻燈片或投影片作為輔助器材，而大部分的人會選用 Microsoft PowerPoint 來進行簡報，只要進行口試的場地有數位投影機，或是事前向系辦借用投影設備即可搞定。

另外，很多學校規定論文口試時的所需的海報、茶水、點心是由研究生自備，事先了解一下系所的規定，到時候才不會失禮。

要領 1
Word 論文去蕪存菁

論文口試時，指導教授和口試委員主要針對論文主題、文字組織、研究方法和步驟、內容觀點、創見及貢獻、面試應對態度等六大方面來進行考核，所以當論文撰寫完成時，可以把 Word 論文中的綱要直接匯入到 PowerPoint 中再進行編輯。

A-1-1 正文去蕪存菁

要將 Word 大綱階層順利地傳送到 PowerPoint 簡報中，文件中多餘的圖片、表格、標號、章節註腳、空白段落最好先行刪除，屆時透過大綱工具設定想要顯示的階層數，就可以利用「傳送到 Microsoft PowerPoint」功能，將指定的大綱傳送至簡報軟體中，這樣傳送到 PowerPoint 時可以省下許多功夫。

針對正文部分，你可以使用手動的方式將圖片、表格、標號…等一一刪除，也可以使用「尋找」與「取代」的功能，以「特殊」指定的方式將文件中的所有圖形，章節標記、註腳標記、多餘的段落標記等以空白進行取代。如下圖所示：

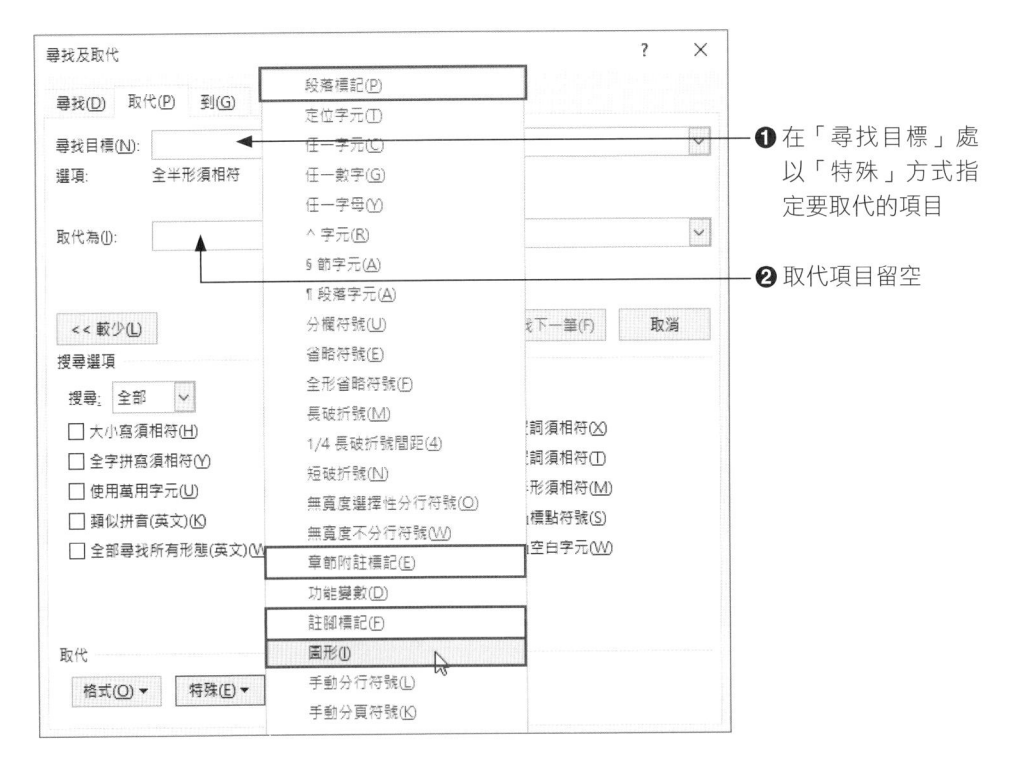

❶ 在「尋找目標」處以「特殊」方式指定要取代的項目

❷ 取代項目留空

將多餘的物件刪除後，正文中只剩下你所設定的階層標題與內文囉！

A-1-2 將傳送功能加入至快速存取工具列

雖然 Word 365 的版本並未將「傳送到 Microsoft PowerPoint」功能加入進來，不過你可以自行將該功能加入到「自訂快速存取工具列」之中，加入的方式如下：

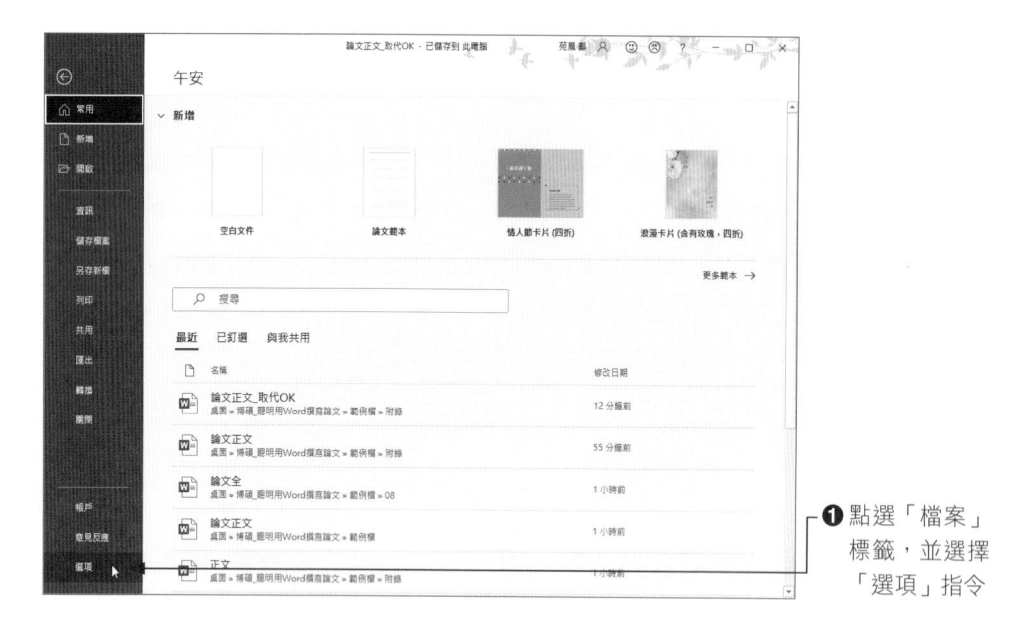

❶ 點選「檔案」標籤，並選擇「選項」指令

❷ 切換到「快速存取工具列」

❸ 由此下拉選擇「不在功能區的命令」

口試簡報製作要領

❺ 按下「新增」鈕，使加入到右側欄位

❹ 找到「傳送到 Microsoft PowerPoint」功能

❻ 按下「確定」鈕離開

❼ 瞧！自訂快速存取工具列已加入了「傳送到 Microsoft PowerPoint」按鈕

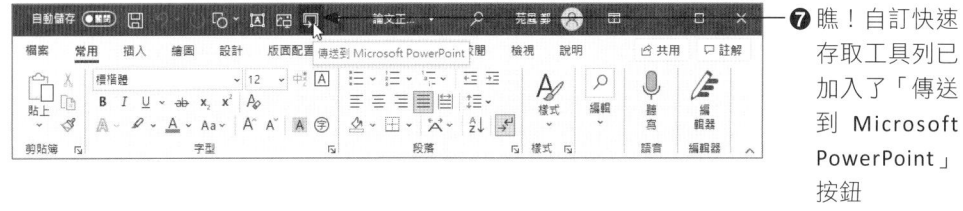

A-1-3 將 Word 大綱傳送到 PowerPoint

當各位將「傳送到 Microsoft PowerPoint」鈕加入到快速存取工具列後，只要按下 🔲 鈕，就會立即啟動 PowerPoint 軟體，並看到各階層的標題。

A-5

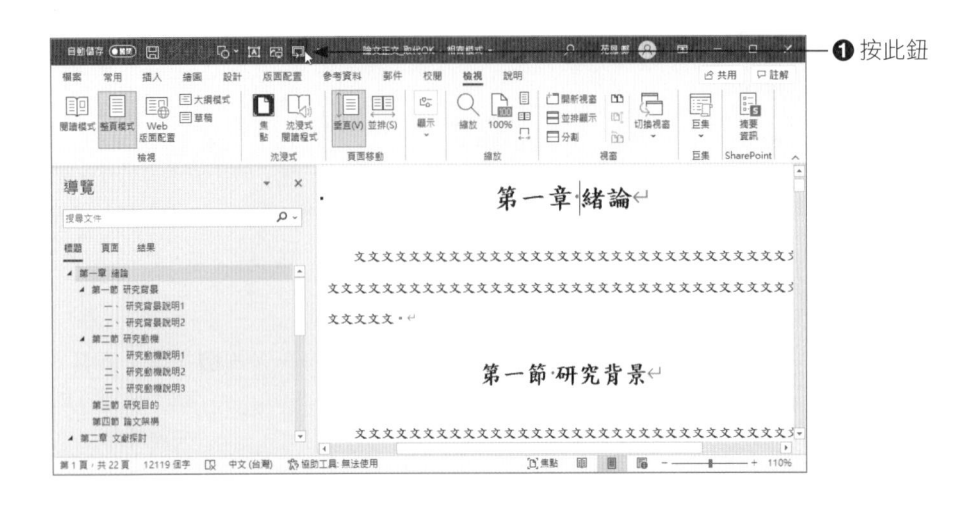

精準駕馭 Word! 論文寫作絕非難事

❶ 按此鈕

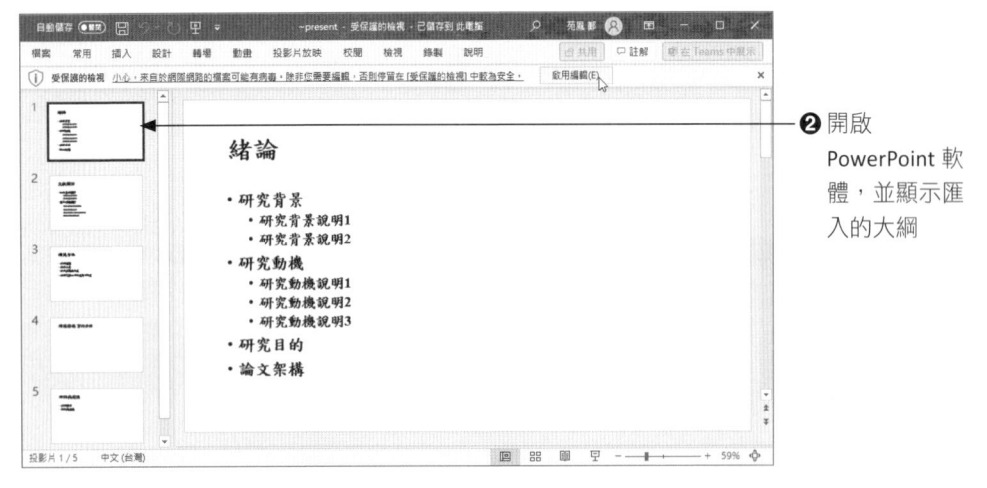

❷ 開啟 PowerPoint 軟體，並顯示匯入的大綱

A-1-4 大綱工具設定傳送階層

在預設的狀態下，只要是設為「標題」的樣式都會被匯入至 PowerPoint 中，如果你的論文包含的階層數較多，較底下的層級不想匯入至簡報中，可先在大綱模式下進行調整，將其階層改為「本文」即可。請由「檢視」標籤按下「大綱模式」鈕，並進行以下的設定：

口試簡報製作要領

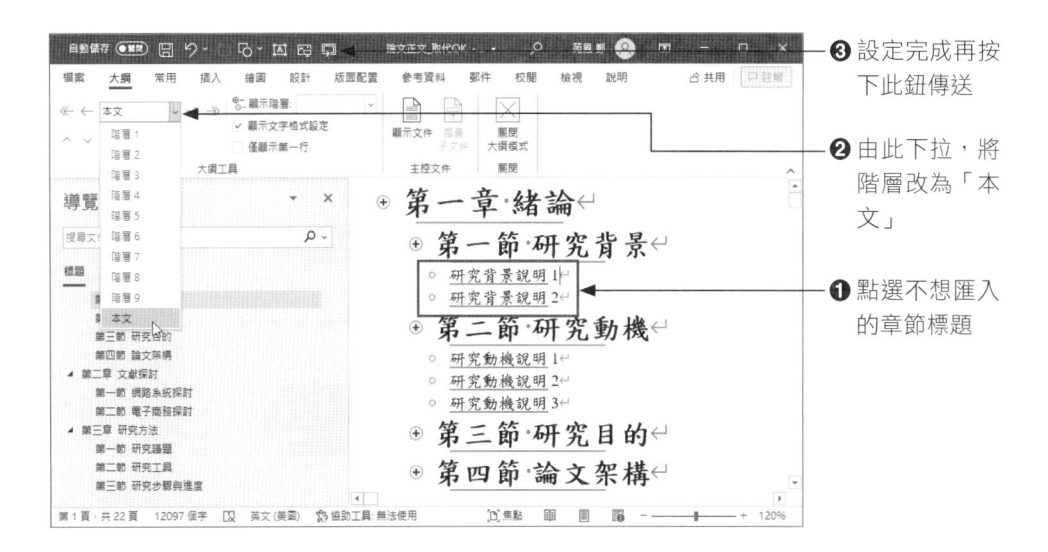

❸ 設定完成再按下此鈕傳送

❷ 由此下拉，將階層改為「本文」

❶ 點選不想匯入的章節標題

❹ 傳送到簡報中只剩兩個階層

要領 2
吸睛簡報關鍵技巧

從 Word 傳送過來的簡報只有綱要，沒有任何色彩和佈景主題，接下來就要透過 PowerPoint 的功能來美化簡報，這裡提供一些關鍵技巧，讓你能快速製作出具專業水準的簡報。

A-2-1 跳躍式的簡報架構

很多人在進行簡報時,都是從第一張投影片依序放映到最後一張投影片,事實上你也可以有新的表現方法,透過按鈕連結的方式來進行跳躍式的簡報。

使用按鈕連結

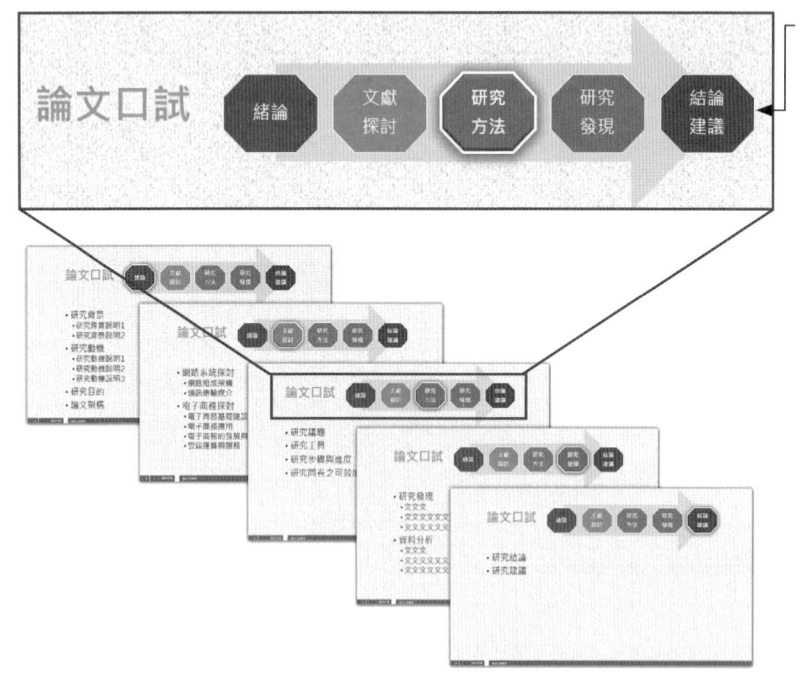

使用 SmartArt 插入的流程圖,再個別設定所在頁面的色彩與陰影加以強調

如上圖所示,依照論文的架構以按鈕呈現,在進行簡報時點選「研究方法」就能立即跳躍到「研究方法」的投影片,並以粗體和陰影顯示目前的主題。這種表現方式可以讓你在任何一張投影片上都能直接跳躍到想要說明的主題上。

口試簡報製作要領

●∧ 使用文字連結

你也可以使用文字連結的方式連結到各投影片標題，而投影片母片只要插入一個能回到「論文綱要」的按鈕，這樣也可以隨時連結到想要報告的主題。

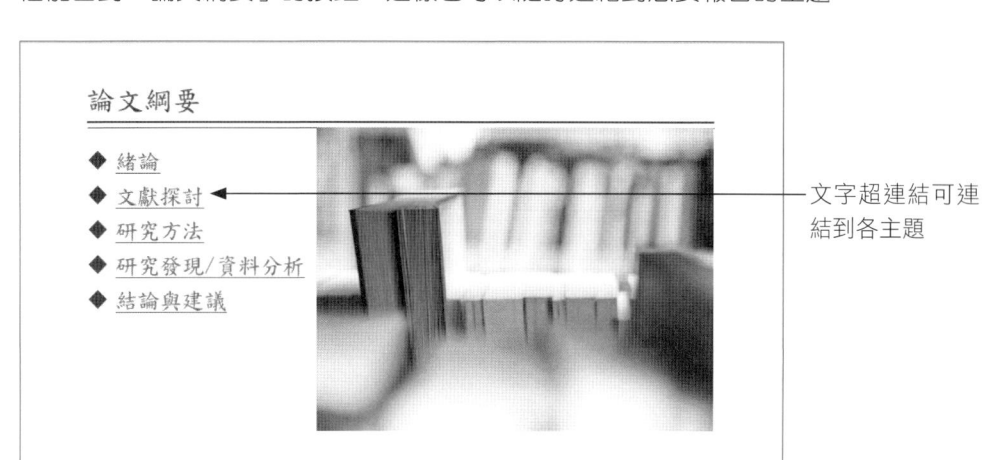

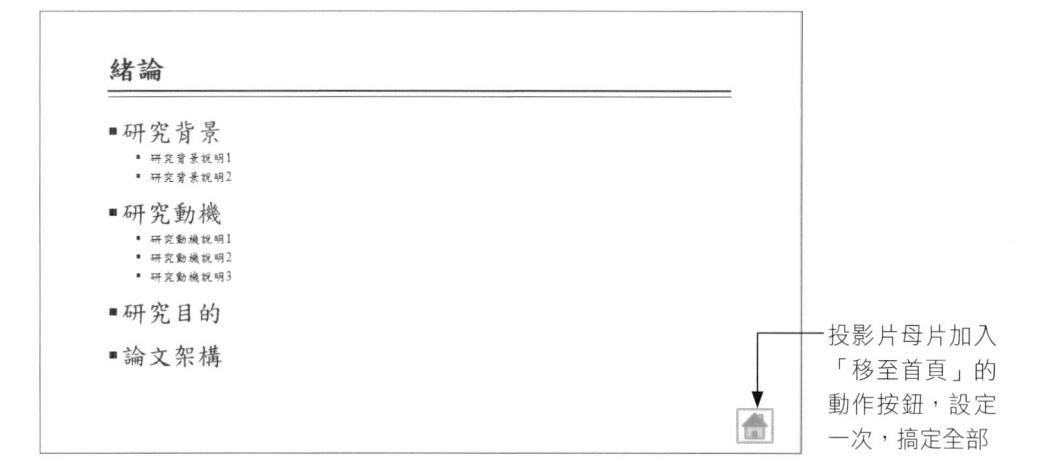

論文綱要
- 緒論
- 文獻探討　　──────文字超連結可連結到各主題
- 研究方法
- 研究發現/資料分析
- 結論與建議

緒論
- 研究背景
  - 研究背景說明1
  - 研究背景說明2
- 研究動機
  - 研究動機說明1
  - 研究動機說明2
  - 研究動機說明3
- 研究目的
- 論文架構

投影片母片加入「移至首頁」的動作按鈕，設定一次，搞定全部

使用摘要縮放

在 PowerPoint 版本中新增了一個「摘要縮放」的功能，它可以把你選定投影片設為縮圖，並建立成一張含有「摘要縮放」的新投影片，當你選取縮圖時，可快速移到選取的「節」來進行播放。

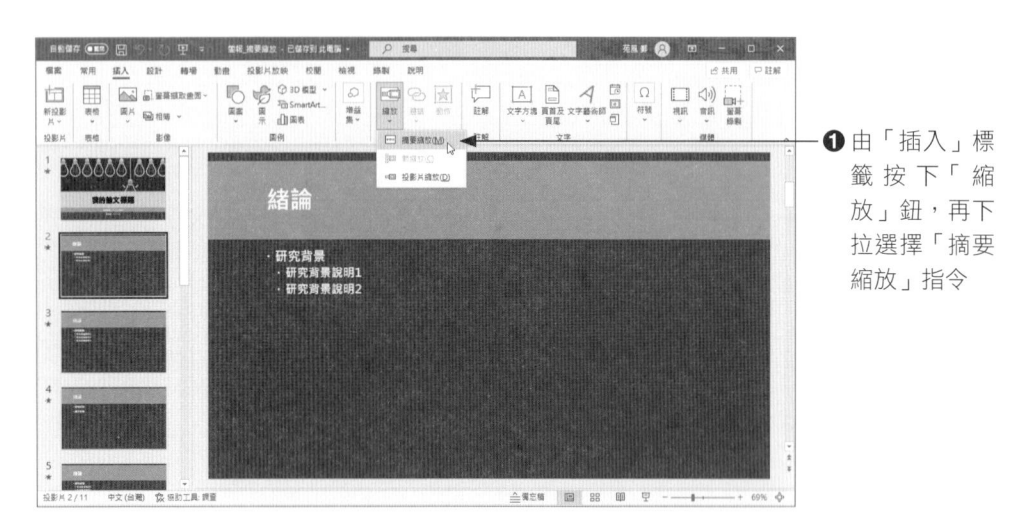

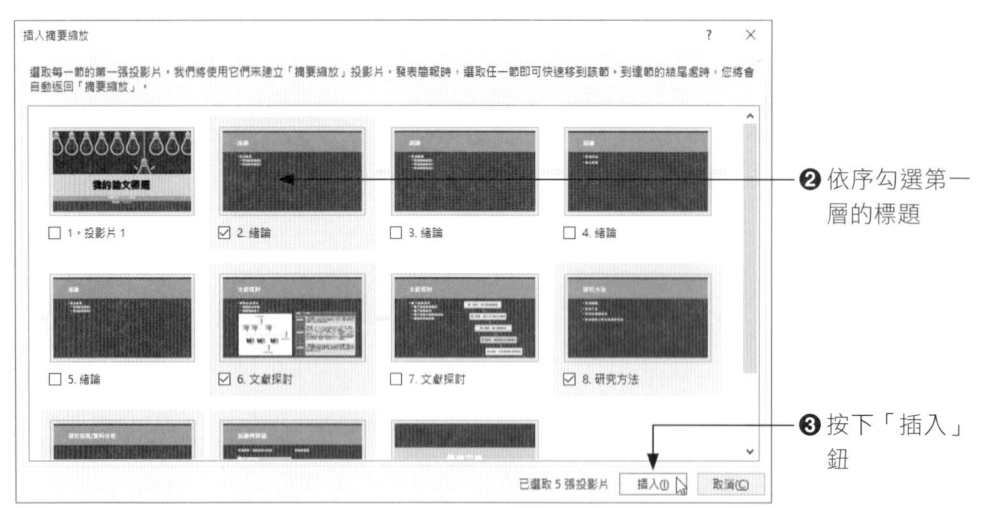

❶ 由「插入」標籤按下「縮放」鈕，再下拉選擇「摘要縮放」指令

❷ 依序勾選第一層的標題

❸ 按下「插入」鈕

口試簡報製作要領

瞧！此處自動幫你分節

❹ 摘要建立完成

設定完成後，當你在播放簡報時，如果你點選「文獻探討」的圖示，它就將縮圖放大至滿版，依序按左鍵完成該節投影片的播放後，就會自動縮小回到此摘要上，方便你選擇其他的縮圖（節）進行播放。

A-2-2 玩轉版面設計與色彩

從 Word 傳送過來的簡報只有文字，沒有任何色彩，各位可以利用以下幾種方式來美化簡報，讓簡報變得色彩豐富。

套用與變化「佈景主題」

在「設計」標籤裡提供各式各樣的佈景主題可供你套用，選定某一特定的佈景主題後，還可在「變化」處進行修改。

A-11

❶ 點選「設計」標籤

❷ 由「佈景主題」下拉選定喜歡的佈景主題

❸ 由「變化」選定喜歡的色彩變化

變更色彩

除了「佈景主題」與「變化」之外,由「變化」下拉選擇「色彩」,還有各種不同的配色可供你選用。因此你可以依據論文主題來選定適合的色彩配置。

口試簡報製作要領

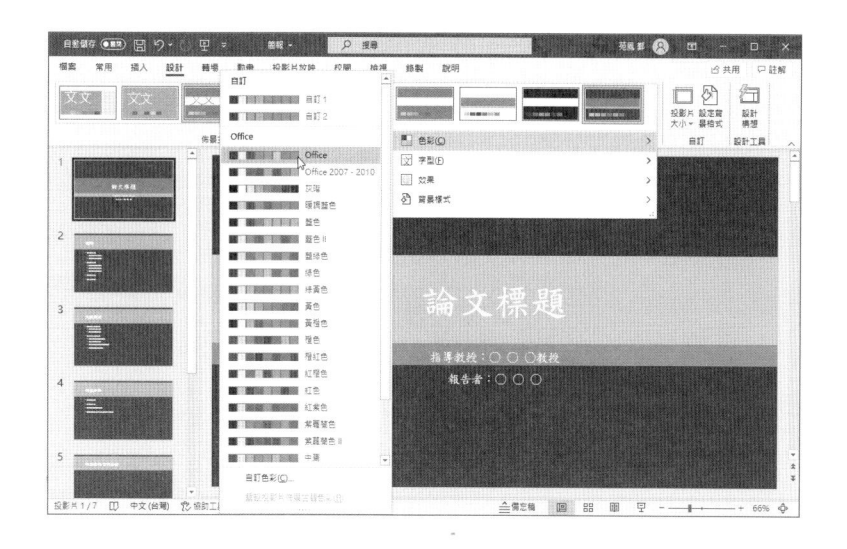

A-2-3 好用的「設計構想」窗格

在 PowerPoint 365 版本中新增了一項「設計構想」的功能，此功能提供各種的版面構圖，可讓你立即改造投影片，讓版面看起來更有設計風。「設計構想」窗格會依據你目前的佈景主體顯示不同的版面效果，且每次顯示的效果都不盡相同，每每有意外的發現，就如同美術設計師隨侍在旁提供你意見，各位可以多加利用。

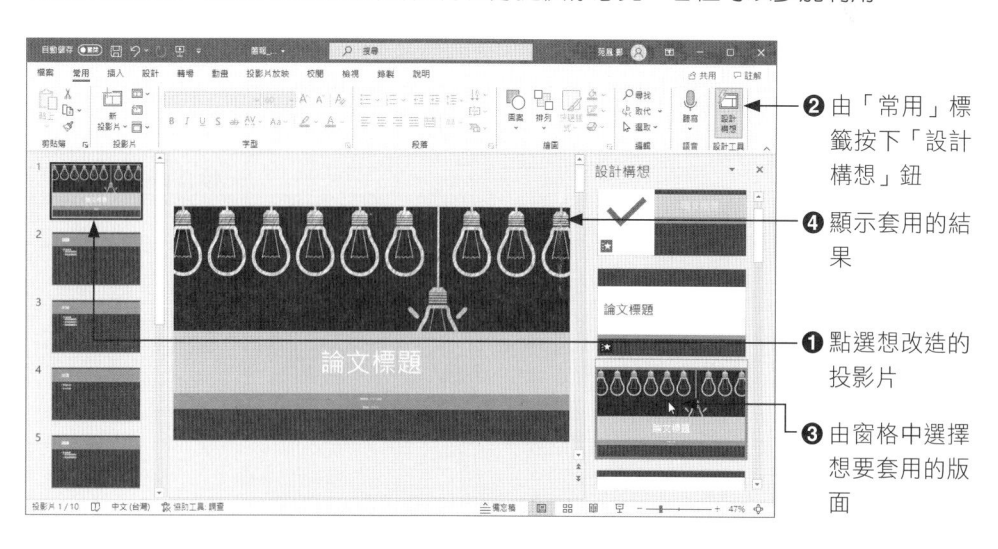

❷ 由「常用」標籤按下「設計構想」鈕

❹ 顯示套用的結果

❶ 點選想改造的投影片

❸ 由窗格中選擇想要套用的版面

A-13

A-2-4 善用「文字藝術師」於簡報標題

在尚未開始口試前,通常簡報都會停設在第一頁的標題投影片,標題投影片給人的印象最重要,為了抓住觀眾的注意力,簡報標題可以考慮使用「文字藝術師」來強化視覺效果。因為「文字藝術師」提供了 20 種藝術文字樣式可以選用,每一種樣式都有不同的色彩變化與風貌,將它運用在標題投影片中,就能輕鬆在觀眾心裡烙下深刻的印象。由「插入」標籤按下「文字藝術師」鈕,就會出現樣式清單供你選擇。

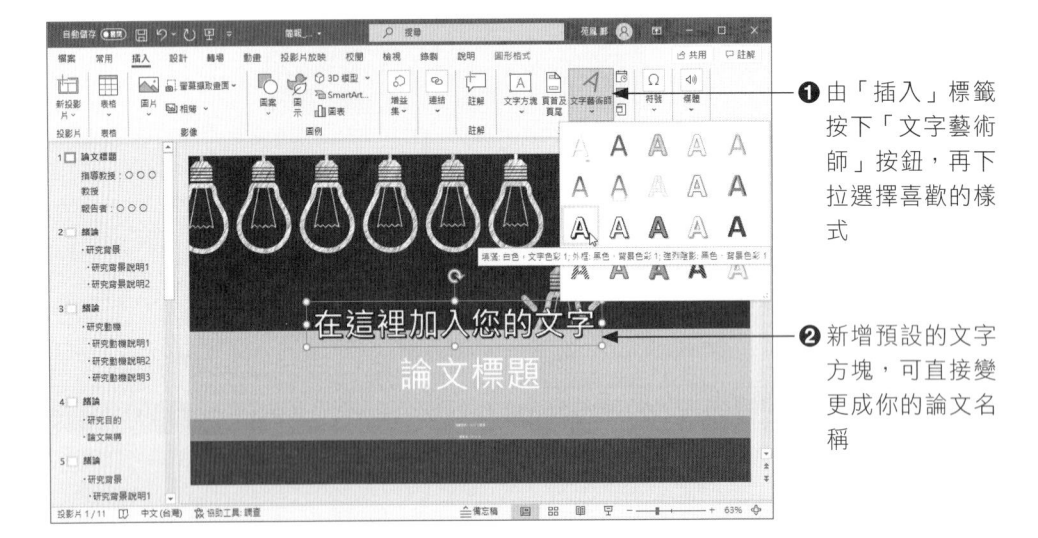

❶ 由「插入」標籤按下「文字藝術師」按鈕,再下拉選擇喜歡的樣式

❷ 新增預設的文字方塊,可直接變更成你的論文名稱

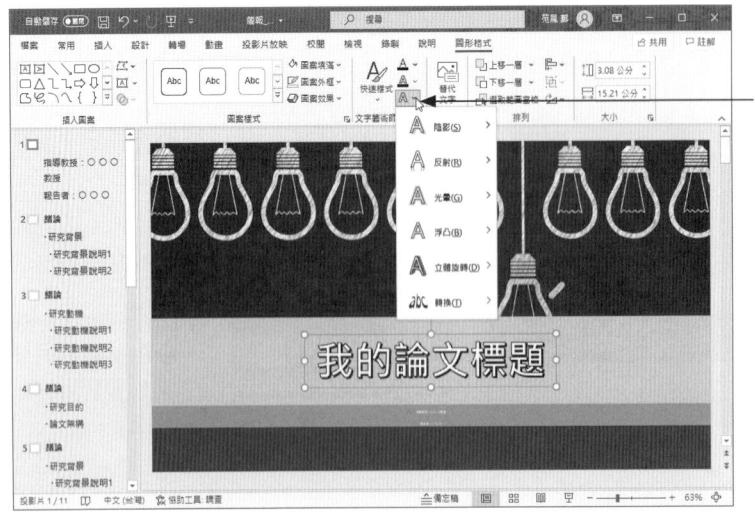

❸ 加入文字藝術師後,還可透過「文字藝術師樣式」的群組加入陰影、反射、光暈…等各種效果

A-14

A-2-5 大綱模式調整簡報架構

單單五張投影片不足以將你辛苦的成果完整表達，加上上台報告容易緊張怯場，可能讓你的腦筋一片空白而說不出話來，所以有必要把論文重點摘錄至投影片中。

簡報架構的調整主要是透過「大綱模式」作升降階的調整，由「檢視」標籤按下「大綱模式」鈕，就會在左側的窗格中顯示投影片的大綱。

接下來利用「Enter」鍵增加投影片，「常用」標籤中的「減少清單階層」 與「增加清單階層」 鈕處理文字的升降階，即可調整簡報的大綱。

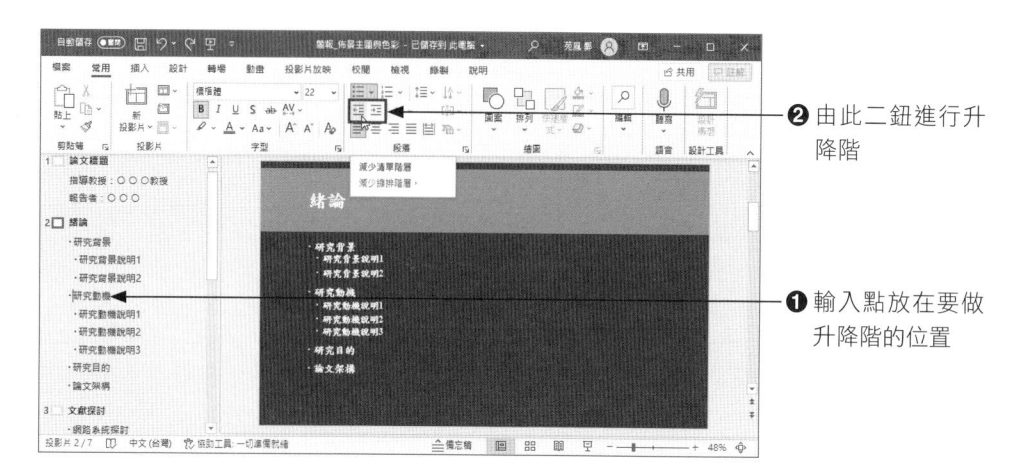

❶ 輸入點放在要做升降階的位置

❷ 由此二鈕進行升降階

精準駕馭 Word! 論文寫作絕非難事

由於從 Word 傳送過來的字體可能與簡報範本所預設的字體不一樣，建議各位可以全選文字後，先變更喜歡的字型。

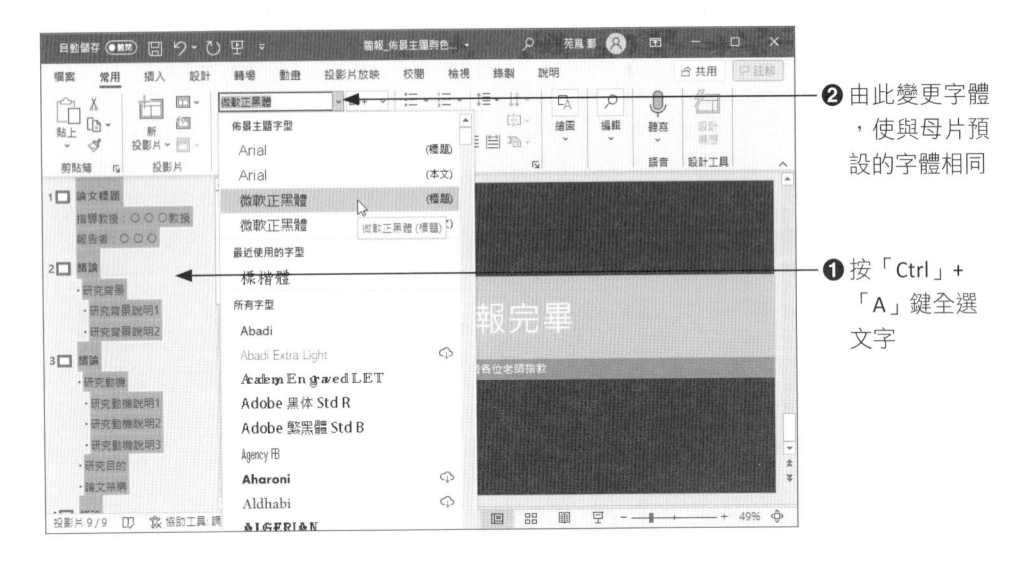

❷ 由此變更字體，使與母片預設的字體相同

❶ 按「Ctrl」+「A」鍵全選文字

另外，由「檢視」標籤按下「投影片母片」鈕將進入如下的視窗，你可以調整「投影片母片」與「標題母片」的字體、大小與顏色，或是在「投影片母片」中加入插圖，這樣只要插入一次，所有的投影片就會顯示該圖案。

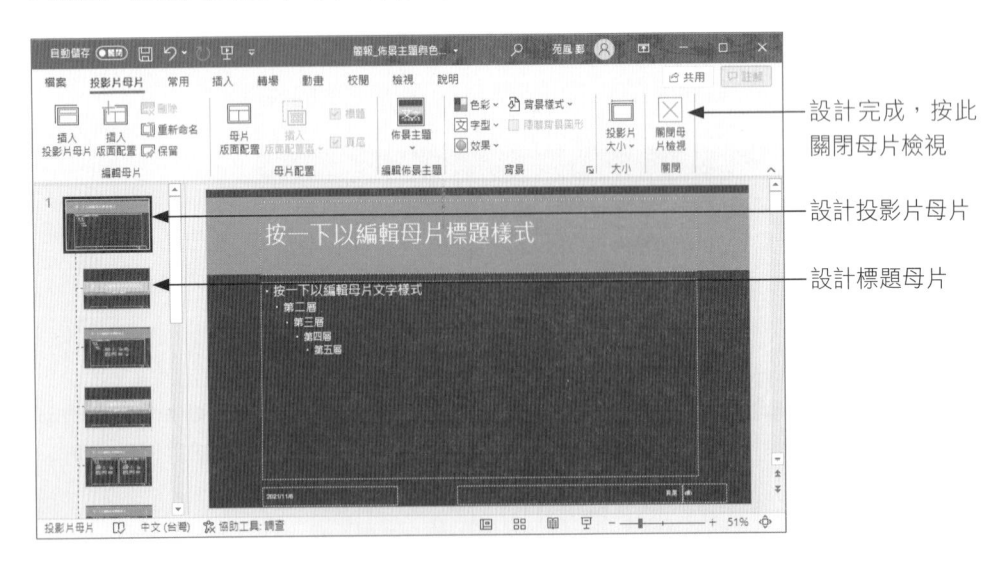

設計完成，按此關閉母片檢視

設計投影片母片

設計標題母片

所謂的「母片」就是簡報的主體結構，它包含了版面配置、主題背景、字型樣式、色彩配置等內容的設定。當各位決定母片的編排與設計，之後所新增的投影片，就會套用母片的樣式。

A-2-6　選用合適的版面配置

PowerPoint 有提供各種的版面配置，你可以根據主題及內容編排，決定要套用哪一種版面配置。由「常用」標籤按下「投影片版面配置」鈕，即可變更版面配置，方便你插入表格、圖表、圖片、影片…等各種物件。

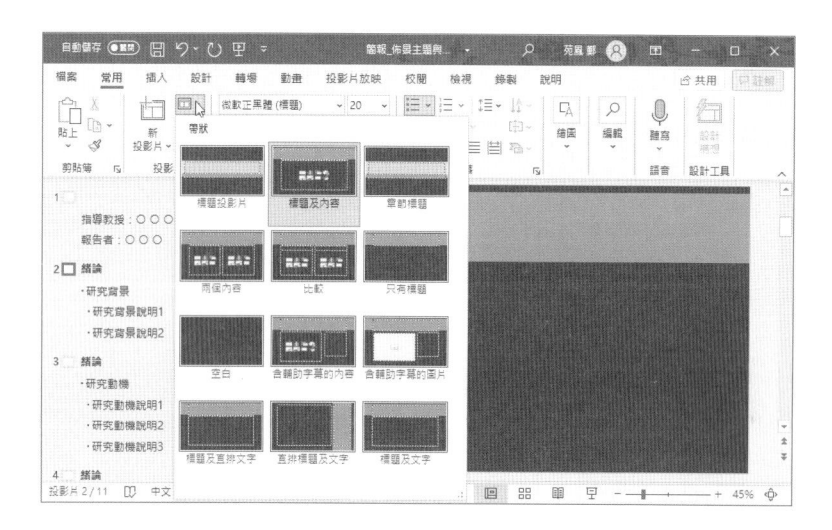

A-2-7　圖片與表格的美化

對於論文中的表格與圖片，在 Word 裡直接使用「Ctrl」+「C」鍵複製後，再到 PowerPoint 中按「Ctrl」+「V」鍵貼上即可。屆時在圖片點選狀態下，可透過「圖形格式」標籤來為圖片加入繪圖效果，貼入的表格則可利用「表格設計」標籤與「版面配置」標籤讓表格變得更豐富。

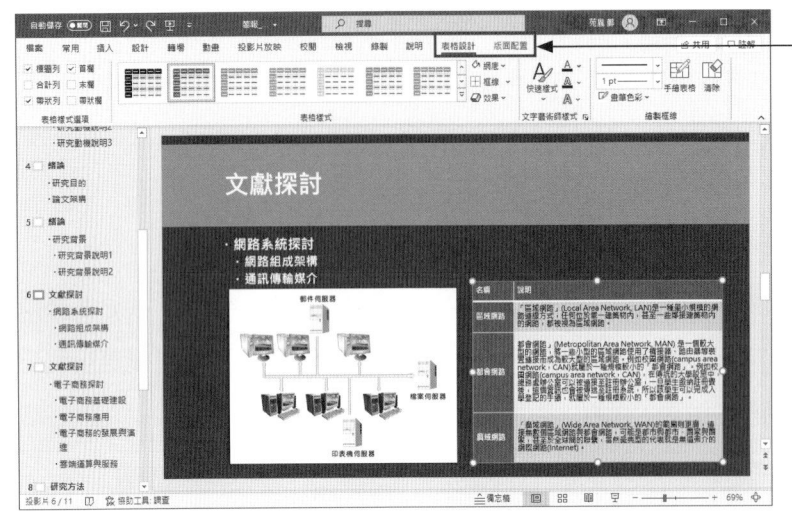

精準駕馭 **Word!** 論文寫作絕非難事

——點選表格可由「表格設計」標籤與「版面配置」標籤加強設計

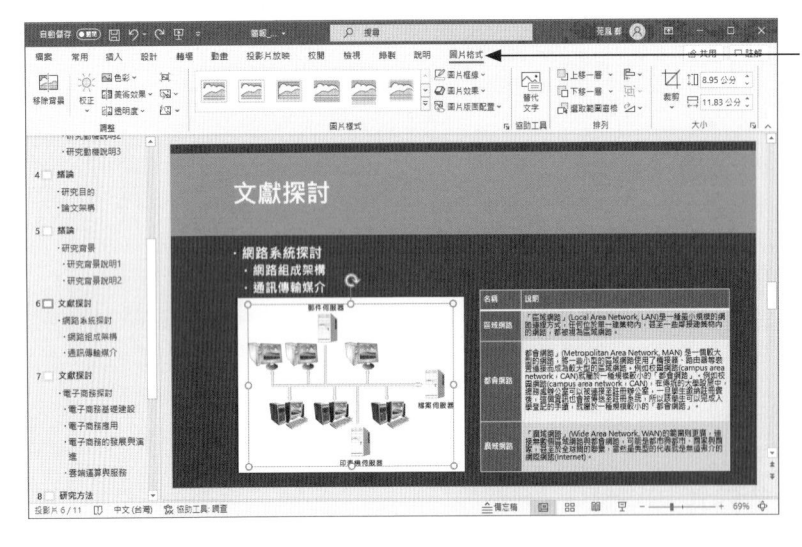

——選取圖片,可從「圖片格式」標籤進行圖片的美化

插入的圖片如果在深色背景上有時會出現貼膏藥的感覺,可在「圖片格式」標籤中按下「色彩」鈕,再下拉選擇「設定透明色彩」的指令,按點一下圖片背景,就能輕鬆完成背景的去除。

口試簡報製作要領

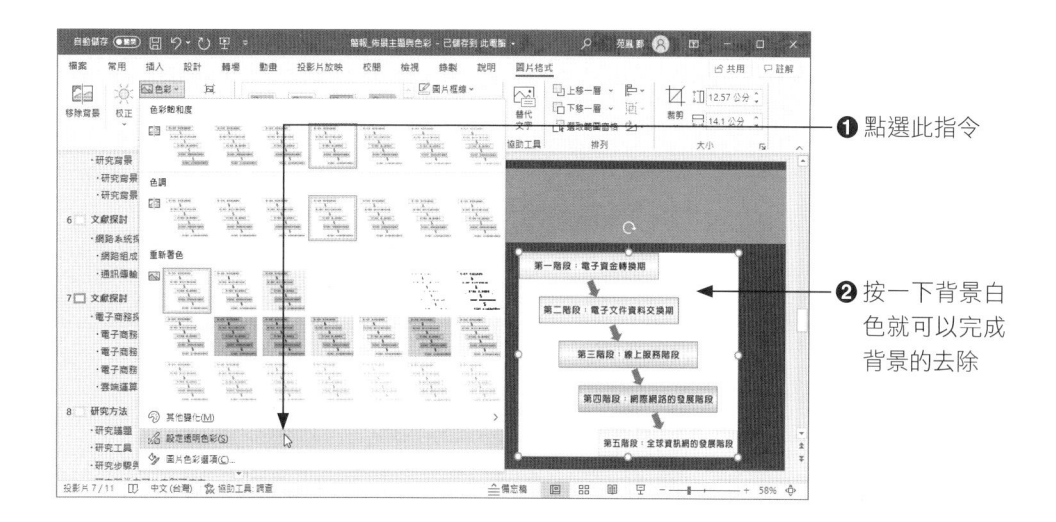

❶ 點選此指令

❷ 按一下背景白色就可以完成背景的去除

A-2-8 條列清單轉換為 SmartArt 圖形

從 Word 拷貝過來的段落文字，最好先進行刪減，去蕪存菁後只以條列方式列出重點，等整個簡報架構大致底定時，可以考慮將這些條列的清單轉換成 SmartArt 圖形。由「常用」標籤按下「轉換成 SmartArt 圖形」鈕，即可由顯現的清單中選擇圖形樣式。

❷ 按此鈕可選擇把文字轉換成 SmartArt 圖形

❶ 點選修剪過後的文字清單

A-19

條列式的清單轉換成圖形後，視覺效果更勝於文字，而且還可以再透過「SmartArt 設計」標籤來進行色彩的變更。

要領 3
動態亮點輕鬆做

　　口試的重點在於你的論文主題、文字組織、研究方法和步驟、內容觀點、創見及貢獻、面試應對態度，所以為簡報中加入轉場或是為物件加入動畫並非重點也非亮點，你可以加入簡單的轉場效果來進行換頁即可。如果整個簡報要選用同一種轉場變化，可以考慮直接設定在母片上，這樣只要設定一次，簡報放映時所有的投影片就能顯現轉場效果。

口試簡報製作要領

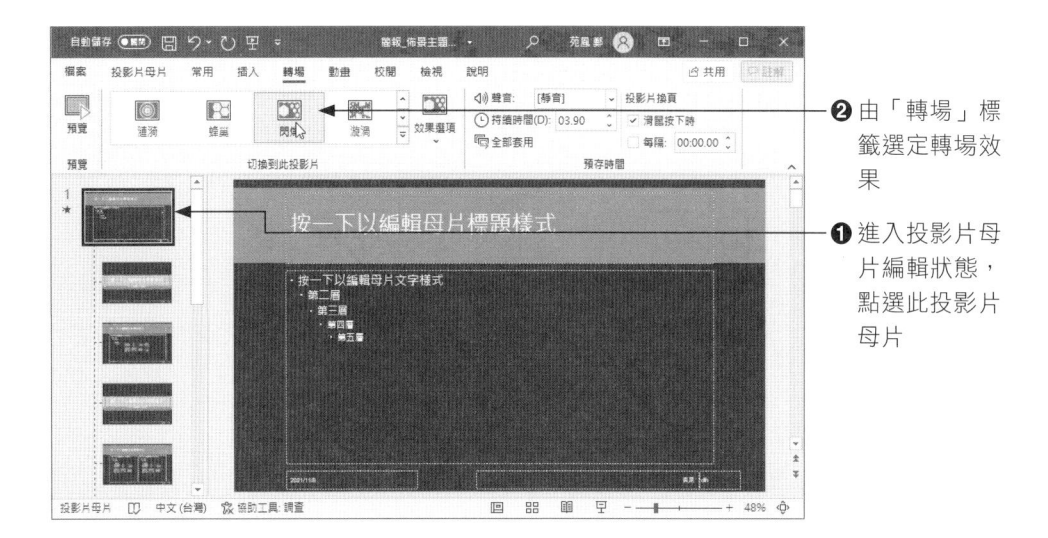

❷ 由「轉場」標籤選定轉場效果

❶ 進入投影片母片編輯狀態，點選此投影片母片

這裡要介紹幾種好用卻較不為人所知，卻可增加簡報百變風貌的技巧，讓你可以活用在口試的報告中。

A-3-1 以「相簿」功能插入多張相片

在進行研究步驟、研究進度、或市場調查的報告時，有時會以相片加以輔助說明，好讓教授們知道每個實驗階段或市調的成果與狀態。如果你有多張相片要進行解說，不妨考慮使用「相簿」功能來處理。

「相簿」功能不但可以快速加入相片外，還可以加入文字方塊來解說相片，也可以設定圖片配置的方式、外框形狀，還可以選擇想要使用的佈景主題，變化性相當的多元化。準備好你要使用的相片或圖片，我們一起來操作一次。

A-21

精準駕馭 **Word!** 論文寫作絕非難事

❷ 由「插入」標籤選擇「相簿／新增相簿」指令

❶ 新增空白簡報

❸ 按此鈕，從電腦中找到要使用的圖片，將圖片插入進來

A-22

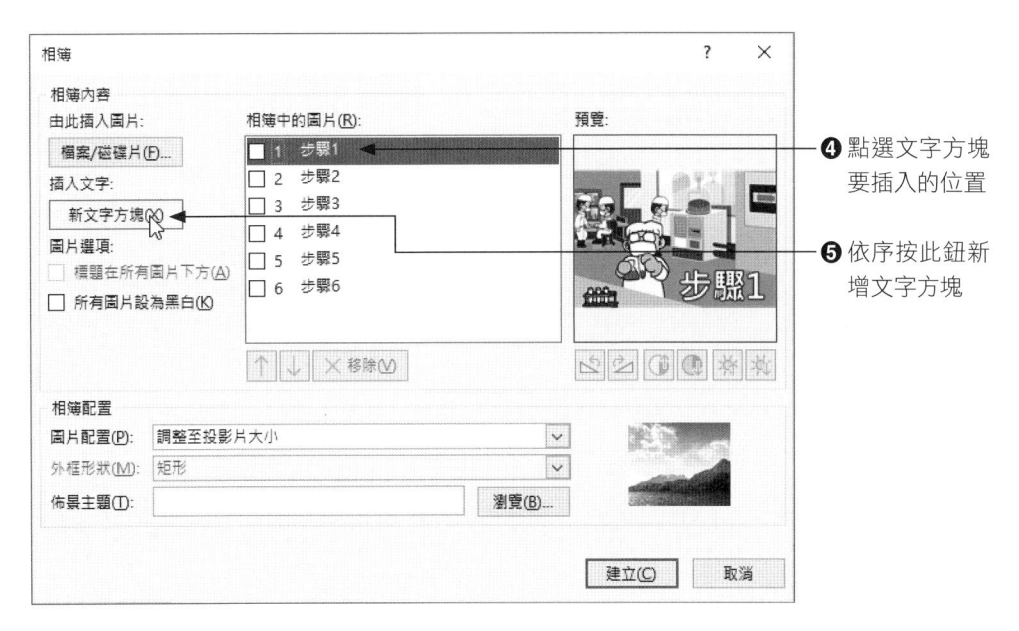

口試簡報製作要領　A

❹ 點選文字方塊要插入的位置

❺ 依序按此鈕新增文字方塊

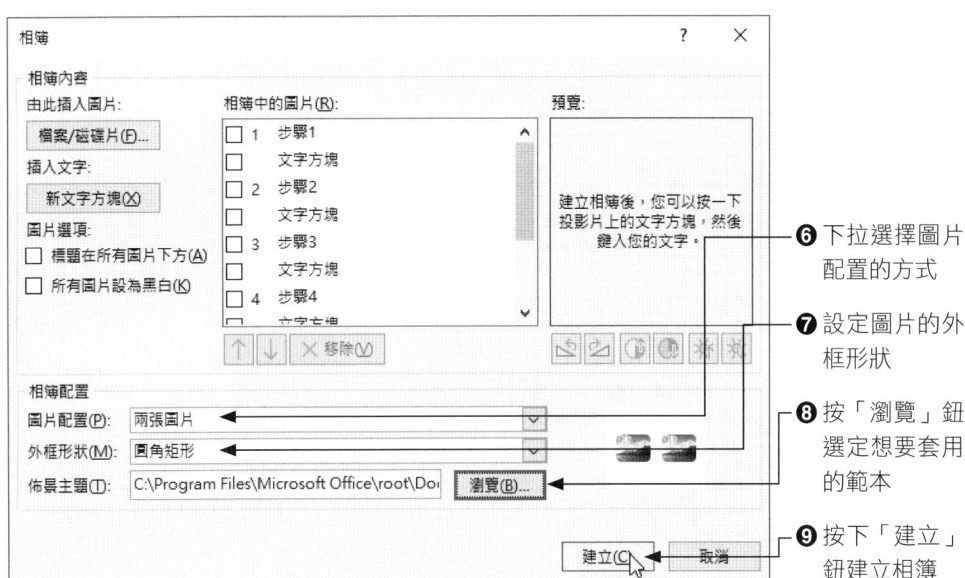

❻ 下拉選擇圖片配置的方式

❼ 設定圖片的外框形狀

❽ 按「瀏覽」鈕選定想要套用的範本

❾ 按下「建立」鈕建立相簿

A-23

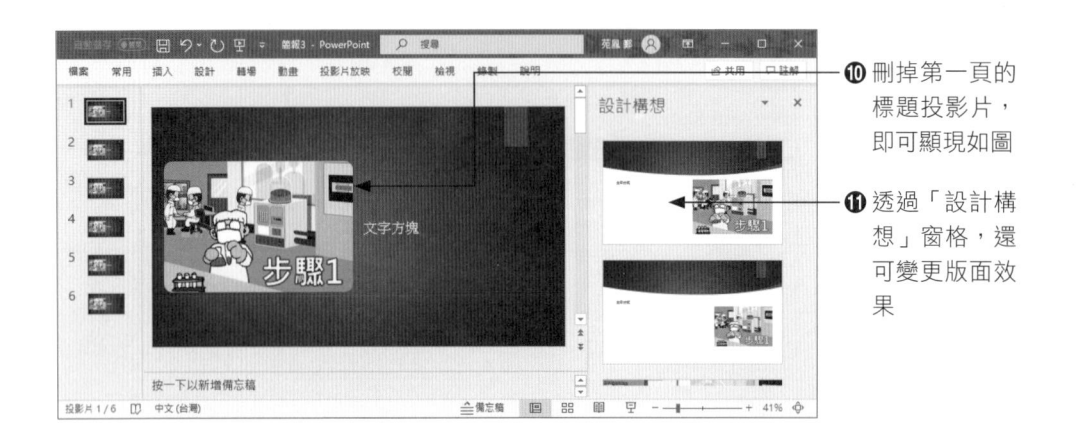

⓾ 刪掉第一頁的標題投影片，即可顯現如圖

⓫ 透過「設計構想」窗格，還可變更版面效果

A-3-2 簡報中插入簡報

剛剛利用「相簿」功能製作有關「研究步驟」的簡報，你可以利用「插入物件」的方式將這個簡報檔插入，如此一來，插入的簡報既可裝飾版面，也可以根據口試時間的時間選擇是否播放，而轉換簡報時也有縮放的效果出現，真可謂一舉數得。

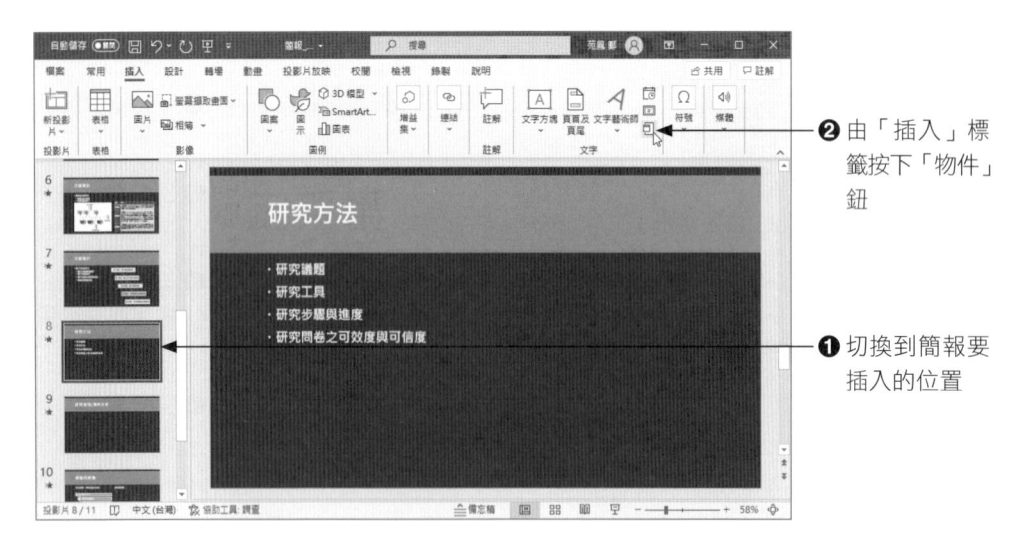

❷ 由「插入」標籤按下「物件」鈕

❶ 切換到簡報要插入的位置

A-24

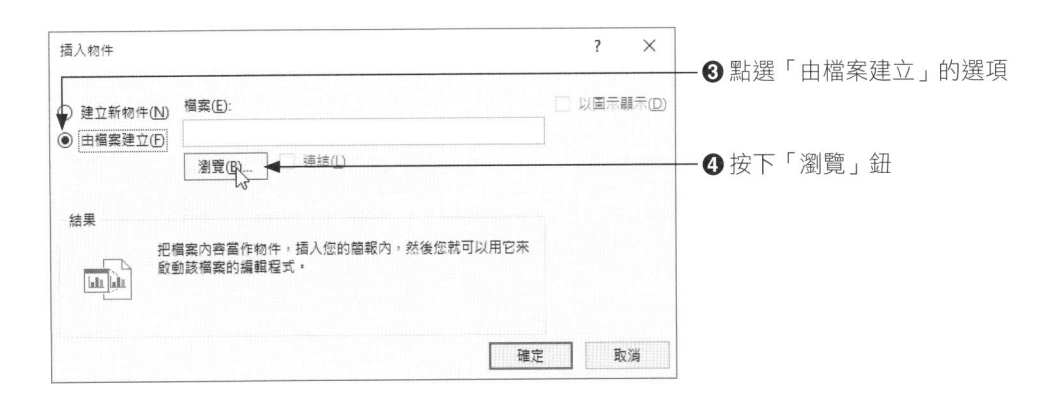

口試簡報製作要領 A

❸ 點選「由檔案建立」的選項

❹ 按下「瀏覽」鈕

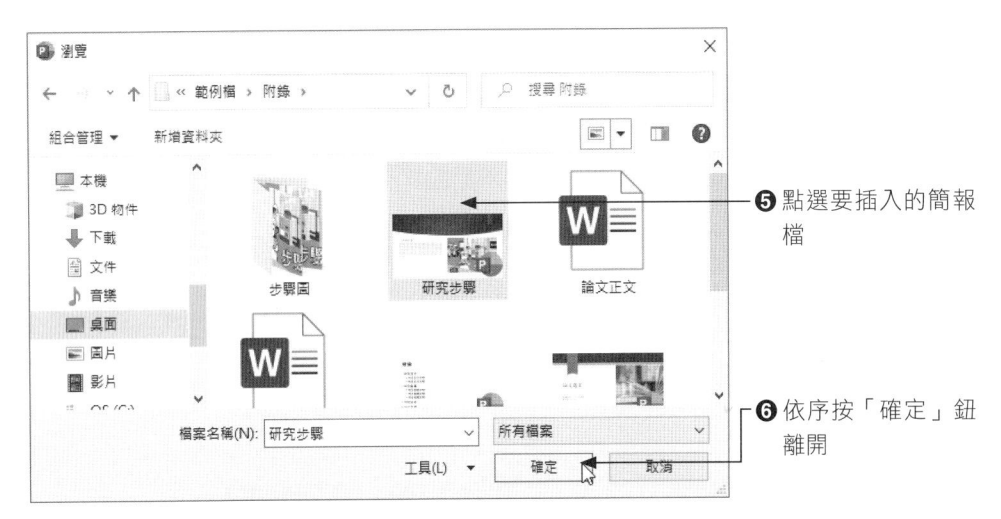

❺ 點選要插入的簡報檔

❻ 依序按「確定」鈕離開

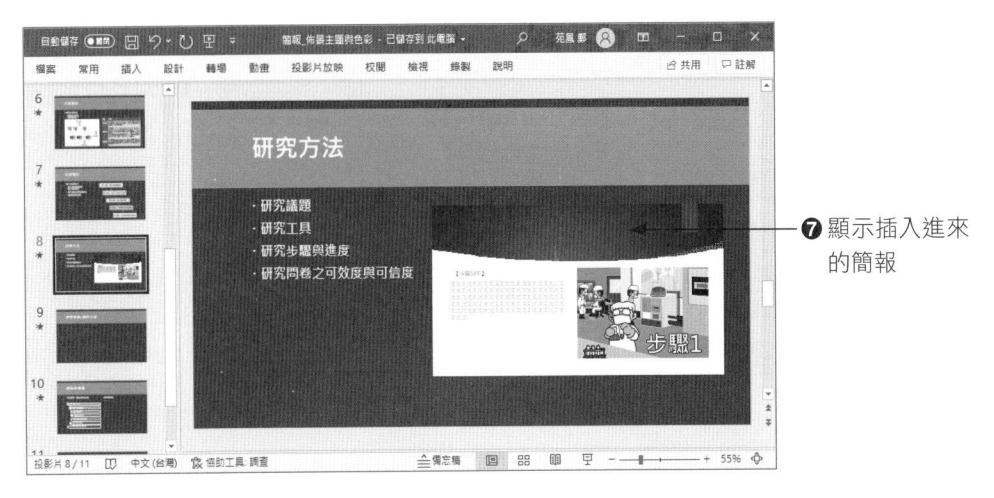

❼ 顯示插入進來的簡報

A-25

設定完成後，當進行簡報播放時，只要點選該簡報圖片，就會自動將該簡報放大為滿版進行播放，播放完畢又會自動回到原來的投影片位置，如下圖所示：

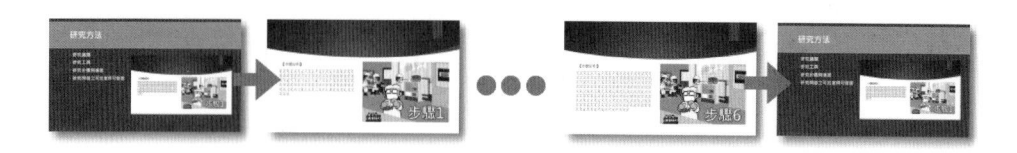

對於一些輔助的資料，透過這樣的方式來進行插入，就有更彈性的選擇是否在口試報告中，向口試委員們提及這些輔助資訊。

A-3-3 簡報內插入視訊影片

簡報裡如果需要加入影片，不管是紀錄片或是自製的影片，都可以輕鬆做到，插入的影片太長也可以在 PowerPoint 中進行修剪，非常方便。

插入視訊影片

要在簡報中加入紀錄片或自製的影片，可由「插入」標籤選擇「視訊」鈕，再執行「此裝置」指令即可。

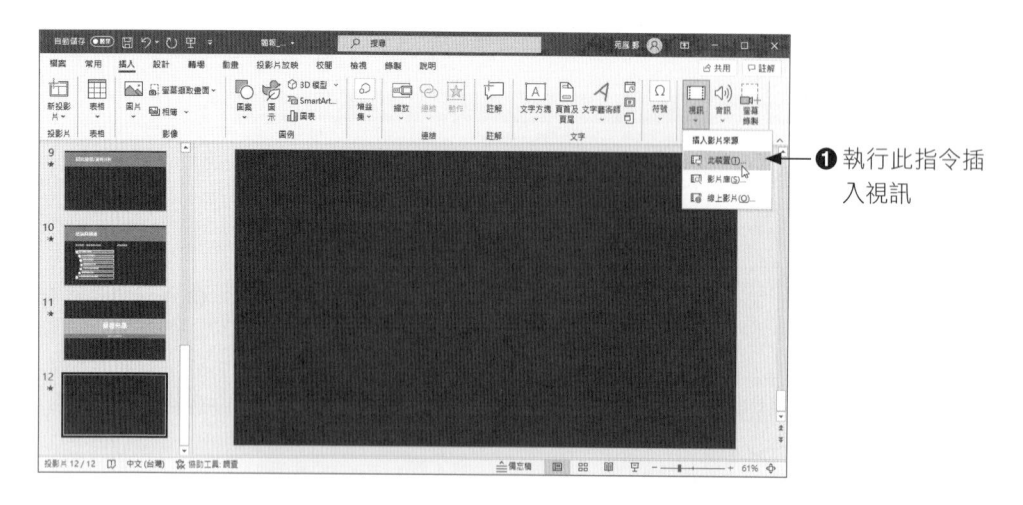

❶ 執行此指令插入視訊

❷ 選取影片檔

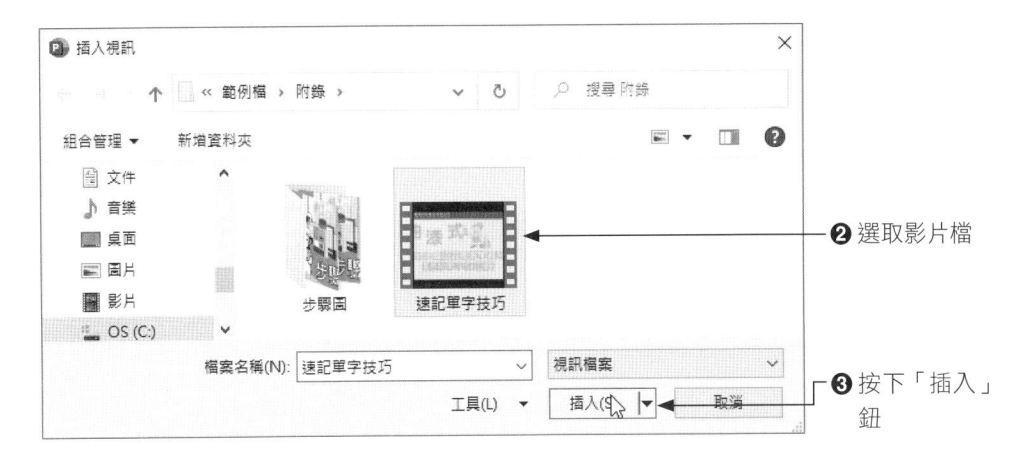

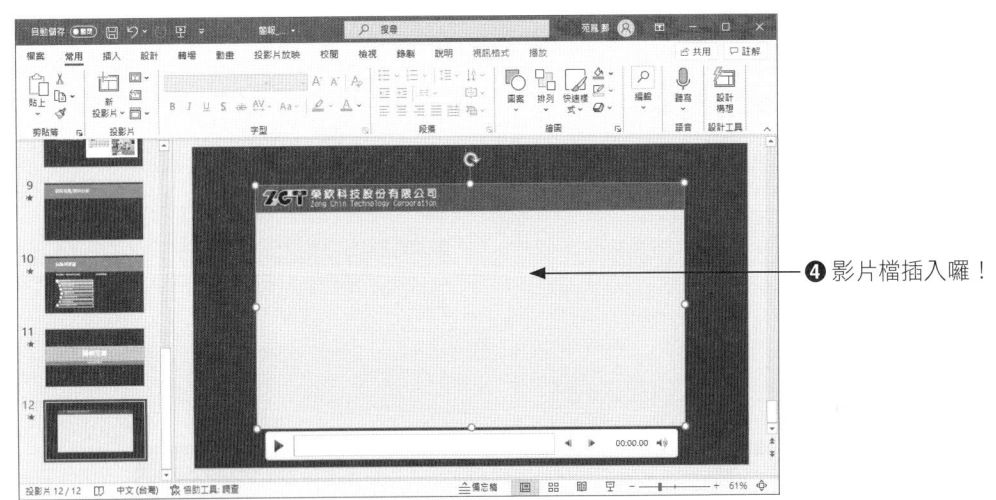

❸ 按下「插入」鈕

❹ 影片檔插入囉！

這裡要提醒各位注意的是，影片必須和簡報檔放置在同一個資料夾中，否則口試時只記得拷貝簡報，而忘記了影片，播放時可是會出糗的喔！另外，簡報檔若是要拷貝到別的電腦上進行播放，也最好再測試一下，避免連結路徑不同而導致無法播放影片。

設定視訊格式與播放

插入影片後,各位可以再利用「視訊格式」標籤與「播放」標籤來設定影片的選項。這裡簡要說明如下:

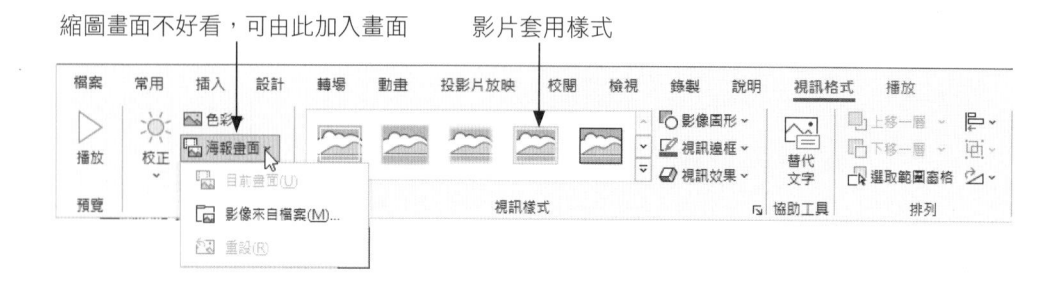

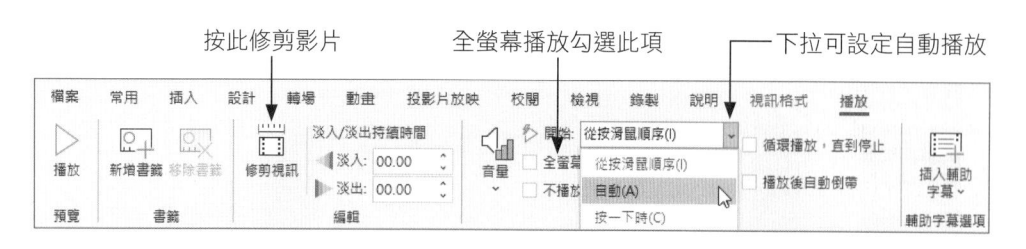

縮圖畫面不好看,可由此加入畫面　　影片套用樣式

按此修剪影片　　全螢幕播放勾選此項　　下拉可設定自動播放

如下圖所示,自行加入「海報畫面」、設定開始「自動」播放,並套用「視訊樣式」,就能讓影片看起來較吸引人喔!

A-3-4 視訊畫面做投影片縮放

為了在口試的過程中可以應付口試委員的任何提問，對於佐證用的視訊影片，你也可以把它插入在簡報的最後，然後在適合的投影片上以「投影片縮放」的方式插入進來，既可以當作插圖效果，需要的時候也可以進行放映。

像剛剛我們把視訊影片插在「簡報完畢」的投影片之後，現在將利用「投影片縮放」功能把它插入可能會運用到的投影片上。

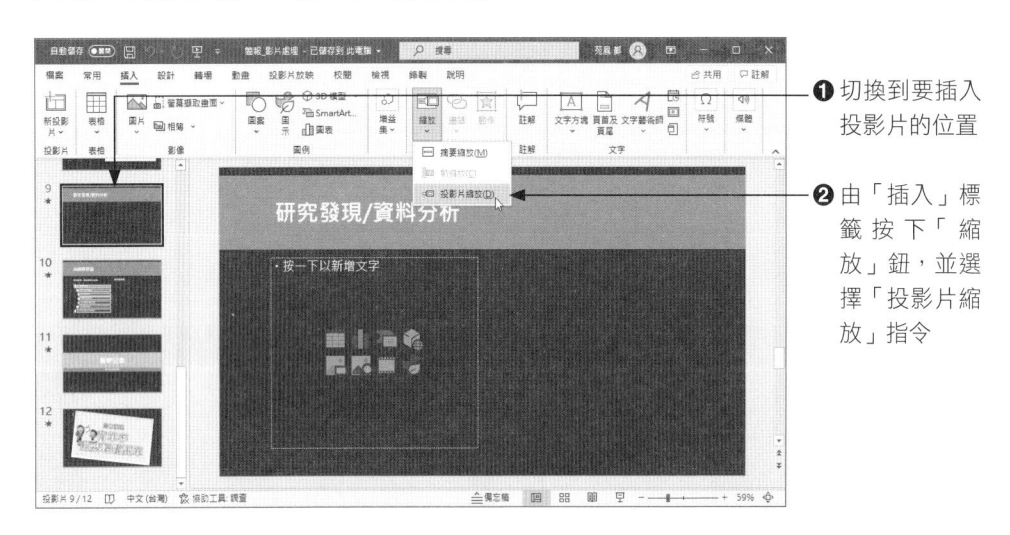

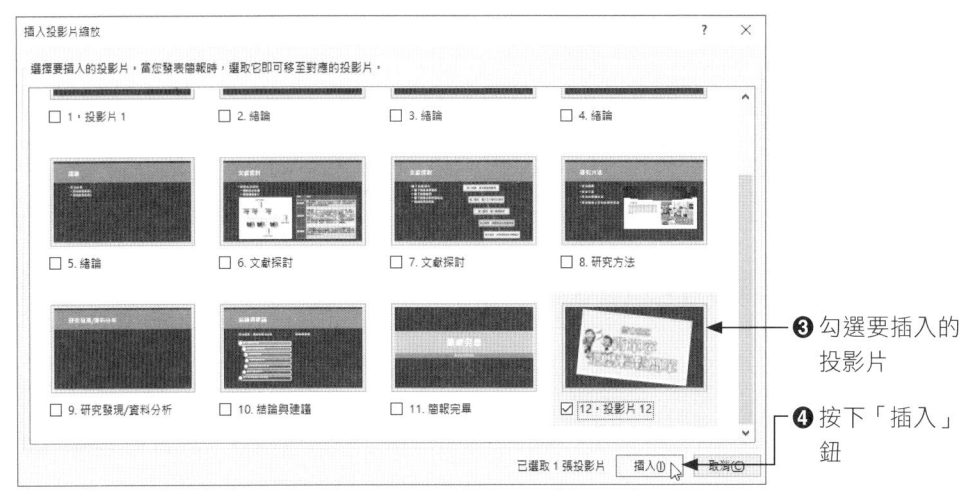

❶ 切換到要插入投影片的位置

❷ 由「插入」標籤按下「縮放」鈕，並選擇「投影片縮放」指令

❸ 勾選要插入的投影片

❹ 按下「插入」鈕

精準駕馭 Word! 論文寫作絕非難事

❻ 由此下拉，將「縮放框線」設為無

❺ 顯示插入的影片

設定完成後，在播放簡報時只要按下該圖，就會自動放大成全螢幕效果進行播放，中途若要回到原投影片，可按右鍵執行「先前檢視過的」指令即可返回。

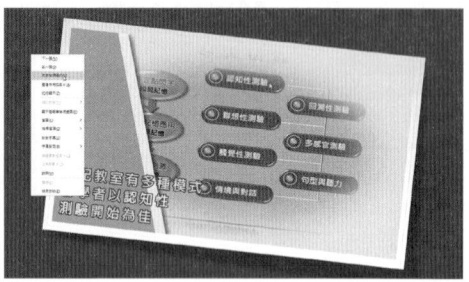

按圖片進行影片播放　　　　　　按右鍵執行「先前檢視過的」指令可返回

要領 4
簡報準備與列印

簡報內容大致完成時，在口試前還有一些準備工作需要去做，例如：講義的準備可方便口試委員摘記資訊、備忘稿的準備可以讓你在緊張時可以偷瞄一下重點提醒自己，多一分準備會讓你在上台口試時更有信心。

口試簡報製作要領　A

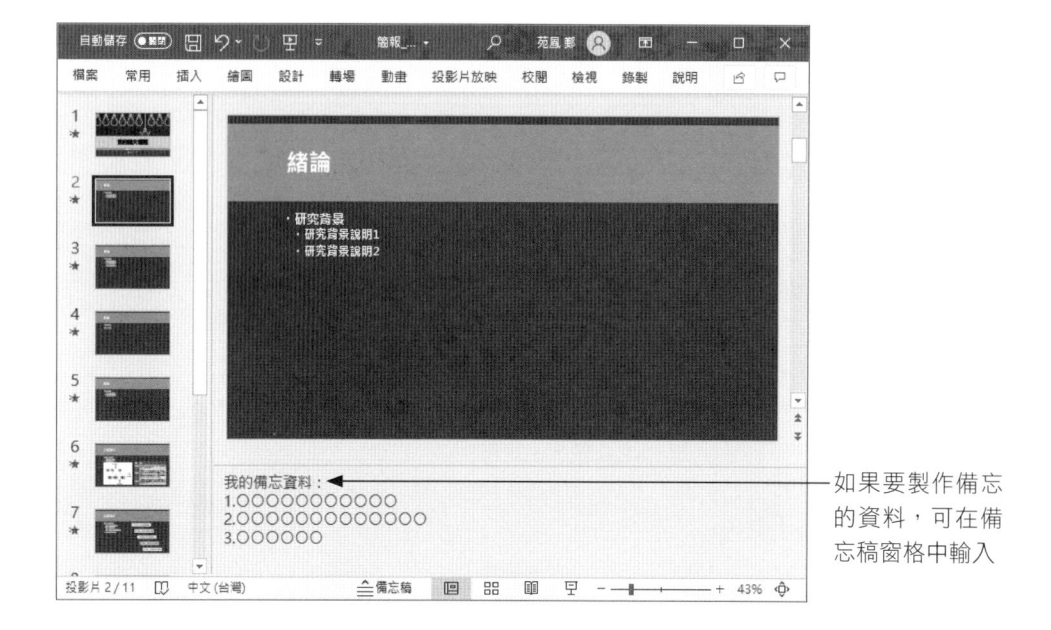

如果要製作備忘的資料，可在備忘稿窗格中輸入

A-4-1 使用 Microsoft Office Word 建立講義

要將投影片畫面匯出，方便口試委員做摘記，或是作為自己的備忘資料，可以透過「檔案」標籤的「匯出」功能來使用 Word 程式建立講義。方式如下：

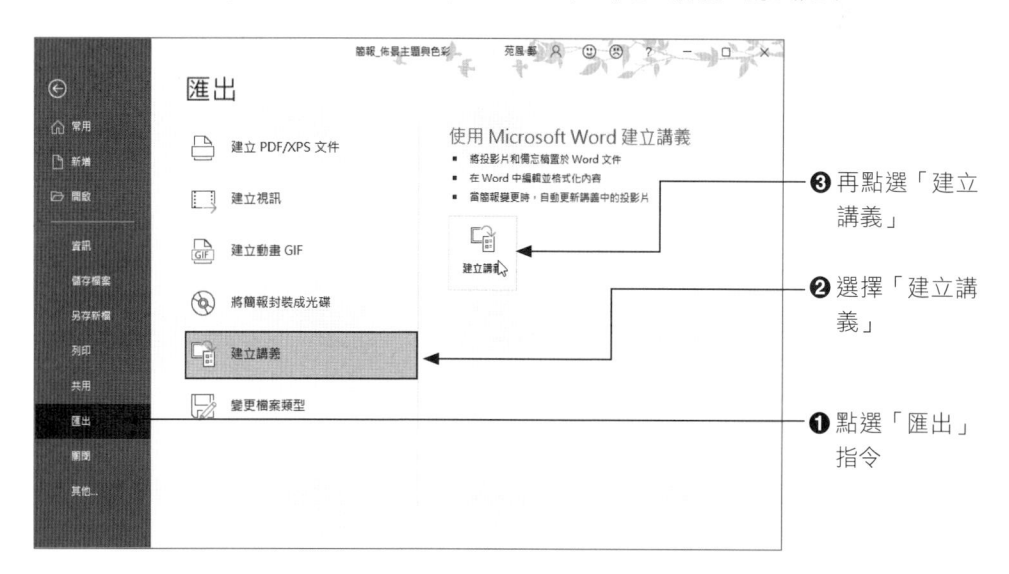

❶ 點選「匯出」指令

❷ 選擇「建立講義」

❸ 再點選「建立講義」

A-31

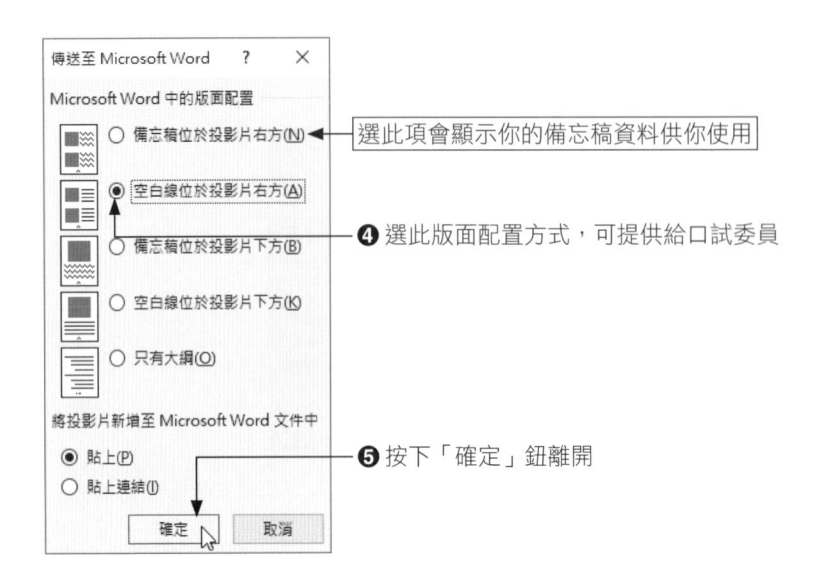

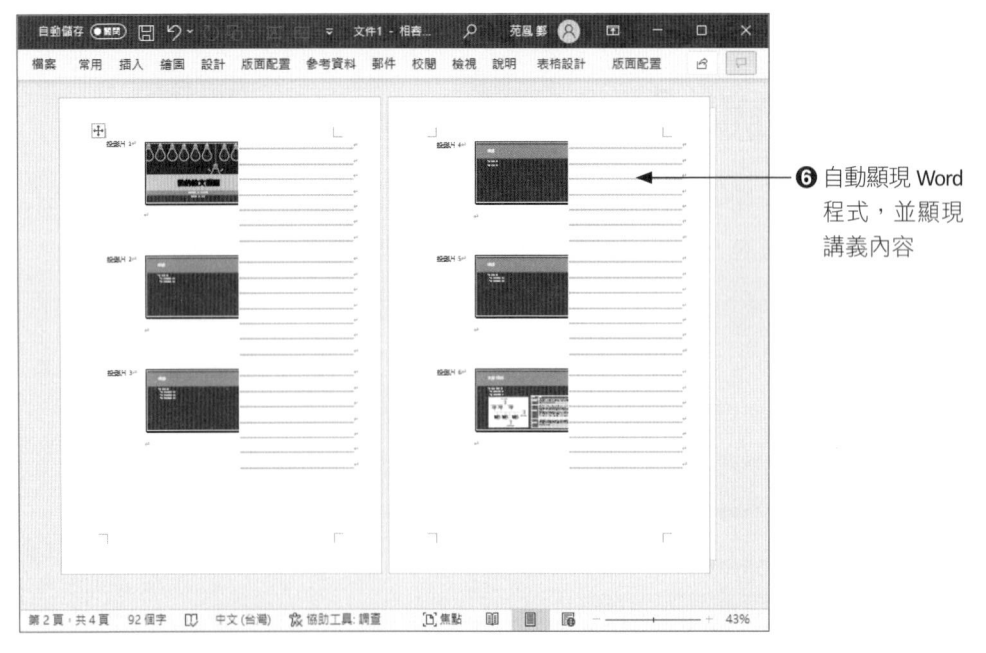

傳送至 Microsoft Word

Microsoft Word 中的版面配置
- ○ 備忘稿位於投影片右方(N) ← 選此項會顯示你的備忘稿資料供你使用
- ● 空白線位於投影片右方(A)
- ○ 備忘稿位於投影片下方(B)　❹ 選此版面配置方式，可提供給口試委員
- ○ 空白線位於投影片下方(K)
- ○ 只有大綱(O)

將投影片新增至 Microsoft Word 文件中
- ● 貼上(P)　❺ 按下「確定」鈕離開
- ○ 貼上連結(I)

❻ 自動顯現 Word 程式，並顯現講義內容

A-32

A-4-2 從 PowerPoint 列印投影片／講義／備忘告／大綱

除了匯出到 Word 程式中以表格方式呈現講義外，在 PowerPoint 程式中也可以直接進行列印。由「檔案」標籤按下「列印」指令，你可以選擇列印全頁的投影片、講義、備忘稿和大綱。

❶ 由「檔案」標籤中點選「列印」指令

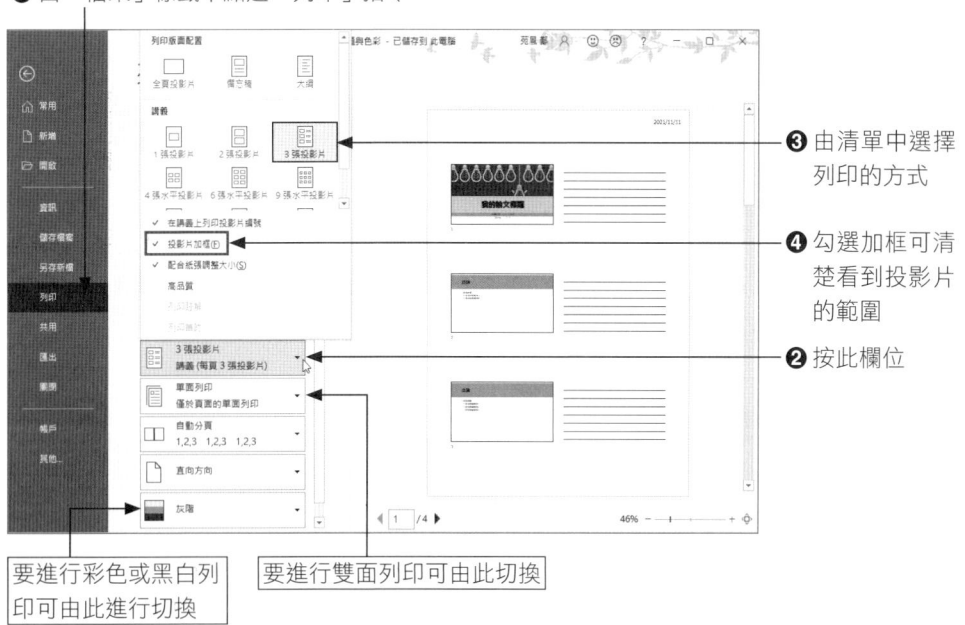

❸ 由清單中選擇列印的方式

❹ 勾選加框可清楚看到投影片的範圍

❷ 按此欄位

要進行彩色或黑白列印可由此進行切換

要進行雙面列印可由此切換

由於從預覽視窗中各位就可以清楚看到列印的效果，所以設定完成後，決定列印的份數後，只要按下上方的「列印」鈕即可進行列印。

A-4-3 自訂備忘稿列印範圍

當你是列印備忘稿給自己使用時，對於未加入備忘資料的投影片事實上可以考慮不用印出，如果只要針對部分的備忘稿進行列印，可透過以下方式進行設定。

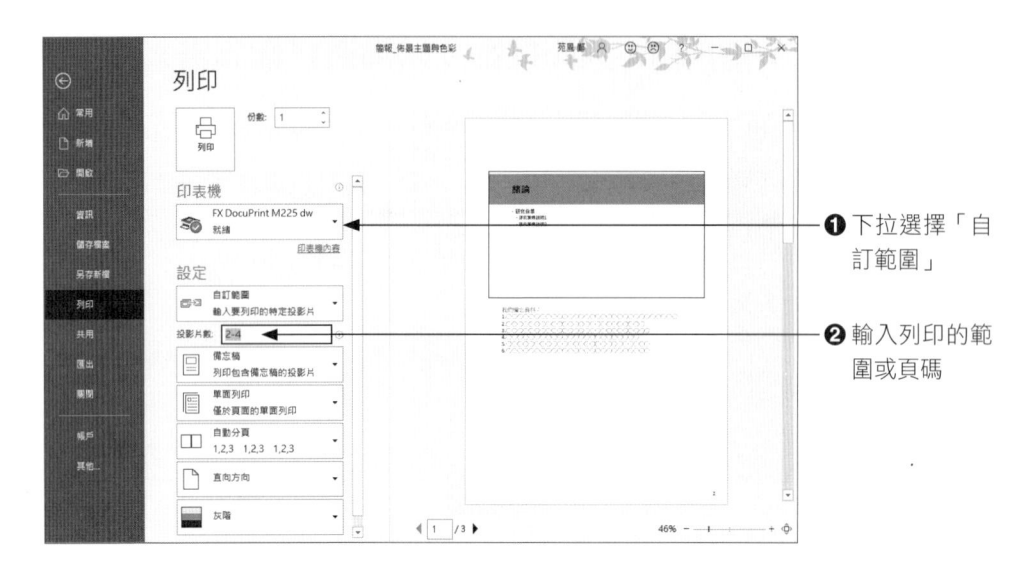

精準駕馭 **Word!** 論文寫作絕非難事

❶ 下拉選擇「自訂範圍」

❷ 輸入列印的範圍或頁碼

若要列印連續的範圍，頁碼中可以「-」符號標示，如果列印不連續的頁面，頁碼中可以「,」符號隔開。例如：列印第 2 頁到第 4 頁，可輸入「2-4」，列印第 2 頁和第 4 頁，可輸入「2,4」。

要領 5
簡報放映技巧

口試開始時，大家都知道只要按下視窗的下方的「投影片放映」🖵 鈕，或是由「投影片放映」標籤按下「從首張投影片」🖵 鈕，即可進行簡報的播放。這裡要再告訴各位幾項放映技巧，讓你不僅僅只用口說的方式，還可以作做強調的動作。

A-5-1 使用筆跡輔助說明論點

簡報放映過程中，可以在投影片上加入雷射筆、畫筆、螢光筆的筆觸，還可以設定筆刷的顏色，這樣的方式除了標記重點外，會讓聽者更聚精會神的聆聽。

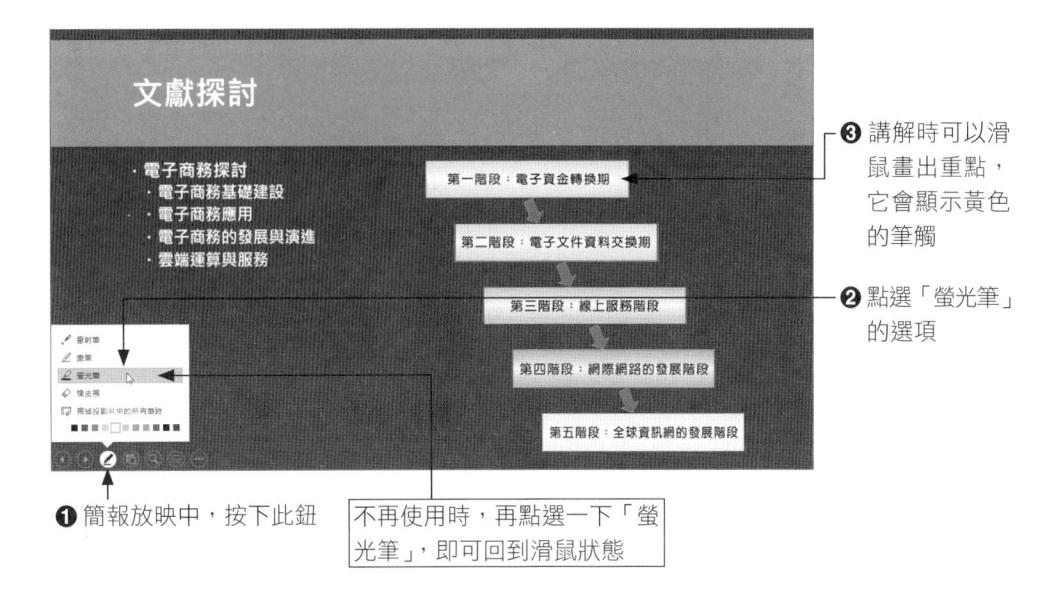

❶ 簡報放映中，按下此鈕　　❷ 點選「螢光筆」的選項　　❸ 講解時可以滑鼠畫出重點，它會顯示黃色的筆觸

不再使用時，再點選一下「螢光筆」，即可回到滑鼠狀態

簡報放映結束前，會出現如下的對話方塊，若不保留標註的筆觸請按下「放棄」鈕離開即可。

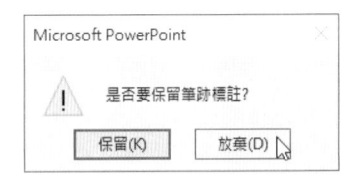

加入的筆觸即使保留下來，它也是一個圖案而已，點選之後也可以按「Delete」鍵將其刪除喔！

A-5-2　放映中放大投影片

簡報放映的過程中，針對圖片或文字較小的地方，也可以透過放大鏡的功能來局部放大區域。畫片放大後，按住滑鼠拖曳可觀看顯示區以外的地方，若要回復原比例只要按下滑鼠右鍵即可。

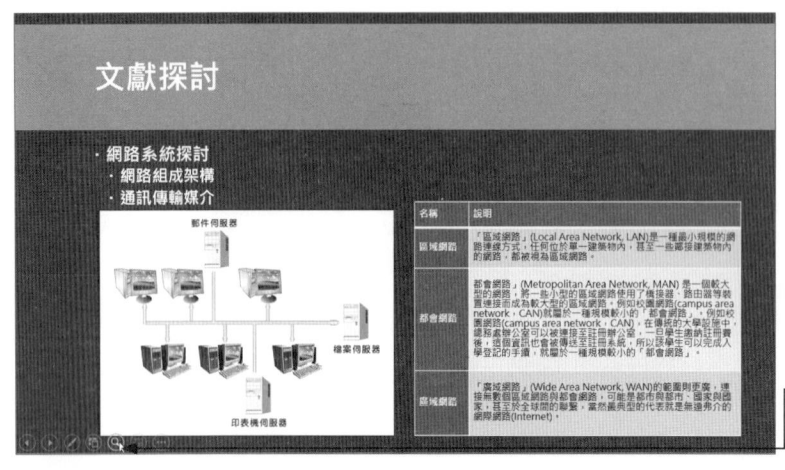

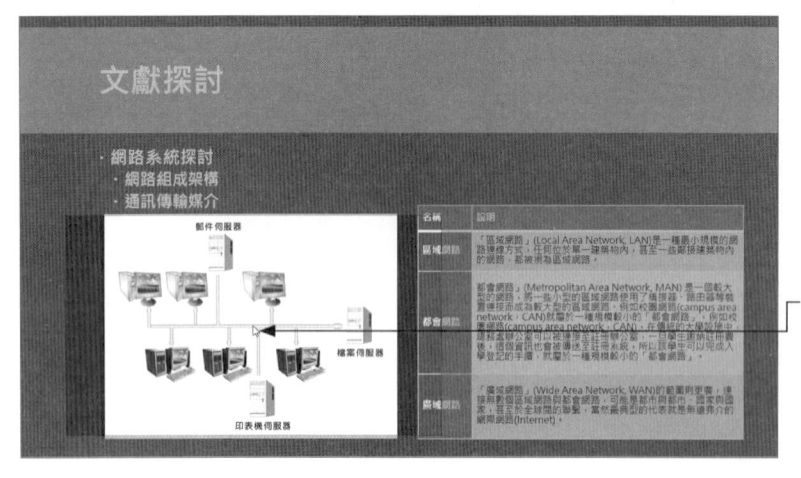

精準駕馭 **Word!** 論文寫作絕非難事

❶ 按下「放大鏡」按鈕

❷ 滑鼠移動會看到如圖的反白區域，按一下滑鼠設定要放大的地方

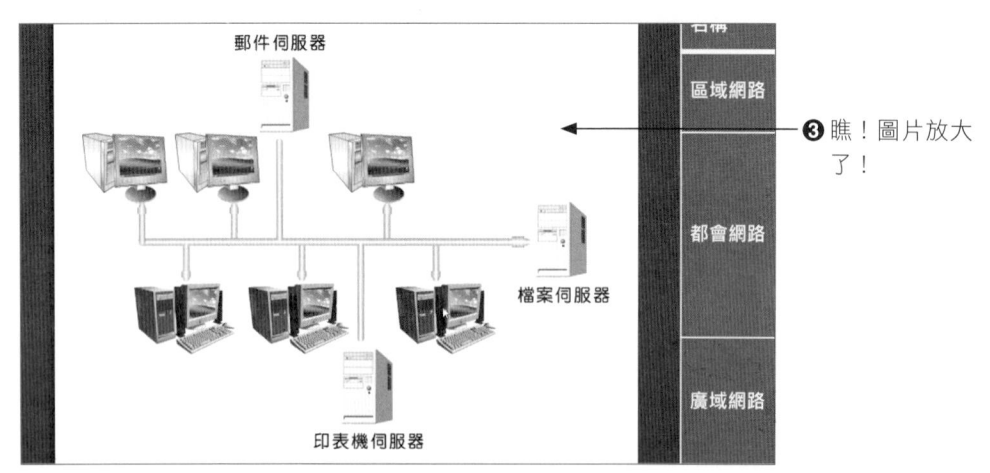

❸ 瞧！圖片放大了！

A-36

A-5-3 放映中查看所有投影片

在簡報進行中,萬一需要特別說明某張投影片時,可以透過以下方式查看所有的投影片。

❶ 簡報放映中按下此鈕

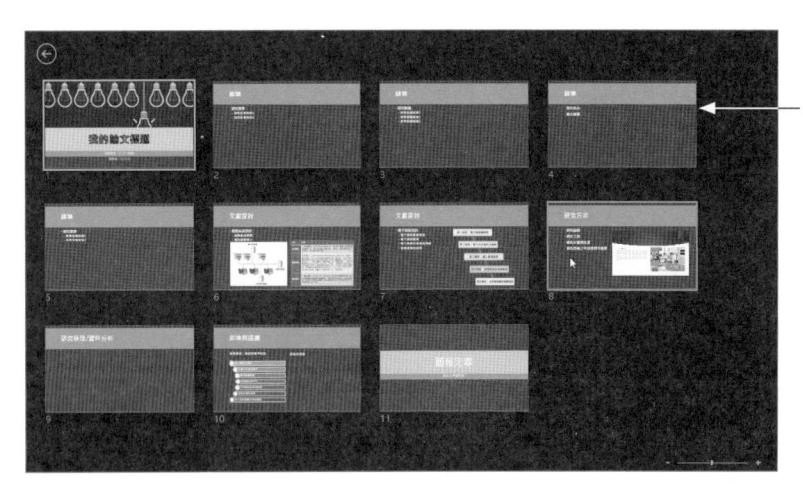

❷ 顯示所有投影片縮圖,直接點選要說明的投影片即可

A-5-4 顯示簡報者檢視畫面

在進行簡報時,PowerPoint 還能貼心地為演講者顯示簡報者檢視的畫面喔!請在簡報放映中按下左下角的 鈕,再選擇「顯示者簡報者檢視畫面」指令,就可以同時看到目前的投影片、下一張投影片、以及備忘稿的文字。另外,畫筆的使用、放映中放大投影片、放映中查看所有投影片的功能,這裡依樣都可以做得到喔!

精準駕馭 Word! 論文寫作絕非難事

❷ 選擇「顯示者簡報者檢視畫面」指令

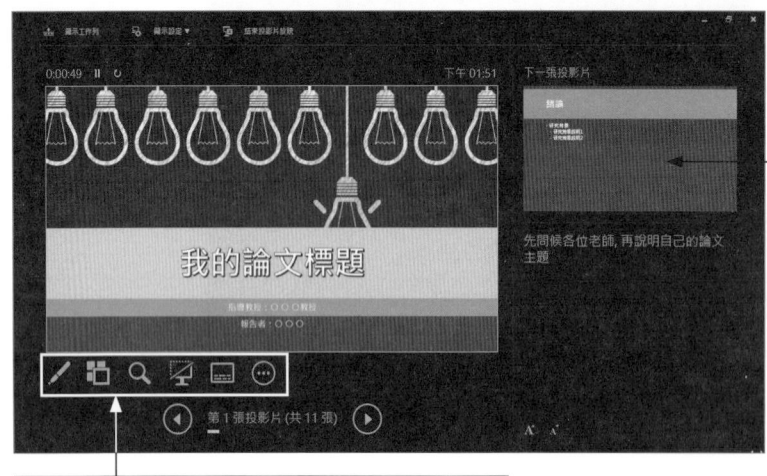

❶ 按此鈕

❸ 瞧！同時看到目前的投影片、下一張投影片、以及備忘稿

由此列可做筆跡、放大投影片、查看所有投影片

　　有關簡報的製作與放映技巧就介紹到這裡，希望各位都能輕鬆又快速地透過軟體提供的功能來做出專業水準的簡報，讓你的口試委員們的眼睛為之一亮。

Note

Note

博碩文化

博碩文化

讀者回函

感謝您購買本公司出版的書，您的意見對我們非常重要！由於您寶貴的建議，我們才得以不斷地推陳出新，繼續出版更實用、精緻的圖書。因此，請填妥下列資料(也可直接貼上名片)，寄回本公司(免貼郵票)，您將不定期收到最新的圖書資料！

購買書號：_____ 書名：_____

姓　　名：_____

職　　業：□上班族　□教師　□學生　□工程師　□其它

學　　歷：□研究所　□大學　□專科　□高中職　□其它

年　　齡：□10~20　□20~30　□30~40　□40~50　□50~

單　　位：_____ 部門科系：_____

職　　稱：_____ 聯絡電話：_____

電子郵件：_____

通訊住址：□□□_____

您從何處購買此書：

□書局_____　□電腦店_____　□展覽_____　□其他_____

您覺得本書的品質：

內容方面：□很好　□好　□尚可　□差
排版方面：□很好　□好　□尚可　□差
印刷方面：□很好　□好　□尚可　□差
紙張方面：□很好　□好　□尚可　□差

您最喜歡本書的地方：_____

您最不喜歡本書的地方：_____

假如請您對本書評分，您會給(0~100分)：_____ 分

您最希望我們出版那些電腦書籍：

請將您對本書的意見告訴我們：_____

您有寫作的點子嗎？□無　□有　專長領域：_____

歡迎您加入博碩文化的行列哦！

請沿虛線剪下寄回本公司

博碩文化網站　http://www.drmaster.com.tw

Give Us a Piece Of Your Mind

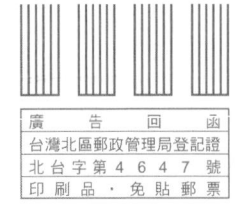

廣　告　回　函
台灣北區郵政管理局登記證
北台字第４６４７號
印刷品．免貼郵票

221
博碩文化股份有限公司　產品部
台灣新北市汐止區新台五路一段112號10樓A棟

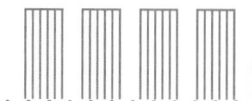